Ralf Nörenberg

Effizienter Regressionstest von E/E-Systemen nach ISO 26262

Effizienter Regressionstest von E/E-Systemen nach ISO 26262

Band 3
Steinbuch Series on Advances in Information Technology

Karlsruher Institut für Technologie
Institut für Technik der Informationsverarbeitung

Effizienter Regressionstest von E/E-Systemen nach ISO 26262

von
Ralf Nörenberg

Karlsruher Institut für Technologie
Institut für Technik der Informationsverarbeitung

Zur Erlangung des akademischen Grades eines Doktor-Ingenieurs
von der Fakultät für Elektrotechnik und Informationstechnik des
Karlsruher Institut für Technologie (KIT) genehmigte Dissertation

von Ralf Nörenberg aus Bad Soden

Tag der mündlichen Prüfung: 15. Februar 2012
Hauptreferent: Prof. Dr.-Ing. Klaus D. Müller-Glaser
                (KIT, Institut für Technik der Informationsverarbeitung)
Korreferent: Prof. Dr.-Ing. Stefan Jähnichen
                (TU Berlin, Institut für Softwaretechnik und Theoretische Informatik)

Impressum

Karlsruher Institut für Technologie (KIT)
KIT Scientific Publishing
Straße am Forum 2
D-76131 Karlsruhe
www.ksp.kit.edu

KIT – Universität des Landes Baden-Württemberg und nationales
Forschungszentrum in der Helmholtz-Gemeinschaft

KIT Scientific Publishing 2012
Print on Demand

ISSN 2191-4737
ISBN 978-3-86644-842-1

Ohana means family.
Family means nobody gets left behind, or forgotten.

— Lilo & Stitch

Für meine Eltern.

DANKSAGUNG

Mein besonderer Dank gilt Herrn Prof. Dr.-Ing. Klaus D. Müller-Glaser, Leiter des Instituts für Technik der Informationsverarbeitung am Karlsruher Institut für Technologie, für die Betreuung der vorliegenden Arbeit und die Übernahme des Erstgutachtens. Die vielen fachlichen und inhaltlichen Anregungen sowie der sehr gute und motivierende Art der Zusammenarbeiten haben sehr zum erfolgreichen Gelingen dieser Arbeit beigetragen.

Herrn Prof. Dr.-Ing. Stefan Jähnichen, Leiter des Instituts für Softwaretechnik und Theoretische Informatik an der Technischen Universität Berlin, danke ich herzlich für die Übernahme des Zweitgutachtens.

Mein Dank gilt Herrn Dr. Stefan Schmerler und Herrn Michael Weber, die es mir ermöglicht haben meine Promotion im Rahmen des Doktorandenprogramms der Daimler AG durchzuführen.

Herrn Dr.-Ing. Michael Stotz, Herrn Prof. Dr. Ralf Reißing und Herrn Dr.-Ing. Jacques Kamga danke ich für die fortwährende und immer konstruktive Unterstützung bei der Durchführung dieser Arbeit.

Ich danke Herrn Dr. Volk für die gute Ausbildung, die mir in vielen Situation zu Gute kam und und mir vieles erleichtert hat.

Des Weiteren danke ich meinen Kollegen und Freunden Anastasia Cmyrev, Martin Jaensch und Nadya Stoyanova für die vielen auch direkten Anregungen an dieser Arbeit sowie den Studenten Adrian Bonkowski, Jürgen Duda, Antonino Manueli und Shpend Namani für ihre Mithilfe.

Mein besonderer Dank gilt meinen Eltern und meiner Schwester für den familiären Rückhalt sowie meiner Freundin Sarah Muzyk für die teilweise wohl auch nervenaufreibende Unterstützung während dieser Zeit.

ZUSAMMENFASSUNG

Der selektive Regressionstest ist eine aus der Softwaretechnik stammende Methodik zur (Re-)Verifikation von geänderten (Software-)Systemen innerhalb von Releasezyklen. Da es in der Praxis oft an Zeit mangelt den kompletten Verifikationsumfang erneut durchzuführen, werden unter anderem Priorisierungsverfahren angewendet, um diesen zu reduzieren. Diese sind jedoch ungeeignet, da sie keine systematische Analyse ausgehend von der Änderung beschreiben. Dies kann in einem verspäteten Auftreten von Fehlern im Feldtest oder erst in der Produktion resultieren, was zu folgenschweren Konsequenzen für die Organisation führen kann. Um das Vorgehen des regressiven Testens ohne die genannten Nachteile weitergehend zu optimieren, wurde der selektive Regressionstest eingeführt. Selektive Regressionstestmethodiken analysieren auf Basis einer auf eine Systemdarstellung abgebildeten Modifikation, welche Testfälle für eine systematische Überprüfung der Änderung selbst sowie aller potentiellen durch eine mögliche Fehlwirkung betroffenen Teilbereiche des Systems notwendig sind. Bestehende Regressionstestverfahren sind ausschließlich auf die Modell- und Softwareebene fokussiert, da dort eine *white-box*-Informationsgrundlage der Systemdarstellung vorliegt und diese tiefgreifende Analysen ermöglicht. Der große Mehrwert von Regressionstestmethodiken liegt jedoch auf höheren Testebenen, da die Optimierung von Ressourcen und Zeit pro Testfall stärker ins Gewicht fällt. Im Rahmen dieser Arbeit wird eine solche effiziente und spezifikationsbasierte Regressionstestmethodik entwickelt.

INHALTSVERZEICHNIS

Teil I

EINLEITUNG

1 | EINLEITUNG

Um sich als Automobilhersteller (engl.: Original Equipment Manufacturer (OEM)) erfolgreich auf dem Markt behaupten zu können, müssen die entwickelten Produkte jederzeit den funktionalen Ansprüchen der Kunden sowie denen des Gesetzgebers genügen. Ein Großteil der bereitgestellten Funktionalität in einem Automobil wird dabei heutzutage durch den Einsatz von Elektrischen/Elektronischen Systemen realisiert. Ein wesentlicher Grund dafür ist, dass mit Hilfe der Elektrik und Elektronik (E/E) zum einen grundlegend neue Fahrzeugfunktionalitäten entwickelt werden, zum anderen auch bereits bestehende Funktionen, die bisher überwiegend mechanisch implementiert wurden, effizienter und vor allem zuverlässiger realisiert werden können.

Heutzutage verfügen selbst Fahrzeuge der Mittelklasse über zahlreiche E/E-Systeme, die bereits serienmäßig verbaut sind, wie beispielsweise das Anti-Blockier-System (ABS), das Elektronische Stabilitätsprogramm (ESP) sowie verschiedene Airbag-Systeme. Im Segment der Premiumklasse wird dagegen bereits eine neue Generation an innovativen Assistenzsystemen angeboten, welche wesentlich zur Erhöhung der aktiven Sicherheit der Insassen sowie zum Fahrkomfort beitragen. Ein in das Fahrverhalten des Fahrers eingreifendes Notbremssystem kann beispielsweise die Unfallfolgen aller Beteiligten erheblich reduzieren, ein vollautomatischer Parkassistent den Fahrer in schwierigeren Fahrmanövern entlasten. Derartige E/E-Innovationen werden vermehrt auch zu Marketingzwecken verwendet und avancieren somit zu einem wesentlichen, zunehmends relevanter werdenden Wettbewerbsfaktor für die Automobilhersteller [117]. E/E-Innovationen spielen somit eine Schlüsselrolle bei der Erfüllung der stetig steigenden gesellschaftlichen und gesetzlichen Anforderungen in den Bereichen Sicherheit, Umweltschutz und Komfort [68].

Dieser Trend der Neu- und Weiterentwicklung von E/E-Systemen wird sich daher weiterhin fortsetzen, und das nicht nur bezogen auf Fahrzeuge in der Premiumklasse [33][19]. So stellt der Anteil an eingebetteten Systemen in einem Fahrzeug, nach einem kontinuierlichen Anstieg in den letzten zehn Jahren bereits 35% der gesamten Wertschöpfung dar (siehe Abbildung 1) und ist somit ein sehr wichtiger wirtschaftlicher Faktor für die Hersteller. Dieser wird auch zukünftig weiter ansteigen, da prognostiziert wird, dass weiterhin 70% bis 90% der Innovationen innerhalb der Automobilindustrie auf E/E-Systemen basieren werden [123]. Gerade in Bezug auf den erhöhten Elektronikanteil bei der Umsetzung von saubereren Antriebstechniken (z.B. Hybridfahrzeugen) kann von einem Wertschöpfungsanteil von bis zu 70% ausgegangen werden [70].

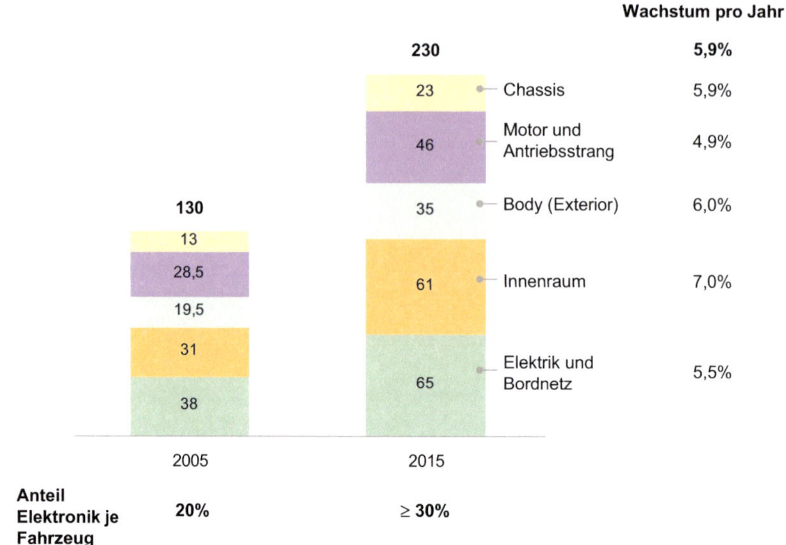

Abbildung 1: Darstellung der Prognose für den kontinuierlicher Anstieg des E/E-Anteils pro Fahrzeug in Mrd. EUR ([31]).

Ein Großteil zukünftiger Innovationen bei E/E-Systemen liegt im Bereich der aktiven Sicherheit, zu nennen sind beispielsweise die Fußgänger- oder Verkehrssituationserkennung. Diese Fahrzeugfunktionen werden meist softwarebasiert in bestehende eingebettete Systeme integriert, so dass keine weitere, neue Hardware erforderlich ist. Auf diese Weise lassen sich die Funktionen sehr kostengünstig umsetzen. Die rasche Zunahme an Funktionen, ihrer Komplexität sowie der Anzahl an wechselwirkenden Komponenten ist jedoch unweigerlich mit einem Anwachsen der Komplexität des Gesamtfahrzeugs verbunden [68] (siehe Abbildung 3). Ein typisches Fahrzeug der Premiumklasse besitzt bereits für die Realisierung der gesamten Funktionalität bis zu 80 vernetzte Steuergeräte sowie 8-10 Systembusse mit ca. 6000 Bus-Signalen zur Kommunikation (siehe Abbildung 2) [60][70].

Die Erweiterung der E/E-Architektur mit zahlreichen, neuen Systemen hat ebenso Nachteile. So ist die Komplexität und der hohe Vernetzungsgrad der Systeme in Bezug auf deren fehlerfreie Integration in das Gesamtfahrzeug nur schwer beherrschbar [115] und somit eine große Herausforderung für die Hersteller. Hinzu kommt, dass sich durch die starke Vernetzung der Systeme ein lokales Problem durch das Kommunikationsnetzwerk auf angrenzende Systeme und Komponenten auswirken kann. Die Beherrschbarkeit der Komplexität erfordert demnach nicht nur ein systematisches und transparentes Entwicklungsvorgehen, sondern auch ein entsprechendes Verifikations- und Testvorgehen.

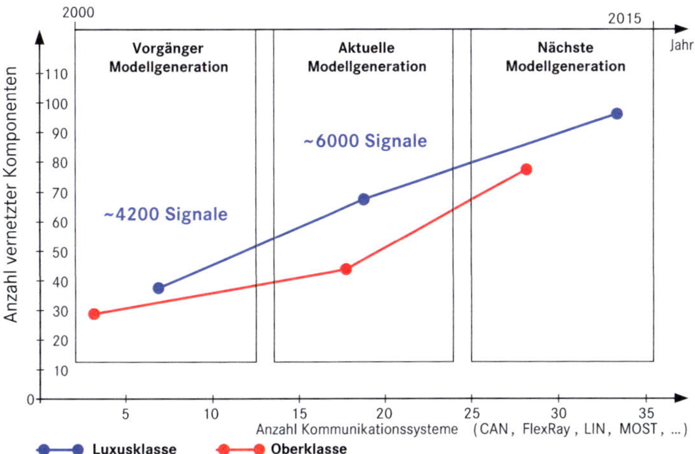

Abbildung 2: Darstellung der Anzahl der verbauten Steuergeräte und Bussysteme in einem Fahrzeug der Ober- sowie Luxusklasse in Abhängigkeit der verwendeten Signale.

1.1 Motivation

Ein E/E-System besteht generell aus einer vernetzten Menge weitgehend autonomer, aus Hardware- und Softwareanteilen bestehenden Steuergeräten, welche als Verbund die Funktionalität bereitstellen. Die stetig zunehmende Komplexität der implementierten Funktionen und der notwendigen Kommunikation zwischen den einzelnen Steuergeräten bewirkt jedoch auch eine höhere Fehleranfälligkeit der Systeme [127]. So ist nach Statistik bereits ein Anteil von 50% an Fahrzeugdefekten dem Versagen der E/E zuzuschreiben [15]. Dies kann durch zu leistende und vermeidbare Behebungsmaßnahmen, z.B. in Form eines Rückrufs, zu einem sehr hohen Kostenfaktor für den Hersteller werden [106]. So ist die Beseitigung eines Fehlers im in der *User-Acceptance-Phase* nach [125] ca. 50-100 mal so teuer wie die Behebung nach einem Review der Anforderungsspezifikation (siehe Steigerung der Kosten durch späte Fehlerbehebung in Abbildung 4). Die Behebung von Fehlern wird demnach mit dem Entwicklungsfortschritt zunehmends teurer [24]. Deswegen ist eine frühe und systematische Fehlererkennung durch Verifikations- und Testprozesse für Automobilhersteller nicht nur verpflichtend sondern auch relevant, um wirtschaftlich zu bleiben. Ein hoher und tiefgreifender Testaufwand kann schnell gerechtfertigt sein und muss deswegen fest in der Entwicklungsstruktur verankert werden [42].

Die bestehende Vorgehensweise für den Test von E/E-Systemen wird durch das Vorgehensmodell (V-Modell, siehe Abbildung 5) beschrieben. Jeder Entwicklungsstufe des E/E-Systems wird dabei eine korrespondierende *Teststufe*

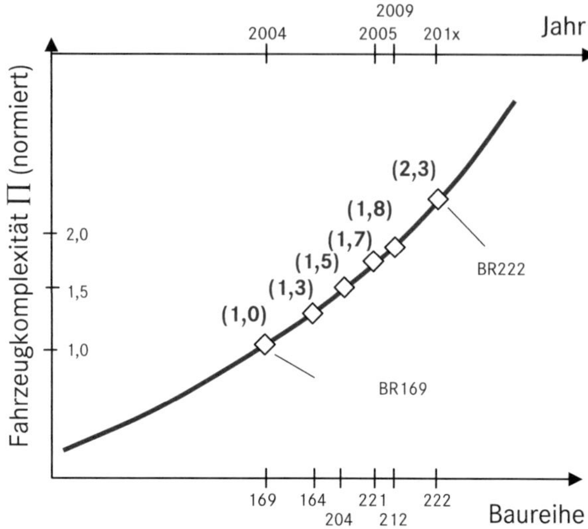

Abbildung 3: Darstellung der Komplexität der E/E in einem Fahrzeug der Premium-klasse von Mercedes-Benz.

zugeordnet. Das Entwicklungsvorgehen beginnt mit der Beschreibung der zu realisierenden Gesamtfunktionalität des E/E-Systems: der Formulierung von Systemanforderungen. Diese beschreiben vor allem die Beiträge einzelner Steuergeräte für das System sowie deren Kommunikation untereinander. Die Implementierung der Komponentenbeiträge wird eine Ebene darunter in den Komponentenanforderungen beschrieben. Hierbei handelt es sich hauptsächlich um Anforderungen an die Hardware der Steuergeräte. Parallel dazu wird aus System- und Komponentenanforderungen eine Spezifikation für das Softwaredesign der Steuergeräte-Software vorgenommen.

Die Testaktivitäten beginnen dagegen in umgekehrter Reihenfolge. Zuerst werden fertige Softwaremodule sowie die Gesamtsoftware getestet. Im Fall von modellbasierter Entwicklung wird das Modell in einer analogen Vorgehensweise getestet. Der Fokus liegt hierbei auf der Korrektheit der zu leistenden Funktionalität. Bei der folgenden Hardware- / Software-Integration (HW/SW-Integration), einem Komponententest, wird die Software auf das Steuergerät übertragen und das Zusammenspiel beider Aspekte getestet. Je nach Vereinbarung wird der Komponententest beim Zulieferer, beim Hersteller oder beiden durchgeführt. Die Anforderungen der Systemspezifikation werden nach der Systemintegration getestet. Der Schwerpunkt liegt hier auf der Verifikation des funktionalen Verhaltens der partizipierenden Steuergeräte. Eine zusätzliche Fahrzeugerprobung dient als abschließende Abnahme des fertigen Fahrzeugs. Bei mechatronischen Systemen wird dabei zudem die Interaktion des Systems mit der Mechanik überprüft.

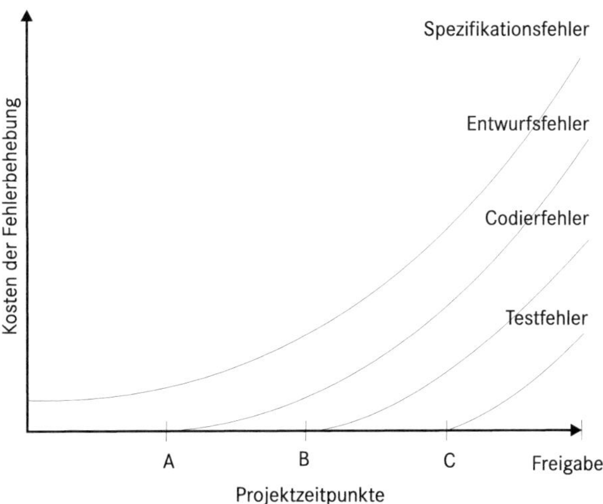

Abbildung 4: Schematische Darstellung der Mehrkosten der späten Fehlerbehebung in Abhängigkeit des Fehlertyps (nach [80]).

Die starke Abhängigkeit und Verzahnung von Entwicklungs- und Testvorgehen macht deutlich, dass ein erhöhter Komplexitätsgrad der Systeme in einer zwangsläufigen Erhöhung der Testkomplexität resultiert. Das heißt, der Bedarf an freien Kapazitäten zur Bewältigung des Testumfangs steigt parallel zum Entwicklungsaufwand.

Diese Entwicklung wird besonders von der momentanen Tendenz hin zu zusätzlichen Softwarefunktionen im Bereich der Fahrerassistenzsysteme, welche zukünftig immer autonomer agieren werden (siehe Abbildung 6), zusätzlich verschärft. Gerade bei diesen Systemen steht dem möglichen Sicherheitsgewinn auch ein erhöhtes Sicherheitsrisiko durch Ausfall oder kritisches Fehlverhalten der Elektronik gegenüber, wodurch ein besonderes Verpflichtung hinsichtlich Konsequenz und Transparenz der Umsetzung eines Testvorgehens für die Gewährleistung der Produktsicherheit erforderlich wird.

Diese Problematik wird von der zukünftig in Kraft tretenden Norm ISO 26262 „Road vehicles - Functional Safety" für die funktionale Sicherheit in einem Fahrzeug aufgenommen und unterstützend verfolgt. Ziel der ISO 26262 ist die Gewährleistung der Produktsicherheit, d.h. eine Beherrschbarkeit des Systems, welche potentielle Sicherheitsrisiken kontrolliert hinreichend minimiert. Das Absicherungskonzept der ISO 26262 basiert dabei auf dem V-Modell. Zentrale Säulen des Standards sind entwicklungsseitig das Konzept der Risikoidentifikation, der Risikoeinstufung und das Ableiten von Sicherheitszielen und -Anforderungen auf Basis der Analyse potentieller Gefahrensituationen. Dabei

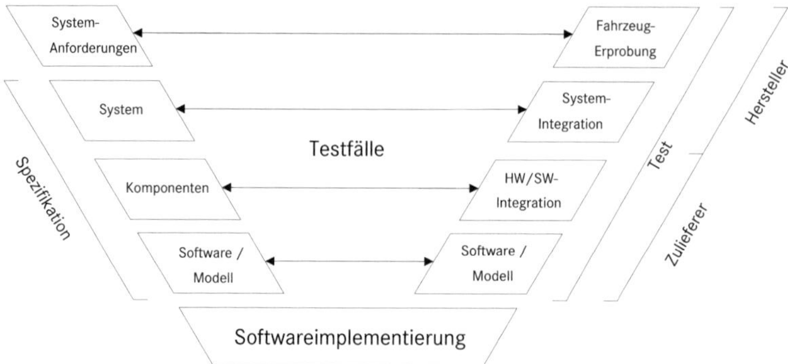

Abbildung 5: Darstellung des in der Automobilbranche für die Entwicklung von E/E-Systemen verwendeten V-Modells (nach [77]).

werden die Sicherheitsanforderungen nach Sicherheitsrelevanz klassifiziert. Zur Verifikation und dem Test der Systeme werden pro Teststufe Testziele definiert, deren Einhaltung für die Gewährleistung der Produktsicherheit verpflichtend ist. Testziele werden über die Ableitung geeigneter Testfälle und über die Einhaltung angemessener Testabdeckungen erreicht, welche für jede Teststufe im Sinne eines zu betrachtenden Vorschlags seitens der ISO 26262 vorgegeben sind. Dies resultiert, abhängig von der Sicherheitseinstufung des Systems (nach ISO 26262), in einem bis zu stark zunehmenden Verifikationsaufwand bzw. -umfang für die Hersteller [97].

Insgesamt steht ein Automobilhersteller heutzutage mehr denn je vor der Herausforderung die stetig größer werdenden Testumfänge aus der zunehmenden Systemkomplexität und aus den zukünftigen Anforderungen der ISO 26262 für die Verifikation eines Systems bewältigen zu können. Um dies auch zukünftig effizient bewerkstelligen zu können, bedarf es neuer Methoden, welche die Aufwendung der verfügbaren Ressourcen zum Test eines Systems reduzieren.

1.2 Problemstellung

Die Hersteller von Großserienprodukten wie in der Automobilbranche stehen permanent unter einem enormen Druck die Gesamtkosten in allen ihren Bereichen zu reduzieren, um konkurrenzfähig zu bleiben. Testen ist teuer. Das Ausführen eines nur unzureichenden Testumfangs für ein Produkt birgt jedoch noch größere Risiken, da ein Fehler, der erst nach dem Entwicklungsprozess gefunden wird, teurer zu beheben ist als ein Fehler, der noch während der Entwicklungsphase identifiziert und beseitigt werden kann. In der industriellen Praxis kann davon ausgegangen werden, dass ca. 50% des gesamten Projekt-

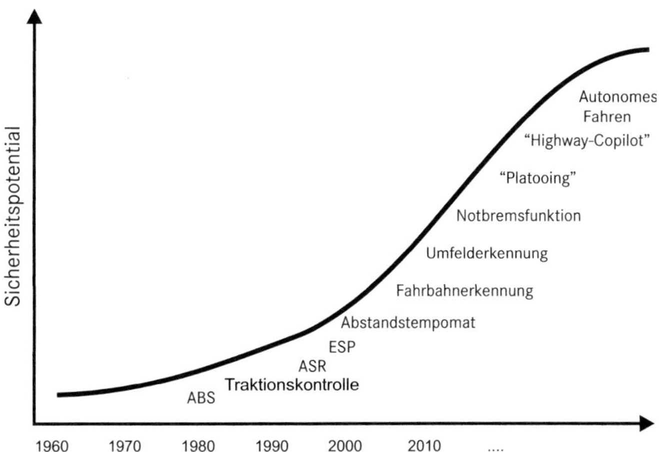

Abbildung 6: Entwicklung des innewohnenden Sicherheitspotentials zukünftiger, immer autonomer agierender Assistenzsysteme, welche entsprechend der potentiell resultierende Gefahrensituation abgesichert werden müssen (nach [122]).

budgets für das Testen aufgewendet werden muss [56]. Nach [76] kann dabei alleine die Re-Verifikation bis zu 80% des gesamten Testbudgets veranschlagen und somit nahezu das gesamte Budget für das Testen veranschlagt.

Um ein weiteres und unnötiges Anwachsen der Testkosten zu verhindern, wurden in den vergangenen Jahren viele Methodiken zur Optimierung der Testprozesse auf allen Teststufen umgesetzt. Mit der Testautomatisierung [36] konnte die Durchführung der Testfälle sowie teilweise auch deren Auswertung automatisiert werden, so dass eine optimale Ausnutzung der freien Kapazitäten auf vorhandenen Testplattformen auch nachts und am Wochenende gegeben ist. Mit dem parallelen Testen [77] wurde die parallele Durchführung voneinander unabhängiger Testfälle eingeführt, welche die Ressource Zeit in die Ressource Rechenleistung umwandelt (siehe Abbildung 7). Auch wurde die teststufenübergreifende Integration von Testfällen untersucht, die deren Wiederverwendung auf mehreren Teststufen mittels sogenannten Testadaptern ermöglicht [105]. Das Effizienzpotential der Methoden liegt in der Optimierung der Durchführung von gegebenen Testfällen, lässt aber sinngemäß eine inhaltliche Betrachtung dieser außen vor. Hierin liegt jedoch ein mindestens ebenso großes Optimierungspotential. Mit Hilfe eines geeigneten Vorgehens zur systematischen Ableitung von Testfällen kann beispielsweise die Größe des initialen Testumfangs minimiert werden, was einen großen Beitrag zur Effizienz leistet.

Das vorhandene Optimierungspotential liegt jedoch nicht ausschließlich in der Betrachtung der 1) eigentlichen Größe des Testumfangs, sondern auch in der 2)

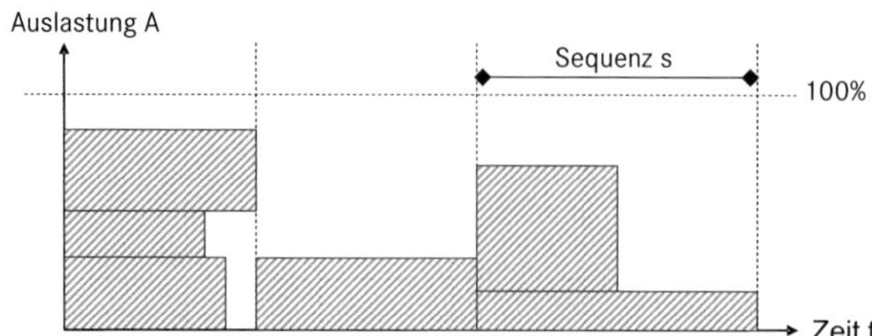

Abbildung 7: Parallele Ausführung von Testprogrammen. Voneinander unabhängige Testprogramme [77] (graue Kästen) werden zeitgleich ausgeführt, um die Ressourcenauslastung des Prüfstände zu erhöhen.

Anzahl der benötigten Durchläufe enthaltener Testfälle. Diese werden aufgrund von häufig auftretenden Änderungen am System während der Entwicklungsphase iterativ immer wieder erneut durchgeführt. Dies beinhaltet jedoch auch die Ausführung von nicht erforderlichen Testfällen, welche von der Änderung nicht betroffene Teile des Systems testen. Eine effektive Möglichkeit das Testvorgehen weiterführend zu optimieren, liegt im Auslassen dieser unnötigen Tests bei einer erneuten Verifikation.

Beide Aspekte zur Reduzierung des auszuführenden Testumfangs lassen sich gut miteinander kombinieren und beinhalten den zusätzlichen Vorteil, eine hervorragende Ausgangsbasis für alle gängigen Vorgehensweisen der Testautomatisierung zu sein.

1.3 Ziel der Arbeit

Die zunehmends komplexer werdende Entwicklung und Verifikation elektronischer Systeme für Kraftfahrzeuge stellt die Hersteller vor die Herausforderung ihre Prozesse immer effektiver zu gestalten. So ist der Testumfang schon nicht mehr durch die Technik, sondern vielmehr durch die zur Verfügung stehende Zeit und Ressourcen begrenzt. Da verfügbare Ressourcen bereits effizient ausgenutzt werden und die Zeit zum Testen gleichbleibend ist, ist es nötig zu untersuchen inwiefern bestehende Testumfänge optimiert werden können. Dies stellt gegenüber einer ansonsten immer wieder erforderlichen Erhöhung verfügbarer Kapazitäten die größere Herausforderung dar, ist jedoch langfristig gesehen die nachhaltigere Lösung. Daraus abgeleitet ergibt sich die zentrale Problemstellung dieser Arbeit:

> Wie kann unter der Voraussetzung einer mindestens gleichbleibenden Qualität der Umfang für das Testen von E/E-Systemen optimiert werden?

Für diese Arbeit resultieren aus der genannten Problemstellung drei aufeinander aufbauende Zielsetzungen, die in ein übergreifendes Konzept integriert werden sollen. Die erste Zielsetzung beschäftigt sich mit der Bestimmung eines optimalen, initialen Testumfangs unter Berücksichtigung geltender Normen.

> **Ziel 1.** *Entwicklung eines Vorgehens zur systematischen Ableitung eines minimal erforderlichen, ISO 26262-konformen Testumfangs für die Absicherung von E/E-Systemen.*

Ist eine systematische Testspezifikation erstellt, ist der Testumfang für die Verifikation optimiert. Um die unnötigen Wiederholungstests bei der Verifikation nach einer Änderung zu identifizieren, muss eine Auswirkungsanalyse innerhalb des betrachteten Systems ermöglicht werden. Daraus ergeben sich folgende Zielsetzungen:

> **Ziel 2.** *Entwicklung und Auslegung eines geeigneten Artefaktes zur Darstellung eines E/E-Systems und dessen Abhängigkeiten als Basis für eine Regressionstestanalyse.*

> **Ziel 3.** *Entwicklung einer Regressionstestanalyse zur Identifikation von der nur benötigten Anzahl an Testfällen für eine erneute Verifikation des Systems nach einer Änderung.*

Das Ergebnis dieser Arbeit ist die Umsetzung des Konzeptes in eine Methodik, die das Vorgehen zu Erreichung der drei Zielsetzungen beschreibt. Dabei bildet die aus Zielsetzung I resultierende Methodik zur Ableitung einer systematischen Testspezifikation die nötige sowie optimale Grundvoraussetzung für die Anwendung einer Regressionstestmethodik; dieser Begriff beschreibt das zusammengefasste Vorgehen aus Zielsetzungen II und III.

Teil II

GRUNDLAGEN UND STAND DER TECHNIK

2 | GRUNDLAGEN

Dieses Kapitel beschreibt das Umfeld, in dem die vorliegende Arbeit einge-
gliedert ist. Beginnend mit der Definition eines E/E-Systems werden dessen
Bestandteile erklärt. Eine Übersicht über grundlegende Verfahren und Methoden ist in der Testmethodik erläutert zudem die gängige Vorgehensweise zur
Absicherung von E/E-Systemen im Automobilbereich.

2.1 Elektronik im Automobil

Wenn in der Automobilindustrie von Systemen gesprochen wird, sind in der
Regel *eingebettete Systeme* gemeint. Unter einem eingebetteten System wird ein
Rechner-basiertes System verstanden, das als Bestandteil eines technischen Produktes in dieses integriert ist [53]. Die Schnittstellen eines eingebetteten Systems
in die technische Systemumgebung müssen jedoch nicht nur elektronischer
Natur sein. Eine Interaktion mit der Umwelt, die den Fahrer mit beinhaltet, ist
z.B. über einen mechanischen Schalter möglich. Dabei werden Umwelteinflüsse
oder Interaktionen mit der Umwelt in physikalische Größen transformiert und
anschließend dem System in digitalisierter Form bereitgestellt [82]. Die Interaktion mit dem aktiven Umfeld ist einer der wichtigsten Anwendungsfälle eines
eingebetteten Systems im Fahrzeug und erfordert eine spezielle Anpassung von
Hardware und Software [90].

> **Definition 1** (Eingebettetes System). *Ein eingebettetes System ist eine
> Einheit bestehend aus Software- und Hardwareanteilen die zur Überwa-
> chung, Steuerung oder Regelung bestimmter Aufgaben eingesetzt werden
> [94]. Dabei ist das eingebettete System in der Regel über Schnittstellen
> mit Sensoren und Aktoren verbunden. Typischerweise sind solche Syste-
> me für den menschlichen Benutzer nicht sichtbar, er interagiert meistens
> unbewusst mit dem eingebetteten System [25].*

Ein eingebettetes System kann dabei grundsätzlich als ein System nach dem
Grundgedanken des Systems Engineerings [9] [14] [6] aufgefasst werden (siehe
Abbildung 8). Verbindungen zwischen Systemelementen sind dabei ein Maß
zur Beurteilung der Systemgrenzen.

Die Integration von eingebetteten Systemen in Fahrzeugen ist heutzutage un-
verzichtbar, da heutige Anforderungen an die E/E-Systeme (z.B. die Einhaltung
von Emissionswerten) nur noch durch deren Einsatz zu realisieren sind. Des

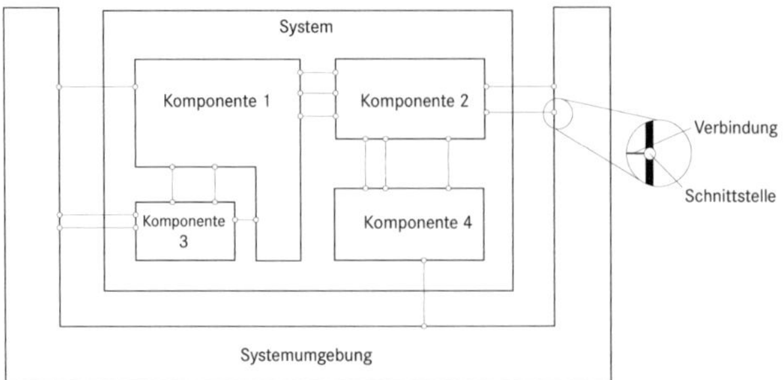

Abbildung 8: Schematische Darstellung eines Systems in einer Systemumgebung. Die Kommunikation der Komponenten erfolgt über Verbindungen zwischen deren Schnittstellen (nach [117]).

Weiteren prognostizieren Schleuter und Schöne, dass 90% aller zukünftigen Innovationen im Kfz in ihrer wesentlichen Funktionalität durch Elektronik geprägt sein werden [116]. Resultat sind hoch vernetzte Systeme aus elektrischen und softwaregesteuerten Komponenten.

2.1.1 Steuergeräte

Das Fahrzeug ist ein mechatronisches Gesamtsystem, bei dem die Elektronik die vorhandenen mechanischen Komponenten eines Fahrzeugs regelt und steuert. Auf abstrakter Ebene lässt sich die Fahrzeugelektronik in verschiedene (eingebettete) Systeme zerlegen, die sich wiederum sukzessive in konkretisierte Teilsysteme aufteilen lassen. Jedes System realisiert eine bestimmte Gruppe von Aufgaben, sprich, stellt gewisse Funktionalitäten bereit. Die Realisierung der im System definierten Funktionen wird von einer oder mehreren vernetzten Komponenten realisiert. Eine Komponente ist in der Fahrzeugelektronik als eine abgeschlossene mechatronische Einheit zu verstehen und wird auch als Steuergerät oder *Electronic Control Unit* (ECU) bezeichnet.

Die Steuergeräte sind, neben den Sensoren und Aktoren, die physikalische Umsetzung eines eingebetteten Systems [25]. Ein zentraler Bestandteil eines Steuergeräts sind ein oder bei sicherheitsrelevanten Systemen mehrere Mikroprozessoren, welche die definierten Systemfunktionen umsetzen [124]. Informationen erhält ein Steuergerät entweder über weitere Fahrzeugsysteme, welche den Fahrzeugzustand beschreiben, oder Sensoren, welche physikalische Größen im Fahrzeugumfeld festhalten. Die Eingangssignale werden in der Regel so aufbereitet, dass sie den Anforderungen des Mikrocontrollers entsprechen, der dann entsprechend der Funktionalitäten, die Ausgangssignale errechnet. Die Ausgangssignale werden gemäß der Logik wieder so aufbereitet, dass sie von den anzusteuernden Aktoren umgesetzt werden können (siehe Abbildung 9).

Aktoren sind ausführende Elemente in einem System, zum Beispiel Motoren, Pumpen oder Ventile. Zusammen mit den Sensoren bilden sie die Peripherie des Steuergeräts [34].

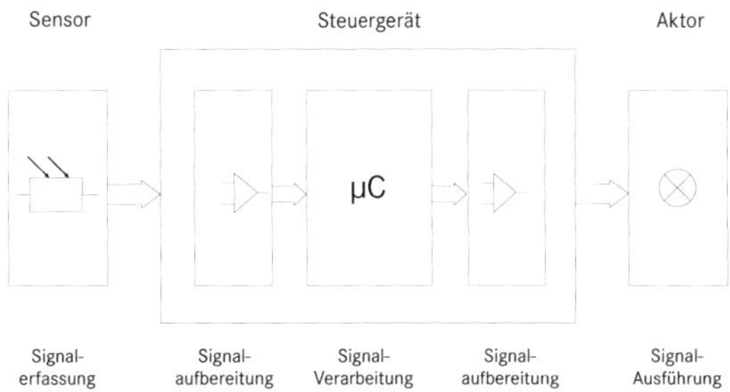

Abbildung 9: Aufbau eines Steuergeräts und dessen Sensor- und Aktoransteuerung. Typischerweise werden die von einem Aktor erfassten und digitalisierten Information durch ein Steuergerät mit integrierter Logik verarbeitet und zur Ausführung einer entsprechenden Realisierung an einen Aktor weitergeleitet ([117]).

2.1.2 Vernetzung von Steuergeräten

Ein Informationsaustausch zwischen den Steuergeräten ist für die Umsetzung komplexer Funktionen zwingend notwendig. Durch das begrenzte Raumangebot innerhalb eines Kraftfahrzeugs wird der Trend hin zu einer intelligenten Vernetzung der Steuergeräte zusätzlich verschärft [82]. Dadurch können zusätzliche, auf einer Kooperation von verschiedenen Komponenten basierende Funktionalitäten in das Fahrzeug integriert werden, ohne dass weitere Steuergeräte benötigt werden. Eine gemeinsame Nutzung von Sensoren und Aktoren wird dafür jedoch vorausgesetzt.

Der gesamte Informationsaustausch unter Systemkomponenten findet über Verbindungen zwischen definierten Schnittstellen statt. Eine Systemkomponente kann unbeschränkt viele Schnittstellen besitzen und eine Verbindung mit beliebig vielen anderen Komponenten eingehen. Die Verbindungen erlauben somit auch ein gleichzeitiges Interagieren aller beteiligten Komponenten. Sind alle Schnittstellen einer Verbindung an der gleichen Komponente oder lässt sich ein Verbindungsweg über mehrere Systemkomponenten zur Ausgangskomponente finden, so spricht man von einer Systemrückkopplung [117]. Bossel bezeichnet die Summe der Verbindungen als die Systemstruktur [22]. Verbindungen sind zudem ein Maß zur Beurteilung der Systemgrenzen, so existiert in den meisten Fällen innerhalb der Systemgrenzen eine höhere Dichte an Verbindungen als über sie hinweg [57].

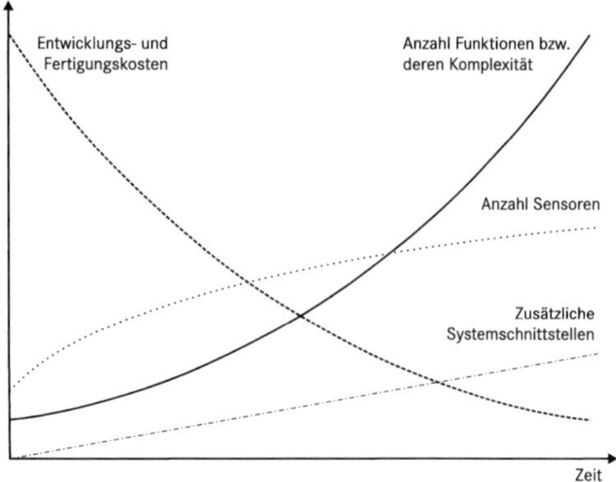

Abbildung 10: Qualitativer Vergleich der Funktionen, Kosten und Peripherie für zukünftige Fahrzeuge. Der Verlauf prognostiziert eine Zunahme des Vernetzungsgrades der Steuergeräte sowie einen steigenden Anteil softwarebasierter E/E-Systeme (nach [93]).

Die Intensität der Kommunikation von miteinander agierenden Komponenten beschreibt die Systemkomplexität (siehe Abbildung 10). Diese beinhaltet die Anzahl der Schnittstellen, Anzahl der Verbindungen sowie u.a. die Form, Energie und den Umfang des Informationsaustauschs. Die Wechselwirkung eines Systems mit seiner Systemumgebung kann als die Summe aller Einzelverbindungen der Systemkomponenten mit der Systemumgebung gesehen werden [18]. Unter der Systemumgebung versteht man alle Elemente beziehungsweise Systeme, welche außerhalb der Systemgrenze des betrachteten Systems liegen. Logischerweise sollte eine Interaktion des Systems mit der Systemumgebung stattfinden, um sie als solche zu bezeichnen.

Der Datenaustausch erfolgt über diverse Kommunikationsverbindungen. Im Fahrzeug sind dies in der Regel Bus-Systeme. Sind alle in einem Fahrzeug verbauten Steuergeräte mit mindestens einem Bus verbunden, so spricht man von einer Vollvernetzung[1]. In einem Fahrzeug werden verschiedene Typen von Bus-Systemen verbaut die über mehrere *Gateways* miteinander kommunizieren können. Je nach Anwendung gibt es verschiedenartige Anforderungen an die Leistungsfähigkeit der Netzwerke. Wichtige Kriterien dafür sind die Übertragungsrate, die Ausfallsicherheit, die Priorisierung von Botschaften sowie letztendlich die Kosten. Etablierte Bus-Systeme sind das CAN-Bussystem [40] [85], das FLEXRAY-Bussystem [79] [78] [121], der MOST-Bus [54][52] sowie der LIN-Bus. Abbildung 11 zeigt eine schematische Topologie der E/E-Komponenten aus dem Hause Daimler [26].

---

[1] Die Fahrzeuge der Marke Mercedes-Benz sind seit der Baureihe 210 (E-Klasse, 1995) vollvernetzt [58].

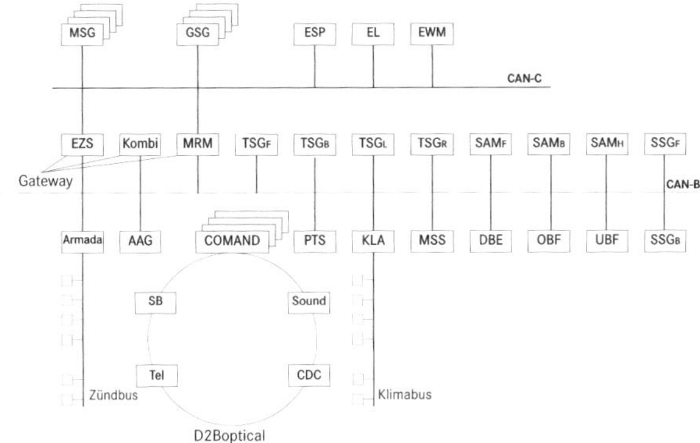

Abbildung 11: Darstellung einer E/E Topologie (nach [26]). Eine Topologie beschreibt die Vernetzung der verschiedenen im Fahrzeug vorhandenen Steuergeräte, Aktoren und Sensoren.

2.1.3 Funktionen eines Systems

Abgesehen von der physikalischen Struktur besteht ein System auf einer darauf aufbauenden logischen Struktur. Basiselemente dieser Struktur sind die Systemfunktionen, welche in ihrer Gesamtheit die Fahrzeugfunktionalität beschreiben. Die Definition des Begriffs ist für diese Arbeit wie folgt:

> **Definition 2** ((Reaktive) Funktion). *Eine reaktive Funktion ist eine Aufgabe, die ein System für seine Umwelt zu erfüllen hat. Diese hängt von äußeren Einflüssen ab und wird in der Regel durch ein Ereignis ausgelöst* [77].

Die Funktionen werden systembezogen beschrieben und sind in den Komponenten implementiert. Eine Komponente kann an der Realisierung von mehreren Funktionen beteiligt sein. Die Funktionsstruktur gibt im Wesentlichen die Sicht des Kunden auf die erlebbare Funktionalität des Fahrzeugs wieder und eignet sich somit auch bestens zur Beschreibung von Systemen. Der Zusammenhang zwischen System und Funktionen lässt sich anhand einer einfachen zweidimensionalen Matrix wiedergeben (siehe Abbildung 12).

Die Funktionen selbst sind, wie in Abbildung 13 abgebildet, hierarchisch in Schichten aufgeteilt. Der hardwarenahe Treiber, der den direkten Zugriff auf die Schnittstellen eines Steuergeräts definiert, befindet sich auf unterster Ebene. Darüber existieren eine oder mehrere der Logik zugewandten Schichten, die jeweils auf die Funktionalität der darunter liegenden Schichten zugreifen. In einer den Komponenten übergeordneten Sicht können die Systemfunktionen beschrieben werden. Diese können auf mehreren Komponenten realisiert sein.

	MSG	KLA	EZS	SAM$_F$	SAM$_B$	SAM$_H$	AAG	TSG$_F$	TSG$_B$	TSG$_L$	TSG$_R$	KOMBI	OBF	DBE	MSS	ARMADA
Antrieb	X		X									X				
Klima	X	X	X	X								X				
Licht			X	X	X	X	X	X	X			X	X	X	X	
Wischer			X	X		X						X	X	X		
Schließung			X			X		X	X	X	X	X	X	X		X

Abbildung 12: Darstellung der Abhängigkeiten von Systemfunktion mit Komponenten, die einen realisierenden Beitrag leisten (nach [117]).

Das Beispiel in Abbildung 13 zeigt, dass auf unterster Ebene der Funktionsstruktur ein Modul zur Ansteuerung des linken Blinklichts existiert, welches durch verschiedene Komponenten des Systems realisiert wird. In der darüberliegenden Schicht ist das Modul „Blinken" angegeben, welches im Detail aufgelöst die Teilmodule (Funktionen) „Blinken links" und „Warnblinken" enthält. Für die Realisierung beider Funktionen sind also ein Modul und mehrere Steuergeräte verantwortlich. Wichtig für das Testen ist die Erkenntnis, dass die funktionale Hierarchie keine Baumstruktur besitzt, sondern besser durch ein rekursionsfreies Netz beschrieben werden kann.

In diesem Sinne ist die Komplexität eines Systems heutzutage nicht mehr in der Konsequenz der Anzahl von Steuergeräten begründet, sondern vielmehr in der Anzahl der realisierten Funktionen und deren funktionalen Vernetzung. Diese funktionale Vernetzung ermöglicht es zudem verschiedene Applikationen zusammenzuführen, wodurch die Gesamtfunktionalität mehr als die Summe der Einzelfunktionalitäten beträgt, was wiederum zu einer erhöhten Systemkomplexität beiträgt.

2.1.4 Elektrik/Elektronik-Architektur

Eingebettete Systeme sind in einem Fahrzeug durch ihre elektronische Architektur gekennzeichnet. Die E/E-Architektur beschreibt die technische Struktur eines Systems [107]. Im Fall der Automobilelektronik ist dies das Gesamtsystem Automobil inklusive aller Elemente [72], sprich die Hardware- und Softwarekomponenten eines Systems sowie deren Vernetzung. Dazu gehören die Festlegung der Schnittstellen inklusive der Definition des Daten- und Energieflusses. Die Struktur eines E/E-Systems ist in Abbildung 14 dargestellt.

Die logische Architektur definiert die Systemfunktionen, ihre Eingangs- und Ausgangsgrößen und legt die funktionale Vernetzung fest. Die Beschreibung der

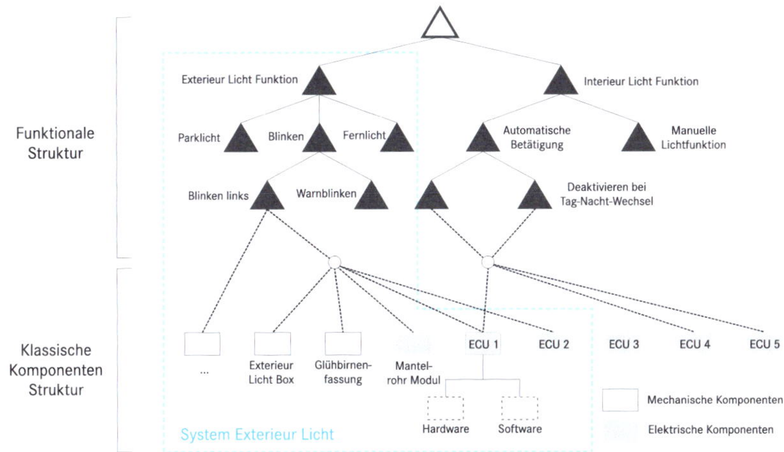

Abbildung 13: Schematische Gegenüberstellung einer Funktionsstruktur und einer korrespondierender Komponentenstruktur [44].

Funktionen erfolgt jedoch ohne auf deren technische Umsetzung einzugehen. Es handelt sich bei der Funktionsarchitektur somit um eine logische *black-box* Beschreibung der zerlegten Funktionsbeiträge. In der technischen Architektur werden die physikalischen Bestandteile der Hardwarearchitektur und deren Topologie beschrieben. Dazu gehören die Darstellung des Komponentennetzwerkes, der *Gateways*, des Stromlaufplans und des Leitungssatzes.

2.2 Verifikation von E/E-Systemen

In diesem Kapitel werden die Grundlagen für den Test von Systemen beschrieben. Zunächst wird die Definition grundlegender Begriffe vorgenommen und eine Einführung in das Testen gegeben. Dargelegt wird dabei das allgemeine Ziel, welches mit dem Testen verfolgt wird und mit welchen Methoden dies erreicht werden kann.

2.2.1 Terminologie des Testens

In dieser Sektion soll zunächst der Begriff der *Qualität* definiert werden, da es diese für ein Testobjekt letztendlich zu beurteilen gilt. Darauf aufbauend werden die Maßnahmen zur Anwendung für die Bewertung der Qualität, die *Prüfung* und *Analyse* und die daraus ableitbaren Begriffe der *Verifikation* und

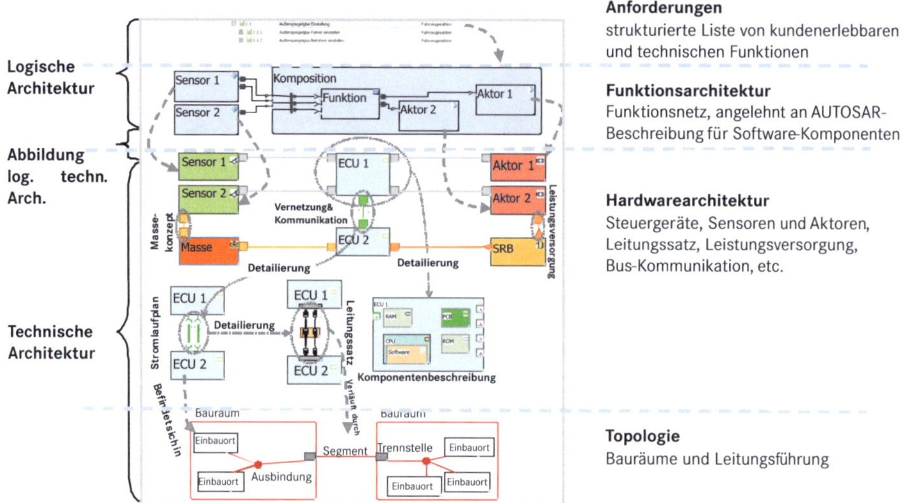

Abbildung 14: Struktur einer E/E-Architektur mit vier Ebenen: Anforderungen, Funktionsarchitektur, Hardwarearchitektur und Topologie ([60][71]).

Validation bestimmt. Abschließend wird konkretisiert, wie sich der Begriff des *Testens* in das gesamte Umfeld einfügt (siehe Abbildung 15).

Um eine Eigenschaft eines Testobjektes beurteilen zu können, bedarf es zunächst einer Definition, die es ermöglicht, zu überprüfen, ob diese erforderte Eigenschaft vorhanden ist. Eine solche Eigenschaft ist die Qualität, welche nach [7] wie folgt definiert ist:

> **Definition 3** (Qualität). *Qualität ist die Gesamtheit von Eigenschaften und Merkmalen eines Produkts oder einer Tätigkeit, die sich auf dessen Eignung zur Erfüllung gegebener Erfordernisse bezieht.*

Die Sicherstellung der Qualität erfolgt durch Maßnahmen die unter den Begriff des Qualitätsmanagements beziehungsweise der Qualitätssicherung fallen. Diese Maßnahmen lassen sich nach [64] in organisatorische, administrative und technische Maßnahmen untergliedern, welche sich weiterhin in konstruktive und analytische Verfahren unterteilen lassen. Erstere sind Maßnahmen zur Erreichung der dem Produkt innewohnenden Qualität während dessen Planung und Entwicklung. Analytische Qualitätsmaßnahmen dagegen werden grundsätzlich nach Fertigstellung des Testobjektes durchgeführt. Man bezeichnet diese Verfahren auch als Prüfverfahren. Nach [18] und [2] ergeben sich folgende Definitionen der Analyse und Prüfung:

> **Definition 4** (Analyse). *Die Analyse führt eine Übereinstimmungsprüfung anhand eines Vergleichs zwischen charakteristischen Eigenschaften,*

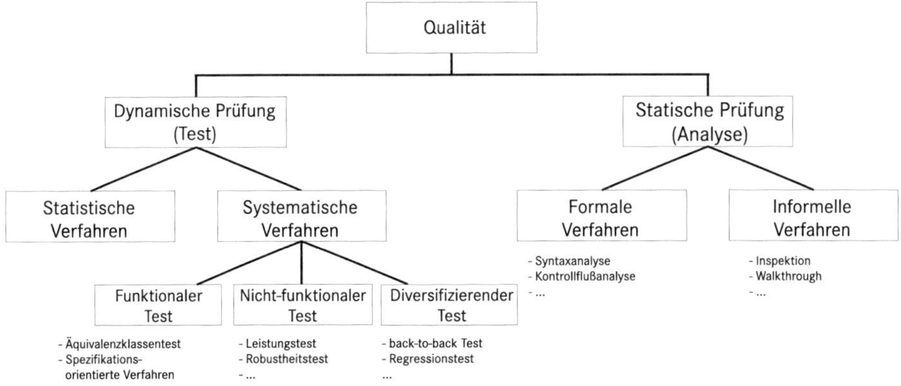

Abbildung 15: Darstellung von verschiedenen Maßnahmen zur Absicherung von Qualität und der Unterscheidung von Test und Analyse.

die die Implementierung aufweist, und den Anforderungen durch, die in der Spezifikation definiert sind.

Definition 5 (Dynamische Prüfung). *Die dynamische Prüfung ist eine Analyse, bei der die Implementierung zur Ausführung gebracht wird. Während der Ausführung der Implementierung werden charakteristische Verhaltenseigenschaften ermittelt und mit spezifizierten Anforderungen in einer Übereinstimmungsprüfung verglichen.*

Die Nachweisführung der analytischen Verfahren hat zur Aufgabe, das SOLL-Verhalten des Testobjektes, welches aus der gegebenen Spezifikation ermittelt wird, mit dem aus der Implementierung vorhandenen IST-Verhalten des Testobjektes zu vergleichen. Diese Art an Verfahren, die eine korrekte Umsetzung der zugehörigen Spezifikation überprüft, heißt Verifikation.

Definition 6 (Verifikation). *Eine durchgeführte Verifikation ist eine Bestätigung, dass aufgrund einer Untersuchung und durch Bereitstellung eines Nachweises festgelegte Forderungen erfüllt worden sind (nach [2]).*

Die Verifikation überprüft das Testobjekt hinsichtlich der korrekten Transformation der Vorgaben eines Entwicklungsschrittes in dessen Ergebnis. Das Testobjekt wird hierbei auf die Korrektheit gegenüber der vorangegangenen Entwicklungsschrittes untersucht, welcher die Testreferenz darstellt. Boehm interpretiert den Sachverhalt so, dass mit der Verifikation die Frage, ob das Produkt „richtig entwickelt" wurde, beantwortet werden soll [21]. Im Gegensatz dazu steht die „Validation". Diese soll überprüfen, ob das „richtige Produkt" entwickelt wurde [21].

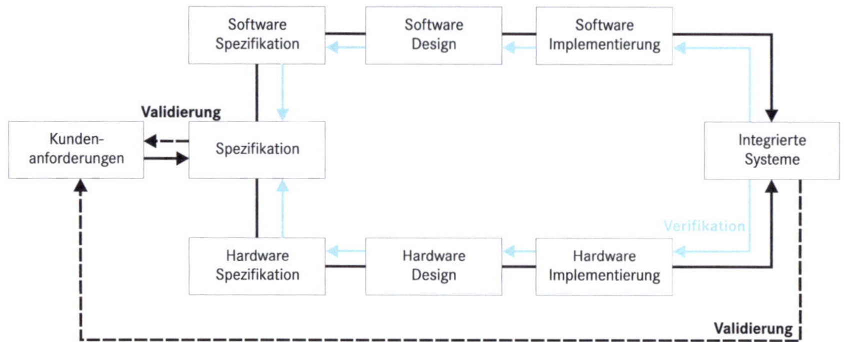

Abbildung 16: Schematische Darstellung der Entwicklungsphasen (schwarz) mit definierten formalem Verifikations (grau) - und Validierungsprozess (schwarz gestrichelt) (nach [73]).

Definition 7 (Validation). *Die Validation ist eine Aktivität zur Überprüfung der Ergebnisse einer Entwurfsphase bezüglich ihrer Vorgaben durch die initialen Anforderungen [1].*

Bei der Validation wird das Testobjekt immer gegen eine Anforderungsspezifikation überprüft. Ziel ist die Korrektheit gegenüber den ursprünglichen Kundenanforderungen zu untersuchen. Die zentrale Tätigkeit der Validation ist das Testen.

Definition 8 (Test). *Testen ist das Ausführen von Funktionen eines Programms in einer definierten Umgebung und Vergleichen der erzielten mit den erwarteten Ergebnissen, um festzustellen, wie weit sich das Programm so verhält, wie es seine Spezifikation verlangt. Testen ist eine qualitätssichernde Maßnahme die phasenbezogen durchgeführt werden soll [126].*

Der Test von E/E-Systemen ist primär als eine Validierung der Entwicklungsergebnisse gegen die funktionalen Anforderungen des Testobjektes zu verstehen. Jedoch werden u.U. auch nicht spezifizierbare Eigenschaften des Testobjektes wie z.B. Robustheit getestet. Hiermit wird deutlich, wie hoch die Anforderungen an die Korrektheit und Vollständigkeit der Produktspezifikation sind, da der Test genau diese überprüft. Hierbei spielt insbesondere die Eigenschaft der Testbarkeit der Anforderungen eine wichtige Rolle.

Anmerkung: Die Definitionen der Begriffe in der Literatur variieren und bekommen damit teilweise eine andere Bedeutung. So versteht man nach [16] unter Qualitätssicherung lediglich Präventionsmaßnahmen, also Maßnahmen zur Fehlervermeidung. Der Test, beziehungsweise die Tätigkeit des Testens, bezeichnet Beizer als *Qualitätskontrolle*.

2.2.2 Ziel des Testens

Eine absolute Angabe, ob Qualitätsvorgaben erreicht wurden, ist meistens nicht abzuleiten. Jedoch ist es möglich durch das Testen eine Aussage zum erreichten Maß an Produktqualität zu liefern. Es wird deswegen meistens von dem Erreichen eines bestimmten Qualitätsniveaus gesprochen. Der systematische Test mit definierten Testumfängen lässt jedoch folgende Aussage zu [104]:

> Testen reduziert das Maß an Unsicherheit in Bezug auf die Qualität des Systems.

Dieser Satz beschreibt eher die Wirkung, die durch die Tätigkeit des Testens erreicht wird. Jedoch ist dies hilfreich zum Verständnis, dass die Erhöhung der Qualität nicht durch das Testen an sich erreicht wird [52]:

> Testen liefert den Nachweis des zum Testzeitpunkt erreichten Qualitätsniveaus.

Die Motivation des Testens liegt demnach darin, die Qualität der Funktionalität eines Produktes zu ermitteln und durch reproduzierbare Testergebnisse zu hinterlegen. Zu der Qualität eines Produktes gehört neben dessen korrekt durchführbaren Funktionalität auch dessen Zuverlässigkeit. Nach der ursprünglichen DIN 40031 [4] ist die Eigenschaft der Zuverlässigkeit die Beschaffenheit einer Einheit bezüglich ihrer Eignung. Das heißt, das Produkt muss zu vorgegebenen Anwendungsbedingungen alle spezifizierten Zuverlässigkeitsanforderungen erfüllen. Nach [83] ist die Zuverlässigkeit eines technischen Systems primär durch die Attribute Verlässlichkeit, Verfügbarkeit, Vertraulichkeit, Integrität und Wartbarkeit gegeben. Die Priorisierung der aufgeführten Anforderungen ändern sich in Abhängigkeit des Anwendungsbereichs, beziehungsweise in Abhängigkeit von dem zu testenden System.

Diese Anforderungen sind erfüllt, wenn die Überprüfung des Testobjektes gegen eine Testreferenz durchgeführt wurde:

Definition 9 (Testziel). *Ziel des Tests ist es, durch Ausführung des Testobjektes mit ausgewählten Testdaten in einer definierten Umgebung festzustellen, ob sich das Testobjekt in diesen Fällen so verhält, wie es eine definierte Testreferenz vorschreibt [3].*

Dahingehend lässt sich der Test nach Liggesmeyer von anderen analytischen Verfahren der Qualitätssicherung, wie zum Beispiel Reviews oder Audits, durch die folgenden drei Merkmale abgrenzen [86]:

- das Testobjekt wird mit konkreten Eingabewerten ausgeführt.

- das Testobjekt wird in der realen Umgebung getestet.

- der Test ist ein Stichprobenverfahren.

Durch das systematische Testen kann ein guter Nachweis des erreichten Qualitätsniveaus geführt werden.

2.2.3 Korrektheit des Testens

Beim Test von E/E-Systemen ist das Testobjekt eine Komponente mit integriertem Softwareanteil oder ein System mit vernetzten Komponenten. Fehler treten zumeist nicht in der falschen Auslegung der Hardware auf, sondern sind das Resultat von Designfehlern in der integrierten Software. Fehler diesen Ursprungs aufzudecken ist eine Herausforderung, da Software und generell digitale Systeme nicht nur zustandsbasiert (z.B. Blinker) sondern auch kontinuierlich (z.B. Tempomat) sein können. Zum Nachweis der absoluten Korrektheit des Testobjektes müsste ein Test mit allen möglichen Eingangswerten in allen möglichen Kombinationen und Reihenfolgen [117] ausgeführt werden. Dies ist jedoch unmöglich. Ein vollständiger Test eines selbst sehr einfachen Programms zum Addieren zweier 32-bit Zahlenwerte resultiert schon in 2^{64} individuellen Tests. Für ein realistisch großes Softwaremodul ist die Komplexität weitaus größer. Unter Hinzunahme von zeitlichen Bedingungen sowie Interaktionen mit der Umgebung wird die Anzahl der Parameter mit jeweils einem eigenen abgegrenzten Wertebereich nochmals größer.

Ein Testobjekt kann also im absoluten Sinn nicht korrekt sein [96]. Korrektheit kann nur im Bezug zu einer Referenz bestehen. Diese Referenz muss die dem Testobjekt zugrundeliegende Pragmatik beschreiben und kann eine nicht niedergeschriebene Idee sein, ein schriftliches Artefakt oder auch eine vollständig formale Spezifikation.

Mit Hilfe des Testens kann belegt werden, dass ein Testobjekt gemäß Testreferenz (spezifikationskonform) funktioniert [48]. Im Grunde beschreibt die Vorgehensweise des Testens damit den Versuch den Nachweis der Existenz von Fehlern zu erbringen, um diese zu beheben. Jedoch ist aufgrund des Stichprobencharakters zu beachten, dass dies kein absoluter Nachweis der Korrektheit des Testobjektes ist und demnach eine Abwesenheit von Fehlern nicht angenommen werden kann [35]. Wird das Testen indes in einer Kombination mit weiteren Analyseverfahren angewendet, so ist man - abhängig vom Testobjekt - dem Ziel jedoch sehr nahe.

2.2.4 Verifizierende Testmethoden

Eine Aussage über das Maß der einem Testobjekt innewohnenden Qualität kann durch das Testen geliefert werden. Testverfahren beschreiben dabei das Vorgehen zum Erreichen der Aussage, sie gehen der Frage nach, „wie" ein Testobjekt untersucht werden muss und geben diesbezüglich Vorgaben.

Für den Test von E/E-Systemen werden die aus der Softwaretechnik bekannten Testverfahren zum Ableiten von Tests gewählt [118]. Für den Test wird ein Testobjekt definiert, welches zum Beispiel als ein Softwaremodell, eine Softwarekomponente, ein Steuergerät oder ein Gesamtsystem vorliegen kann. Die Ausführung des Testobjektes kann demnach auch mit einem PC, im Labor oder in einem Fahrzeug durchgeführt werden. Getestet wird immer gegen eine Testreferenz, diese kann in Form einer Spezifikation vorliegen, aber es kann z.B. auch ein entwickeltes (Test-)Modell mit einer Orakelfunktion[2] herangezogen werden.

Ein Testverfahren grenzt sich von einem statischen Analyseverfahren dadurch ab, dass es das Testobjekt ausführt. Ein wesentlicher Unterschied zwischen beiden Verfahren ist, dass eine statische Analyse pro Verfahren immer einen begrenzten Umfang beschreibt, der zur Überprüfung aussteht, zum Beispiel ein Programm für die Syntaxanalyse. Bei einem Testverfahren besteht aufgrund der nicht endlichen Menge an Eingabemöglichkeiten und - Reihenfolgen ein Komplexitätsproblem. Ideal ist ein Test(-umfang) der einen Fehler im Testobjekt identifiziert, sobald dieses einen enthält. Ein solcher Testumfang kann durch systematische Verfahren jedoch nicht ermittelt werden.

Ziel des Testens ist es, mit einer möglichst geringen aber gleichzeitig ausreichend großen Anzahl an zu erstellenden Tests die maximale Zahl an Fehlern zu identifizieren. Diese idealerweise optimale Anzahl an Tests, welche als eine Stichprobe verstanden werden kann, kann anhand einer geeigneten Auswahl an Testverfahren ermittelt werden. Den Verfahren liegen unterschiedliche Testziele zugrunde, so dass systematisch alle Aspekte des Testobjektes beleuchtet werden.

Um das Testvorgehen möglichst effizient und systematisch zu gestalten, sollten bei der Erzeugung von Tests folgende Aspekte betrachtet werden: Tests sollten repräsentativ, fehlersensitiv, redundanzarm und ökonomisch sein. Ein erfolgsabhängiger Faktor für den Test sind dabei die Verfahren nach denen die Testdaten ermittelt werden. Grundlage für die Auswahl von Testdaten ist die Identifikation von Tests. Die Qualität der Testaussage hängt wesentlich von der Vollständigkeit des Tests ab, für die es jedoch keine allgemeine Formel angegeben werden kann. Dagegen ist die Testvollständigkeit eine wichtige Größe, da sie als Grundlage für das Testendekriterium verwendet wird. Dieses

---

2 Ein Orakel ist eine von der Implementierung unabhängige Instanz (z.B. ein alternatives Modell), welches als Vorhersage oder zum Vergleich von Eingangs- und Ausgangsdaten verwendet werden kann (siehe [63]).

ist aufgrund des bereits beschriebenen Stichprobencharakters des Tests nicht anders möglich.

Testverfahren lassen sich grundsätzlich in drei Klassen aufteilen:

- Funktionale Tests,

- Nicht-funktionale Tests und

- Diversifizierende Tests.

Je nach Klassifikation gibt es separate Regeln für die Ableitung und Bewertung der Tests. *Funktionale Tests* sind beispielsweise primär Verfahren um das funktionale Verhalten des Testobjektes zu testen, indem die definierten Eingabe- und Ausgabewerte aus den Spezifikationsdokumenten als Testreferenz herangezogen werden. Die Implementierung wird in diesem Fall nicht berücksichtigt. *Nicht-funktionale Tests* überprüfen die Ausführung des Testobjektes gegen Eigenschaften, die jenseits eines Eingabe- und Ausgabeverhaltens liegen, z.B. Robustheit. *Diversifizierende Tests* sind nach gleichnamigen Verfahren abgeleitet worden und testen verschiedene Versionen eines Testobjektes gegeneinander. Es findet somit kein Vergleich zwischen dem spezifizierten SOLL-Verhalten der Funktionalität und dem gegeben IST-Verhalten als Testergebnis statt, sondern ein Vergleich der Testergebnisse. Dazu gehören der *back-to-back*-Test, der *Mutations-Test* und der in dieser Arbeit zu behandelnde *Regressionstest*. Der Regressionstest wird ausführlich im Kapitel „Stand der Technik" 3.5 im Zuge der Literaturrecherche diskutiert.

2.2.4.1 Funktionales Testen

Das funktionale Testen wurde in der Softwaretechnik von Howden im Jahre 1982 vorgeschlagen [67]. Ein weiteres Synonym für funktionales Testen ist das *black-box*-Testen sowie die Bezeichnung des Testansatzes durch *behavioral testing*. Funktionale Tests verwenden Eingabestimuli, die sich maßgeblich an dem Verhalten des Fahrers orientieren. Dieser initiiert die Wirkketten bestimmter Funktionalitäten entweder direkt selbst, so z.B. bei Telematiksystemen oder den meisten Außenlichtfunktionen, oder sorgt durch sein Fahrverhalten für die Auslösung der Wirkketten, wie beispielsweise bei den Fahrerassistenzsystemen.

Abbildung 17: Darstellung der *black-box*-Strategie, bei der das Testobjekt für den Tester nicht einsehbar ist.

Der Ansatz des funktionalen Tests betrachtet das Testobjekt als ein abgeschlossenes System, dessen innere Struktur und innere Abläufe dem Betrachter verschlossen bleiben und bewusst nicht in den Fokus gerückt werden. Sie bleiben bei einem funktionalen Test unbeachtet. Als Eingaben für den Test werden Stimuli auf das System verwendet und dessen Ausgaben observiert . Das gesamte Eingabe-/Ausgabeverhalten des Systems wird meistens mit dem spezifizierten Verhalten verglichen. Somit ergeben funktionale Testverfahren eine Aussage zur Konformität des Systems zu dessen (funktionalen) Anforderungen. Die Tests werden direkt aus einer gegebenen Spezifikation abgeleitet, woraus eine zentrale Erkenntnis resultiert: Die Qualität der Tests kann nur so hoch sein, wie es die Qualität der Testreferenz, also der Anforderungen ist. Der Güte der Spezifikation kommt neben ausgereiften Verfahren zur Ableitung von Tests eine hohe Bedeutung zu.

2.2.4.2 Spezifikationsbasiertes Testen

Das spezifikationsbasierte Testen unterscheidet sich im Wesentlichen nicht von den funktionsorientierten Testmethoden. Bei diesem systematischen Testvorgehen werden immer zwei Artefakte gegeneinander getestet. Im Falle des spezifikationsbasierten Testens ist dies die Implementierung (Testobjekt) gegen die Spezifikation (Testreferenz) [108]. Das Testobjekt wird wiederum als *blackbox* betrachtet. Ziel des spezifikationsbasierten Tests ist es die Übereinstimmung des Testobjekts mit der Spezifikation zu überprüfen, sprich ob das richtige Produkt erstellt wurde und, was wichtig ist, ob der geforderte Funktionsumfang eingehalten wurde [101]. Das spezifikationsbasierte Testen ist heutzutage eines der wichtigsten Standardvorgehen zum Ableiten von Tests [62]. Die Ableitung der Tests ist eine manuelle Tätigkeit, die jedoch zukünftig Unterstützung durch automatisierte Verfahren erhalten könnte [50].

Das Überdeckungsmaß des spezifikationsbasierten Testens wird anhand der testbaren spezifizierten Anforderungen in der Spezifikation gemessen. Im Gegensatz zum reinen funktionalen Verhalten des Testobjektes können auch nicht funktionale Eigenschaften betrachtet werden. Dies trifft besonders auf die Einhaltung von Anforderungen von Zeitbedingungen zu. Liegen Anforderungen formal oder semiformal vor, z.B. in Form von Graphiken, Tabellen oder Gleichungen, lassen sich weitere Verfahren zur Testfallermittlung anwenden. Eine Auflistung der Verfahren erfolgt in [88]. Die Ableitung von Tests aus den in Regel lediglich vorhanden textuellen Spezifikationen ist jedoch vergleichsweise aufwendig und kann je nach Präzisionsgrad der Spezifikation unter Umständen nicht möglich sein [114].

Der große Nutzen der spezifikationsbasierten Tests liegt in der Aufdeckung möglicher Implementierungslücken. Ein Entwickler, der in Besitz von Kenntnissen über innere Systemstrukturen ist, könnte aus Versehen unter Annahme zusätzlicher Gegebenheiten, die nicht Bestandteil der Spezifikation sind, erforderliche Aspekte in den Tests vergessen beziehungsweise anders interpretieren.

Die von Testern abgeleiteten Tests dienen somit als zusätzliche, unabhängige Kontrolle der Implementierungsarbeiten der Entwickler. Ein weiterer Nutzen resultiert aus der notwendigen Überprüfung der Spezifikation auf Vollständigkeit, Eindeutigkeit und Widerspruchsfreiheit; eine unvollständige Spezifikation wirft zwangsläufig Fragen bei der Ableitung von Tests auf.

Die Ableitung der Tests für den spezifikationsbasierten Test ist nicht trivial. Ziel ist der Nachweis der Erfüllung der festgelegten Anforderungen und die Aufdeckung möglicher Fehler bei deren Implementierung. Gleichzeitig soll jedoch der Aufwand handhabbar gehalten werden und gegebene Anforderungen mit möglichst wenigen Tests abgedeckt werden. Deswegen werden systematische, allgemeingültige Testverfahren gewählt um Tests abzuleiten. Als Voraussetzung für alle gilt (neben der Qualität der Anforderungen), dass die Eingabedaten, die einzuhaltenden Vorbedingungen, das erwartete SOLL-Verhalten sowie die erwarteten Nachbedingungen für den Test bekannt sind, um entscheiden zu können, ob ein Fehler vom Test nachgewiesen wird. Diese Angaben müssen vor der Ausführung des Tests vorliegen und dokumentiert werden.

Eine repräsentative Auflistung von anwendbaren Testverfahren ist z.B. der *Äquivalenzklassentest*, der *Grenzwerttest*, der *zustandsbasierte Test*, die *Klassifikationsbaummethode* oder die *Ursache-Wirkungs-Analyse*. Eine weitere Detaillierung kann in gängigen Standardwerken nachgeschlagen werden (z.B. [87]) und wird daher hier nicht aufgeführt.

2.2.4.3 Nicht-funktionales Testen

Das nicht-funktionale Testen beschreibt das Vorgehen des Testens jenseits der Überprüfung von Systemcharakteristika des Eingabe- und Ausgabeverhaltens [95]. Während beim Test von Funktionalität relativ leicht feststellbar ist, ob eine Funktion korrekt ist, so ist der Test von nicht-funktionalen Merkmalen sehr schwierig, da sie meist kaum quantifizierbar sind beziehungsweise keine genauen Angaben in der Anforderungsspezifikation gemacht werden können. Dies erschwert die Ableitung und Bewertung entsprechender Tests. Als Überdeckungsmaß dient bei funktionalen Tests der Prozentsatz an „Erfüllung" des Merkmals Funktionalität. Für nicht-funktionale Testverfahren sind auch diese schwer zu definieren; welches Maß sollte z.B. für das Merkmal „Sicherheit" gelten? Ungeachtet dessen ist die Ausführung nicht-funktionaler Tests in Kombination mit funktionalen Tests notwendig, um die Qualität eines Objektes ausreichend bewerten zu können.

Nach Gilb ist ein System so definiert, dass es unter einschränkenden Rahmenbedingungen und mit bestimmten gegebenen Mitteln auf Basis spezifischer Designkonzepte Funktionen mit einer individuellen Leistungsqualität (Performance) bereitstellt [45]. Darauf ist gefolgert, dass sich sämtliche Systemattribute unter die folgenden Gesichtspunkte klassifizieren lassen: „womit?", ist „was?", „wie?", „wie gut?" zu erreichen, und „was ist zu beachten?" [37]. Gilb selbst

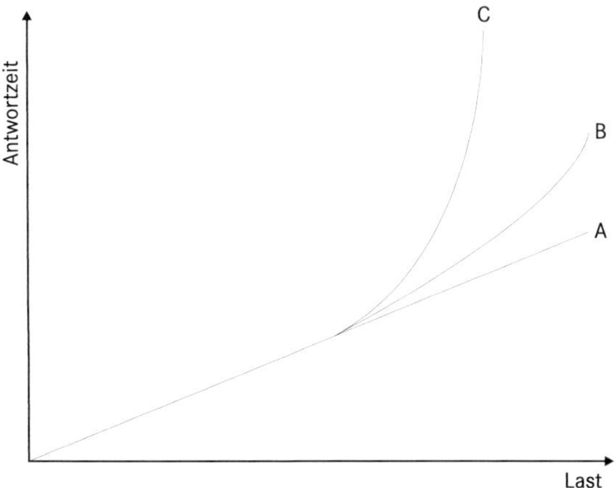

Abbildung 18: Verschiedenes Reaktionsverhalten (A, B, C) eines Systems auf durchgeführte Lasttests in Bezug auf die Antwortzeit [13].

verwendet den Begriff „nicht-funktionale Anforderungen" nicht, spricht statt-
dessen von *Performance*. Performance steht dabei für Systemleistungen, die
definieren wie gut ein System ist, wie es die Außenwelt beeinflusst und von
den Anwendern wahrgenommen wird. Performance ist der Output im Sinne
von Leistung, im Gegensatz zu Ressourcen, die den Input darstellen. Performance ist die Art und Weise wie gut das System Funktionen ausführt, dem
Nutzer zur Verfügung stellt und wie gut das System vom Nutzer unmittelbar
wahrgenommen wird [37].

In Bezug auf E/E-Systeme lassen sich die Begriffe *Lasttest*, *Performance Test*,
Massentest, *Sicherheitstest* und auch *Usability Test* (der jedoch auch funktional
sein kann) ableiten. Diese Performance-Attribute sind skalare Attribute, das
heißt ihre konkrete Ausprägung kann einen von mehreren möglichen Werten
annehmen, der durch Messungen zu bestimmen ist. Nicht-funktionale Anforderungen lassen sich nicht binär auflösen, wie z.B. in „erfüllt" und „nicht erfüllt" .
Eine Reproduzierbarkeit der Tests muss ebenso nicht immer gegeben sein. Für
den Test von E/E-Systemen sind beispielsweise der *Lasttest* (siehe Abbildung
18), der *Massentest*, der *Performancetest*, der *Sicherheitstest* der *Usabilitytest* und
der *erfahrungsbasierte Test* relevant. Eine weitere Detaillierung kann auch hier in
Standardwerken gefunden werden.

Nicht-funktionale Attribute werden in der Automobilindustrie aufgrund ihres
skalaren Wertebereichs nicht alleinig durch abgeleitete Tests abgesichert. Gerade
Leistungstests können außerdem innerhalb der Fahrerprobung getestet werden.
Dazu gibt es zwar teils konkrete zu befolgende Fahranweisungen, jedoch greift
zusätzlich das *proven in use*-Prinzip der Breitenerprobung.

3 | STAND DER TECHNIK

In diesem Kapitel erfolgt eine Betrachtung des aktuellen Standes der Technik auf den die vorliegende Arbeit aufsetzt. Einführend wird dazu das grundsätzliche, gesamtheitliche Vorgehen zur Entwicklung und Absicherung von E/E-Systemen anhand des *V-Modells* dargestellt, welches in der Automobilindustrie mehrheitlich Verwendung findet. Darauf aufbauend wird dargestellt, wie mit Hilfe der *Anforderungsdokumention* Spezifikationsdokumente erstellt werden sowie was deren Umfang, Inhalt und Darstellungsstrukturen sind. Anschließend erfolgt eine Analyse über das aktuelle methodische *Vorgehen zum Test von E/E-Systemen*. Eine weitere Sektion analysiert die voraussichtlich im Jahr 2013 verbindlich in Kraft tretende *ISO 26262* Norm zur funktionalen Sicherheit im Automobil, da diese durch ihre Anforderungen an den Test größere Auswirkung auf die Art der Erstellung von Testfällen hat. Abgeschlossen wird das Kapitel mit einer Einführung in den Stand der Technik von *Regressionstestmethodiken*.

3.1 Einführung in das V-Modell für IT-Systeme

Das von Boehm [21] eingeführte V-Modell ist ein symmetrisches Vorgehensmodell (siehe Abbildung 19), welches flächendeckend als Standardmodell zur Entwicklung von Software und Hardware verwendet wird. Dieses hat sich mittlerweile auch in Industriebereichen, wie zum Beispiel bei der hier betrachteten Entwicklung von E/E-Systemen im Automobilsektor, etabliert. Das V-Modell beschreibt im Prinzip das gleiche Vorgehen wie das vorangegangene *Wasserfallmodell* [20][113], stellt den einzelnen Entwicklungsschritten jedoch korrespondierende Testschritte gegenüber. Diese Neuerung ermöglicht neben der bisherigen statischen, prozessorientierten Vorgehensweise eine klarere und flexiblere Anbindung des Testens. Das Testvorgehen ist als *bottom-up* Vorgehen zu verstehen, bei dem, bezogen auf die E/E-Systementwicklung, erst fertige Softwarekomponenten, dann die (Funktions-)Software integrativ, die Steuergeräte, die Hardware/Software-Integration sowie dann die Systembestandteile integrativ bis zum vollständigen System (abstrakt) getestet werden. Da das V-Modell während der Gesamtentwicklung mehrmals durchlaufen wird, spricht man auch von einem „V-Zyklus"[81]. Die Schwerpunkte der Aktivitäten im V-Zyklus verschieben sich jedoch kontinuierlich mit dem Gesamtprojektfortschritt.

Neben einem V-Modell 97 [10] und dessen Erweiterung zum V-Modell XT in 2005 existieren mittlerweile zudem zahlreiche V-Modell-Derivate die eine

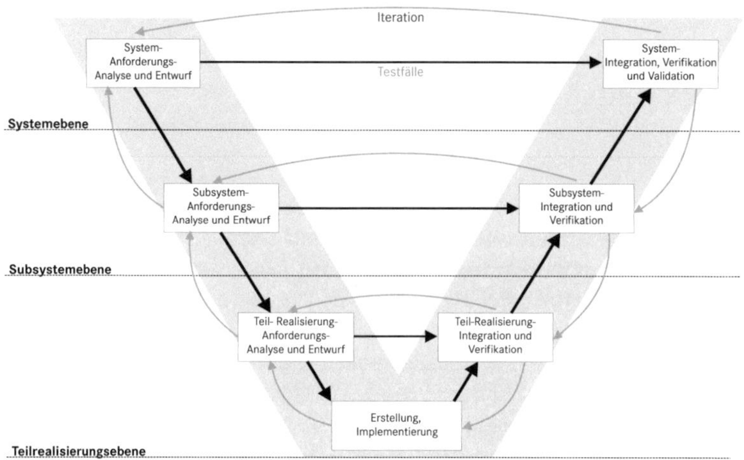

Abbildung 19: Erweiterte Prinzipdarstellung des V-Modells (nach [19]).

Vorgehensweise in einem doppelten V (W) beschreiben oder gar eine mehrdimensionale Anordnung des V's verwenden [17].

3.1.1 V–Modell in der Automobilindustrie

Das V-Modell hat sich auch bei der Entwicklung von elektronischen Systemen im Automobilbereich zu einem Quasi-Standard entwickelt (siehe Abbildung 5). Ausschlaggebend dafür ist die gute Integration und Darstellung des in der Automobilindustrie intensiv genutzten (dynamischen) Tests von Systemen. Es sind jedoch auch besondere Rahmenbedingungen zu beachten. So entsteht z.B. durch eine große Variantenvielfalt vieler Systeme und eine $m{:}n$ Beziehung von Komponenten zu Systemen die Forderung nach einer flexiblen Zusammensetzbarkeit der elektrischen Systeme (*composability*) [17]. Dies hat vor allem eine Auswirkung auf die Zusammenarbeit und die Definition von Schnittstellen von Herstellern und Zulieferern. Da Zulieferer oft eine Komponente zu einem Gesamtsystem beitragen liegt der große Fokus bei der Entwicklung von Fahrzeugsystemen auf dem Systemintegrationstest.

Das V-Modell wird grundsätzlich in einen Entwurfs- und Entwicklungsteil (linker V-Ast) und einen Verifikations- und Testteil (rechter V-Ast) untergliedert. Während des Systementwurfs wird das Gesamtsystem definiert und in zu lösende Teilproblematiken zerlegt. Diese werden einzelnen Funktionen und (Hardware-)Komponenten zugeordnet, welche in einer Software- beziehungsweise Hardwareentwurfsphase weiter verfeinert werden. Nach jeder Entwurfsphase werden entsprechende Testfälle abgeleitet, die überprüfen, ob gegebene Anforderungen an das System erfüllt wurden (Verifikation). Die Durchführung der Tests findet in umgekehrter Reihenfolge zum Entwurf statt.

Die Verifikation beginnt im V-Modell mit der Überprüfung der Software (Modelltest hier außen vorgelassen, da analoge Vorgehensweise). Die Implementierung basiert entweder auf Anforderungen der Systemspezifikation oder einer separaten Softwarespezifikation, welche dann automatisch als Basis für die Ableitung der Softwaretestfälle dienen. Diese beziehen sich in funktionaler Sicht entweder auf einzelne Softwaremodule, auf integrativ zusammengesetzte Module oder die Gesamtsoftware. Zur Software gehört dabei nicht nur die Anwendungssoftware, sondern unter anderem auch das Betriebssystem, hardwareabhängige Treiber, Diagnosesoftware sowie Schnittstellenmodule. Diese werden jedoch häufig in Form fertige Softwarekomponenten realisiert, wie sie beispielsweise in Baukästen bei AUTOSAR vorhanden sind [32].

Die Implementierung einer Komponente wird durch eine Komponentenspezifikation dokumentiert und beschreibt hauptsächlich die Auslegung der Hardware. Diese wird in Form der Hardwareintegration überprüft. Die bereitzustellende Funktionalität einer Komponente wird erst mit der Integration der Software verfügbar. Die Integration selbst wird durch die Teststufe Hardware- und Softwareintegration überprüft, was in der Regel noch im Zuständigkeitsbereich des Zulieferers liegt. Der eigentliche Komponententest zur Überprüfung der Funktionalität wird teilweise beim OEM durchgeführt, da dazu weitere Peripherie notwendig sein kann, kann aber auch noch vom Zulieferer übernommen werden.

Das System selbst, bzw. die Systemfunktionalität, wird durch den Systemtest überprüft, welcher alle Komponenten integriert und diese im Verbund testet. Hieraus resultiert unter anderem der starke Fokus auf die Systemebene seitens der OEMs. Das reguläre V-Modell wird in der automotiven Ausprägung dabei um die Fahrzeugintegration erweitert, bei der das jeweilige System im Zusammenspiel mit dem Gesamtprodukt überprüft wird. Abschließende Fahrzeugtests sowie die Breitenerprobung dienen der Validierung des Systems.

3.2 Methoden zur Dokumentation von Anforderungen

Wie im vorangegangen Kapitel dargelegt, bilden die Spezifikationsdokumente auf System-, Komponenten- oder Softwareebene die beschreibende Basis, die für die Entwicklung und Implementierung eines Produktes zu verwenden ist. Diese werden durch das Requirement Engineering erstellt. Ziel des Requirement

Engineering ist dabei die systematische Entwicklung von qualitativ guten Anforderungen, die das geplante System und dessen Verhalten und Eigenschaften beschreiben, sowie deren Dokumentation in einem Spezifikationsdokument. Nach dem *Requirements Engineering* sind Spezifikationsdokumente („was"soll das System können!) als eine strukturierte Menge von „Anforderungen"zu verstehen und von Entwurfsdokumenten („wie"wird ein System realisiert?) zu unterscheiden. Die grundlegende Aufgabe des *Requirements Engineerings* besteht darin, alle materiellen und immateriellen Aspekte des geplanten Systems sowie der Umgebung des Systems, die eine Beziehung zu dem System haben, zu identifizieren und zu dokumentieren [103]. Die Spezifikation ist also eine Beschreibung von Hard- und Software, welche in einer Umgebung eingebettet ist und mit ihr interagiert [59] [69].

In diesem Kapitel soll darauf eingegangen werden wie Anforderungen spezifiziert werden und welcher Umfang des geplanten Systems in einer Systemspezifikation in welcher Form dokumentiert wird. Diese Grundlagen sind essentiell, da die Systemspezifikation eine Form der Systemdarstellung ist, welche sich gut als Basis für die Integration einer Regressionstestmethodik eignet. Letztendlich bilden die Spezifikationen nicht nur die Basis für die Ableitung von Tests, sondern sie stellen auch die einzige Schnittstelle zwischen Systemimplementierung und der Testspezifikation her.
Die Thematik soll insoweit vertieft werden, dass es möglich ist mit dem Wissen eine geeignete Strukturierung und Erweiterung der Systemspezifikation mit Inhalten vorzunehmen, so dass diese für die Integration einer Regressionstestmethodik hinreichend ist.

3.2.1 Lastenhefte

Spezifikationsdokumente werden entsprechend der Ebenen im V-Modell in Sektion 3.1 erstellt. Diese sind in der Regel Systemspezifikationen, mehrere dazugehörige Komponentenspezifikationen sowie eventuelle Softwarespezifikationen der Funktionssoftware. In diesen Spezifikationsdokumenten werden jeweils die Anforderungen der betrachteten Ebene in einem Dokument zusammengefasst, die als Grundlage für die Entwicklung des Produkts sowie als Testreferenz für dessen Verifikation gelten. Man spricht bei den Spezifikationsdokumenten der OEMs im Allgemeinen von *Lastenheften*.

In der Praxis wird nicht durchgehend zwischen den theoretischen Definitionen „Spezifikation"und „Anforderung"unterschieden. Entsprechend der Vorgehensweise im V-Modell wird bei der Anforderungsanalyse von der „Dokumentation von Anforderungen"und bei der Erstellung einzelner Lastenhefte von einer „Anforderungsspezifikation"gesprochen [49]. Diese ist im Allgemeinen als eine strukturierte Menge von ausformulierten Anforderungen zu verstehen, welche entweder einen funktionalen oder einen nicht-funktionalen Charakter besitzen. Diese Ansicht wird für diese Arbeit übernommen.

Nach IEEE Std. 830-1998 [92] gibt es, abhängig davon ob Betriebsmodi, Daten oder Funktionen im Vordergrund stehen, mehrere Vorschläge, wie geforderte Inhalte innerhalb eines Spezifikationsdokumentes gegliedert werden können. Eine Struktur ist in Abbildung 20 zu sehen. Die Norm ist notationsunabhängig, d.h. der Organisation steht frei beliebige Notationen zu verwenden. Mit welchen Methoden und einzuhaltenden Metriken qualitativ gute Anforderungen geschrieben werden ist in [114] nachzuschlagen.

1. Table of Contents
    1.1   Purpose
    1.2   Scope
    1.3   Definitions, Acronyms, and Abbrevations
    1.4   References
    1.5   Overview

2. Overall Description
    2.1   Product Perspective
    2.2   Product Functions
    2.3   User Characteristics
    2.4   Constraints
    2.5   Assumptons and Dependencies

3. Specific Requirements
    3.1   External Interface Requirements
          3.1.1   User Interfaces
          3.1.2   Hardware Interfaces
          3.1.3   Software Interfaces
          3.1.4   Communication Interfaces
    3.2   Functional Requirements
          3.2.1   Mode 1
                  3.2.1.1 Functional Requirement 1
                  …
                  3.2.1.n Functional Requirement n
          …
          3.2.m   Mode m
          …
    3.3   Performance Requirements
    3.4   Design Requirements
    3.5   Software System Attributes
    3.6   Other Requirements

4. Appendixes

5. Index

Abbildung 20: Struktur eines zu IEEE Std. 830-1998 konformen Lastenhefts [92].

Die Spezifikation eines Systems beschreibt nach dem RE das Gesamtsystem aus Hard- und Software inklusive des gewünschten Verhaltens an den Schnittstellen zur Systemumgebung. Die Systemumgebung in einem Fahrzeug besteht dabei aus weiteren Systemen, dem Fahrer und dem Fahrzeugumfeld. Die technische Umsetzung der Schnittstellen kann somit ein Bussystem, ein Sensor oder ein Aktor sein. Jedoch ist diese klare Abtrennung eines Systems aus definierten Domänen gerade im Automobilbereich sehr schwierig, da E/E-Systeme aufgrund ihrer starken Vernetzung nicht klar voneinander differenzierbar sind. Dazu kommen die verschiedenen Hierarchieebenen aus Super- und Subsystemen. So kann zum Beispiel die Systemspezifikation eines „Notbremssystems", das ESP in der Systemspezifikation als eine Komponente betrachtet werden, obwohl das ESP für sich gesehen wiederum ein eigenes System ist. Dies resultiert in einer Verzerrung und Vermischung der in der Theorie klar abgegrenzten Begriffe Anforderung, Spezifikation und System. Wird in dieser Arbeit von einer Anforderung gesprochen, ist eine Anforderung gemeint, die Teil der Spezifikation bzw. des Lastenheftes ist.

Die Beschreibung des Gesamtsystems, der Funktionalität und ihrer Schnittstellen zur Systemumgebung und die des Systems („Maschine", bestehend aus Hardware und Software), wird in den drei Lastenhefttypen Systemspezifikation, Komponentenspezifikation und Softwarespezifikation festgelegt.

3.2.1.1 Systemlastenhefte

Das Systemlastenheft spezifiziert alle Anforderung an ein (Gesamt-) System. Inhaltlich wird in erster Linie die bereitzustellende Funktionalität beschrieben, dass heißt Anforderungen an die Funktionen gestellt. Bei E/E-Systemen wird die Funktionalität durch Hardware und Software realisiert. Die Aufgabe des Systemlastenhefts ist die Trennung beziehungsweise Unterteilung der Funktionalität auf die verschiedenen Bereiche der Mechanik, Elektronik und Software. Optimalerweise findet eine Differenzierung der Funktionssoftware und der Funktionsbeiträge der beteiligten Komponenten statt.

Aus Systemanforderungen werden die Anforderungen an Komponenten und an die Funktionssoftware abgeleitet. Ist ein detailliertes Systemlastenheft gegeben, so kann es auch kombinierte Software- und Systemanforderungen an die Funktionalität beinhalten. In diesem Fall liegt dann nicht immer ein separates Softwarelastenheft vor. In der Regel sind die Anforderungen dann hierarchisch den Modulen der Software untergliedert.

Die funktionalen und nicht-funktionalen Systemanforderungen werden durch die Ausführung von Systemtests verifiziert. Die Verifikation durch das Testen ist eine der wichtigsten Maßnahmen, die angewendet wird. Die Gesamtheit aller Systemlastenhefte beschreibt das System Fahrzeug.

3.2.1.2 Komponentenlastenhefte

Anforderungen an eine Komponente werden in einem Komponentenlastenheft formuliert. Für jede Fahrzeugkomponente wird festgelegt, an welchen Funktionen der verschiedenen Systeme sie beteiligt sind. Oft werden solche Anforderungen im Systemlastenheft formuliert und dann (verfeinert) in das

Komponentenlastenheft übertragen. Die eigentlichen Komponentenanforderungen sind jedoch Anforderungen an die Hardware, die technische Schnittstellen, physikalische Rahmenbedingungen und zu verwendende Bauteile beschreiben.

Die Anforderungen der Komponentenspezifikation werden hauptsächlich durch Komponententests verifiziert. Diese wird oft in der Systemtestspezifikation integriert, da aus einer Systemspezifikation Komponententests und aus der Komponentenspezifikation auch Systemtests abgeleitet werden. Man unterscheidet auf Komponentenebene zwischen der Verifikation der Hardware und der Verifikation einer Hardware-/Softwareintegration.

3.2.1.3 Softwarelastenhefte

Das Softwarelastenheft enthält detaillierte Anforderungen an die Software oder an das Modell. Man kann hierbei zwischen Software-/ Modellarchitekturanforderungen und Software-/ Modellmodulanforderungen unterscheiden. In der Regel werden Softwareanforderungen aus Systemanforderungen abgeleitet. In der klassischen Sicht besteht jedoch auch die Möglichkeit diese aus den funktionalen Anteilen des Komponentenlastenhefts zu gewinnen.

Die Softwareanforderungen beschreiben alle extern relevanten Aspekte des Softwareprodukts. Dies beinhaltet die Softwarefunktionalität, Schnittstellen (Hardware/Software, Software/Software, Nutzerschnittstellen, Kommunikation), Definition normaler und abnormaler Operationen und nicht funktionale Anforderungen.

Softwaretests werden in der Regel aus den Softwareanforderungen sowie der eigentlichen Implementierung abgeleitet.

3.2.1.4 DOORS

Zur Erstellung und Verwaltung von Lastenheften wird häufig das Anforderungsmanagementtool DOORS der Firma IBM/Telelogic verwendet [8]. DOORS ist ein Programm zur Verwaltung von Anforderungsdatenbanken, welche in sogenannten Modulen verwaltet werden. Jeder Eintrag in der Datenbank besteht aus verschiedenen Elementen wie z.B. Objekttyp, Beschreibung, Kommentar oder Sicherheitsrelevanz. Die Module weisen eine strukturierte Hierarchie auf, in der einzelne Einträge ineinander oder miteinander verlinkt werden können. Konfiguration und Änderungen werden über eine so genannte *History* verwaltet, in der abgestimmte Stände über eine *Baseline* abgesichert werden können.

Durch den dokumentierbaren Umsetzungsstatus (Freigabe) unterstützt DOORS den Einsatz von Reviewprozessen und die Verfolgbarkeit des Reifegrades der Spezifikation. Zusätzlich ermöglicht der in DOORS vorgesehene Mechanismus der Verlinkung eine inhaltliche Verbindung zwischen Spezifikation und

Test. Auswirkungen einer Spezifikationsänderung auf Testinhalte sind somit feststellbar. DOORS ermöglicht eine klare Strukturierung (z. B. Unterscheidung zwischen Anforderungen und Erläuterungen), der konsequente Einsatz des *Single-Source*-Prinzips, eine nachvollziehbare Testfallgenerierung aus den Anforderungen und ein einfaches *History*- bzw. Änderungsmanagement.

3.2.2 Methodisches Dokumentationsframework für Lastenhefte

Die stetig steigende Komplexität von Fahrzeugsystemen, die im Wesentlichen auf der Diversifizierung der Gesetze, Zertifizierungsvorschriften, Kundenwünsche sowie auf der Verwendung von stark vernetzten E/E-Systemen basiert, muss auch bei der Spezifikation kontrollierbar bleiben. Die Vielfalt der Kundenanforderungen resultiert in einer Zunahme an kundenerlebbaren Fahrzeugfunktionen, welche unter Berücksichtigung von gegebenen technischen Abhängigkeiten und Randbedingungen entwickelt werden müssen. In der Anforderungsspezifikation gilt es dabei relevante Anforderungen auf Systemebene, unter Berücksichtigung aller technischen Abhängigkeiten, systematisch, vollständig und konsistent zu beschreiben.

3.2.2.1 Das Framework der Funktionsorientierung

Um die oben genannten Ziele zu erreichen, verwendet man bei Daimler die Funktionsorientierung (FO). Die FO ist eine Methodik zur klassifizierten Dokumentation von Anforderungen in Systemlastenheften, die zwei wesentliche Inhalte des Systems beschreibt:

- Alle Funktionen des Systems, die verteilt durch das Zusammenspiel verschiedener Komponenten realisiert werden. Die Beschreibung der Funktionen erfolgt über die *Funktionsstruktur*.

- Die Realisierung der Funktionen durch die Beiträge der Komponenten und benachbarten Systeme. Dies wird durch das *Komponentenmapping* beschrieben.

Die Methode der Funktionsstruktur ist ein systematischer Ansatz, um Fahrzeugfunktionen eines Systems strukturiert, vollständig und natürlichsprachlich zu spezifizieren. Für dieses eindeutige Vorgehen der Spezifikation von Fahrzeugfunktionen werden unterschiedliche Strukturelemente verwendet, die in DOORS mit Hilfe von Objekttypen dargestellt werden. Abbildung 21 stellt die Strukturelemente der FO mit entsprechenden Objekttypen dar.

Die Beschreibung von Systemfunktionen ist in Form einer mehrstufigen hierarchischen Struktur gelöst. In erster Ebene werden dabei zwischen allen unterschiedlichen Fahrzeugfunktionen unterschieden, diese werden mit dem Objekttyp „Fahrzeugfunktion"unterschieden.

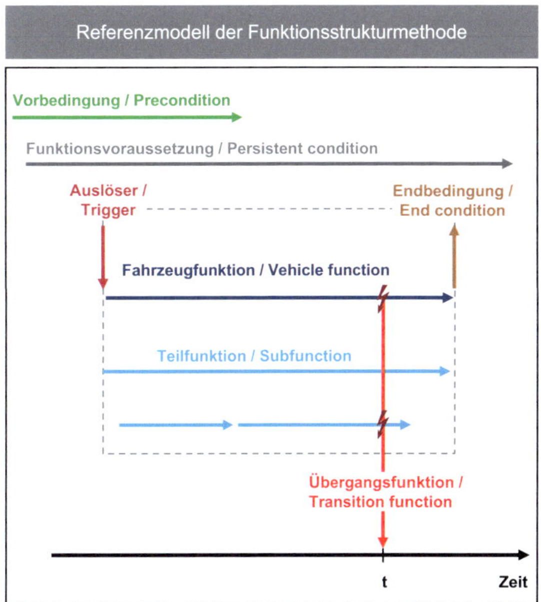

Abbildung 21: Schematische Darstellung der Elemente der Funktionsstruktur einer Fahrzeugfunktion. Die Objekttypen stellen eine Zerlegung der Fahrzeugfunktion in eine Wirkkette dar.

Definition 10 (Fahrzeugfunktion). *Eine Fahrzeugfunktion beinhaltet funktionale Anforderungen die an das System gestellt werden. Sie kennzeichnen ein kundenwahrnehmbares oder messbares Verhalten des Fahrzeugs.*

Jede Fahrzeugfunktion wird in zweiter Ebene in ihre *FO-Elemente* oder *Wirkkettenelemente* zerlegt, welches durch die Einführung einer Überschriftsebene (Objekttyp „Überschrift") erfolgt. Für jede Funktion sind die gleichen Wirkkettenelemente anzuwenden. Diese sind im Folgenden beschrieben:

Eine **Funktionsvoraussetzung** beschreibt eine Bedingung, die sowohl vor, als auch während der gesamten Ausführung der Funktion wahr sein muss. Ist dies nicht gegeben, so wird die Funktion unter- oder abgebrochen. Abgebrochene Funktionen werden, nachdem die Funktionsvoraussetzung erneut gegeben ist, nicht wieder automatisch ausgeführt. Ein Beispiel für eine Funktionsvoraussetzung ist die Anforderung „Zündung ist an".

Unter der Bedingung, dass die Funktionsvoraussetzung gegeben ist, startet das **Auslöseereignis** die Funktionsausführung. Eine Funktion kann durch eine Schnittstelle zum Fahrer (Betätigen eines Schalters) oder durch eine Schnittstelle zu einer E/E-Komponente (z.B. Sensor,

Aktor) ausgelöst werden. Eine Sequenz mehrerer Einzelaktionen ist auch ein Auslöseereignis.

Eine **Funktionsdurchführung** beschreibt das Verhalten der Funktion nach Eintreten des Auslöseereignisses. Der Funktionsverlauf kann in mehrere Teilfunktionen untergliedert werden, die auch in Abhängigkeit zueinander stehen können. Teilfunktionen können sequentiell oder parallel ablaufen.

Eine **Abbruchbedingung** bezeichnet alle Umstände, die eine laufende Funktion bzw. Teilfunktion unter- oder abbrechen. Existiert eine Abbruchbedingung bereits vor Aufruf einer Funktion, so hat dies keinen Einfluss auf diese. Die Abbruchbedingung ist dadurch strikt von der Funktionsvoraussetzung zu trennen. Neben regulären Abbruchbedingungen können Fahrzeug- und Teilfunktionen auch abgebrochen werden, indem eine andere, überstimmende Funktion angesteuert und ausgeführt wird. Der Abbruch von Funktionen und ein möglicher Übergang zu anderen Fahrzeugfunktionen kann mit Hilfe von sogenannten Übergangsfunktionen beschrieben werden. Diese sind in Abbildung 21 mit einem „Blitz"dargestellt.

Die FO-Elemente der „Vorbedingung", „Endbedingung"und „Übergangsfunktion"sind in der Auflistung nicht aufgeführt, da sie für diese Arbeit nicht in Betracht gezogen werden. Der Mehrwert ersterer ist nicht gegeben, da beide Bedingungen bei den Testfällen immer mitberücksichtigt werden. Eine Separierung der Anforderungen zu dem Auslöseereignis bzw. dem Abbruchereignis ist nicht erforderlich. Voraussichtlich werden die Elemente nach neuester FO-Methodik als obsolet deklariert. Die Übergangsfunktion ist nach der zu entwickelnden Regressionstestmethodik nicht erforderlich und wird in der Validierungsstudie auch nicht verwendet.

In dritter Ebene der Darstellungsstruktur werden die Anforderungen an die Funktion beschrieben. Hierbei gibt es zwei unterschiedliche Vorgehensweisen in der Praxis. Entweder werden die Anforderungen jedem Wirkkettenelement direkt untergeordnet oder einer Instanziierung dessen, was dementsprechend einer vierten Hierarchieebene entspricht. Der Vorteil einer Instanziierung eines Wirkkettenelements ist die Gruppierung von Anforderungen die zum Beispiel verschiedene Abbruchbedingungen darstellen. Der Objekttyp einer Instanziierung entspricht dem Namen des zugeordneten Wirkkettenelements (siehe Abbildung 22).

Die FO ist als ein Framework zu verstehen, welches es ermöglicht eine hierarchisch strukturierte Einordnung der Anforderungen an die kundenerlebbare Systemfunktionalität, sowie unter Beachtung der Funktionsabläufe, deren Einordnung in die eigentliche Wirkketten, darzustellen. Die spezifische Auslegung und Verwendung des Frameworks ist durch den Entwickler variierbar. Die erstellte Wirkkette ist jedoch nicht mit einer modellierten Wirkkette in der

ID	Level	FO Objekt Typ	Objekt Typ	Anforderungen	Komponenten Mapping
PRC-4062	3	Vehicle function	requirement	**2.6.5 PreCon 3-Auslösung**	
PRC-4063	4	Description	information	Trigger für die PreCon 3 (StandKlimatisierung "unplugged") Funktionalitäten.	
PRC-4064	4	Heading	requirement	**2.6.5.1 Vorbedingungen**	
PRC-4065	5	Precondition	requirement	PreCon voreingestellt UND Motor ausgeschaltet (Zündung aus) UND HV-Batterie geladen UND Stromnetzstecker nicht gesteckt	
PRC-4066	6	Function contribution	requirement	- HVAC prüft ob PreCon voreingestellt ist - HVAC prüft ob Motor ausgeschaltet (Zündung aus)	Heating, Ventilation, Air-Conditioning
PRC-4067	6	Function contribution	requirement	HVAC receive "Motor läuft nicht"-Signal	Heating, Ventilation, Air-Conditioning
PRC-4068	6	Function contribution	requirement	EIS send "Motor läuft nicht"-Signal	Elektronisches Zündschloss
PRC-4069	6	Function contribution	requirement	Das CPC prüft HV-Batteriestatus und Stromnetzstecker Status (gesteckt/ungesteckt).	Motorsteuergerät

Abbildung 22: Schematische Darstellung der Dokumentationsstruktur der der Funktionsstruktur (teilweise englisch).

E/E-Architektur zu vergleichen, da sie lediglich als strukturelles, hierarchisches Konstrukt der Anforderungsdokumentation besteht. Jedoch beherbergt die FO die entscheidenden Kernelemente Ereignis (Auslöser), Durchführung (Funktionsausführung) und Erfüller (laufende Funktionsausführung).

In Bezug auf den Regressionstest stellt die FO eine geeignete Strukturierung einer Systemdarstellung dar, die eine Integration einer Regressionstestmethodik grundsätzlich ermöglicht, die für eine Auswirkungsanalyse benötigt wird. Ziel wird es jedoch sein, eine Auslegung des Frameworks zu ermitteln, welche nicht nur (Fahrzeug-)Funktionen voneinander abgrenzt, sondern diese auch durch gezielte, fest integrierte Verknüpfungen in Abhängigkeit setzt.

3.2.2.2 Das Element des Komponentenmappings

Die Dokumentation der funktionalen Systemanforderungen für Fahrzeugfunktionen wird in der FO realisierungsneutral gehalten. Sie beschreibt was das zu realisierende System nach Fertigstellung erwirken soll, jedoch nicht wie dies geschieht. Dieses Problem wird durch das Komponentenmapping gelöst, bei dem definiert wird welche Beiträge für die Realisierung der funktionalen Anforderungen durch beteiligte Komponenten und Nachbarsysteme der Systemumgebung geliefert werden. Dabei werden die Abhängigkeiten zwischen Funktionen und Komponenten sowie Abhängigkeiten zwischen dem betrachteten System und den Nachbarsystemen dokumentiert. Für die Beschreibung der Abhängigkeiten werden Funktionsbeiträge formuliert.

Definition 11 (Funktionsbeitrag). *Funktionsbeiträge sind als Beiträge einer Komponente oder eines Systems zur Realisierung einer funktionalen Anforderung zu verstehen.*

In der Funktionsorientierung eingegliederte funktionale Anforderungen werden also durch einen Funktionsbeitrag, der auch Teil der Spezifikation sein kann, ergänzend beschrieben. Der Unterschied zu einer gewöhnlichen funktionalen Anforderung ist, dass Funktionsbeiträge sich immer auf eine Komponente beziehen. Dabei stehen folgende Typen zur Auswahl:

Physikalische Komponenten kennzeichnen abstrakte Typen von realen, physikalischen Komponenten, welche tatsächlich verbaut werden können (z.B. Steuergeräte).

Logische Komponenten charakterisieren Softwarekomponenten und werden nach der Festlegung der Fahrzeugarchitektur auf mindestens einer physikalischen Komponente (Steuergerät) implementiert.

Funktionsbeiträge fassen im Wesentlichen zwei inhaltliche Bestandteile zusammen. Sie beschreiben was die unmittelbare Anforderung aus Funktionssicht (der Systemfunktion) an eine Komponente oder ein System ist. Zum anderen stellen sie dar, ob das betrachtete System für die Realisierung der funktionalen Anforderungen in Beziehung zu anderen Komponenten und Systemen steht.

In der bereits dargestellten Dokumentationsstruktur der FO wird der Bezug zu den physikalischen sowie logischen Komponenten manuell durch eine Abhängigkeit zu einem Eintrag einer Liste realisiert, welche einer Auflistung sämtlicher Komponenten beinhaltet. Aus Sicht der RE dient diese Systematik dem Ziel eine möglichst übersichtliche Darstellung des Systems und der Interaktion mit den Komponenten darzustellen.

3.3 Vorgehen zum Test von E/E-Systemen

Der Begriff „Testen"hat eine allgemeine Bedeutung. Der Umfang reicht von einer nicht systematischen, nicht quantifizierbaren und nicht reproduzierbaren Ausführung bis hin zu einem nachvollziehbaren, systematischen und automatisierten Testen. Testen wird implizit oder explizit stets mit der Anwendung von qualitätssichernden Maßnahmen assoziiert.

Der Test eines Produkts lässt sich nach [41] in drei zeitlich aufeinander folgende Phasen abbilden. Diese Phasen bilden nach [108] einen Testzyklus, der so lange wiederholt wird, bis das festgelegte Testziel erreicht ist. Die drei Phasen sind die Testvorbereitung, die Testausführung und die Testauswertung. Der thematische Schwerpunkt dieser Arbeit liegt auf der Testvorbereitung, also der Frage, welche Testfälle für die Testausführung erstellt und für diese verwendet werden sollen. Die Testvorbereitung lässt sich dabei in die zwei Rubriken

- Teststrategie und

- Testspezifikation

unterteilen. In Abbildung 23 ist das Testvorgehen in sequentieller Abfolge dargestellt. Auf die beiden Elemente der Testvorbereitung werden in den nächsten beiden Unterkapiteln näher beschrieben. Die Phasen der Testausführung und Testauswertung, welche im eigentlichen Sinne Prozessschritte sind, sollen hier nicht explizit erläutert werden. Hierfür sei auf [117] verwiesen.

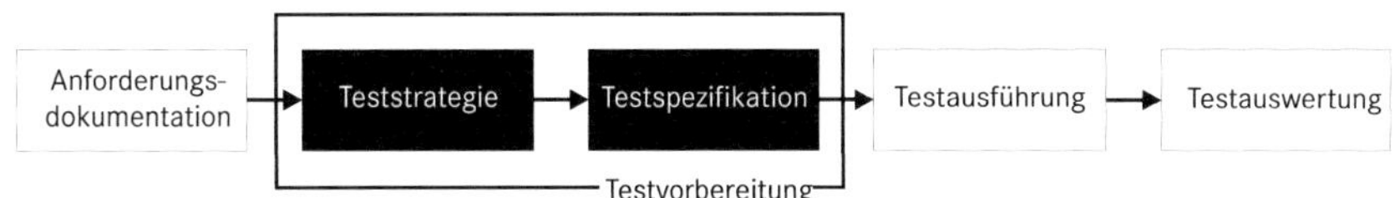

Abbildung 23: Schematische Darstellung der zyklisch aufeinander folgenden Phasen des Tests. Der Fokus dieser Arbeit liegt auf der Phase der Testvorbereitung.

3.3.1 Einsatz einer Teststrategie

Zielstellungen der Maßnahme *Test* variieren abhängig von der Komplexität sowie Sicherheitsrelevanz des zu testenden Systems erheblich. Dies resultiert auch daraus, dass sich der Erfolg des Tests und die zu erreichende Testabdeckung des zu testenden Objektes nicht immer eindeutig quantifizieren lassen. Genaue Vorgaben, die eine korrekte Ausführung des Tests überhaupt erst ermöglichen, z.B. das anzuwendende Testverfahren, sind nicht immer gegeben. Testanforderungen können sehr abstrakt sein, so dass zusätzliche Analysen und Festlegungen, die zum Beispiel Schwerpunkte des Tests und quantifizierbare Teilziele definieren, erforderlich sind. Ohne diese Zusatzinformationen kann ansonsten kaum eine Aussage über das Qualitätsniveau des Systems gemacht werden.

Die Teststrategie ist ein wichtiger Faktor bei der Planung des Testumfangs. Nach [104] muss eine effiziente Teststrategie darauf ausgelegt sein, wesentliche Fehler in einem Testobjekt so früh wie möglich und zu den geringsten Kosten zu finden. Sie legt fest, welche (Qualitäts-)Anforderungen und Risiken mit welchen Tests abzudecken sind. Die Teststrategie beschreibt die Vorgehensweise zur Absicherung eines Produktes in Form von verbindlich festgelegten Testzielen. Diese leiten sich wie in Sektion 2.2.2 bereits dargestellt, direkt aus den projektweiten Qualitätszielen ab und bilden eine Untermenge dieser. Eine Erweiterung um Testziele, die nicht Teil der projektweiten Qualitätsziele sind, ist grundsätzlich möglich. Dabei beschränkt sich diese Erweiterung im Allgemeinen auf eine Verschärfung der Testziele, um spezifische Eigenschaften des Testobjekts intensiver zu überprüfen. Zu einem Testziel kann auch das Erreichen eines Testüberdeckungskriteriums, wie z.B. eine Anforderungsüberdeckung einer Spezifikation oder eine Strukturabdeckung eines Programms gehören.

Definition 12 (Testüberdeckung). *Eine Testüberdeckung beschreibt einen durch die Testdurchführung erzielten Grad der Absicherung bezüglich eines Kriteriums, z.B. der Anforderungsüberdeckung. Ziel ist die Erreichung eines in den Testzielen eingeforderten Überdeckungsgrades der üblicherweise in Prozent angegeben wird. Eine Testüberdeckung bezieht sich im Allgemeinen auf den Testumfang, nicht auf die Ergebnisse der einzelnen Tests.*

Nach [119] ist auch die Vergabe von Prioritäten und eine Risikoabschätzung als Inhalt der Teststrategie genannt, die als Werkzeuge genutzt werden, um Schwerpunkte bzw. Intensitäten von Testaktivitäten zu setzen. Eine Erhöhung der Intensität kann zu einer Erhöhung oder Vertiefung der Testüberdeckung führen. Hierbei soll kritischen Systemteilen mehr Aufmerksamkeit beim Testen als weniger kritischen Teilen gewidmet werden. Ziel ist es, eine optimale Verteilung des Tests auf die *richtigen* Stellen des Systems zu erwirken.

In der Praxis ist eine Teststrategie in der Regel durch die Vorgabe von geeigneten Testverfahren (z.B. Äquivalenzklassenanalyse) sowie zu erreichende Testüberdeckungskriterien definiert. Diese Vorgaben sind meistens relativ abstrakt gehalten und sind somit systemunabhängig gegeben. Daraus resultiert, dass die Ableitung der Testfälle zwar nach Teststrategie, jedoch nicht unbedingt nach einer Systematik erfolgt. So ist z.B. eine Anforderungsüberdeckung mit einer gewissen Anzahl an Testfällen zu erreichen, jedoch ist nicht gesagt, ob die abgeleiteten Testfälle auch sämtliche Aspekte der Inhalte der Anforderungen abdecken. Ist eine Teststrategie definiert, so kann mit dem Erstellen einer Testspezifikation begonnen werden.

3.3.2 Erstellung einer Testspezifikation

Das Erstellen einer Testspezifikation setzt sich aus weiteren vier Schritten zusammen:

- der *Testbasisanalyse*,
- der *Testfallermittlung*,
- der *Testfalldokumentation* und
- dem *qualitätssichernden Review*.

Die Testbasisanalyse untersucht, unabhängig von vorangegangenen Schritten, für welche Anforderungen überhaupt Testfälle erstellt werden können bzw. müssen. Die unmittelbar danach durchzuführende Testfallermittlung greift direkt auf die Teststrategie zurück und resultiert in einer geeigneten Anzahl an Testfällen, die im Schritt Testdokumentation zu einer Testspezifikation zusammengeführt werden. Der durchzuführende vierte Schritt, das Review der Testspezifikation zur Qualitätssicherung (wurde die Testüberdeckungen auch erreicht?), ist eine gemeinsam von Repräsentanten verschiedener Disziplinen durchgeführte Überprüfung der Ergebnisse. Da es sich hierbei um eine kontrollierende Tätigkeit handelt, sei das Review hier nur kurz erwähnt.

3.3.2.1 Testbasisanalyse

In der Testbasisanalyse werden in einem ersten Schritt alle Anforderungen gegebener Lastenhefte betrachtet, die das *System-under-Test* (SUT) beschreiben und durch einen Test abgedeckt werden sollen. Dazu gehört auch die Berücksichtigung der für den Test relevanten mitgeltenden Unterlagen, welche für das Erstellen einer Testspezifikation nützlich sind, z.B. ein Testkonzept oder eine *Failure Mode and Effects Analysis* (FMEA).

Die gegebenen Anforderungen werden mit Hilfe von Testbarkeitskriterien klassifiziert und nach ihrer Eignung für den Test bewertet. Dazu gehört zum einen die Feststellung einer generellen Testbarkeit. Eine Anforderung, die z.B. besagt, dass ein Handbuch für ein gewisses System im Fahrzeug vorliegen muss, ist nicht testbar. Ist eine Anforderung testbar, so wird sie nach den folgenden Kriterien bewertet:

> **Verständlichkeit**: Überprüft die Anforderung inhaltlich auf Eindeutigkeit bzw. Interpretationsspielraum für den Leser.
>
> **Widerspruchsfreiheit**: Überprüft die Anforderung inhaltlich auf Widerspruchsfreiheit zu bereits bestehenden Anforderungen, sowie auf Widerspruchsfreiheit in sich.
>
> **Atomarität**: Überprüft die Atomarität einer Anforderung in Bezug darauf wie viele Aspekte beschrieben / gefordert werden. Dazu zählt auch die Unabhängigkeit der Anforderung von anderen Anforderungen.
>
> **Messbarkeit**: Überprüft, ob der geforderte Aspekt der Anforderung messbar ist, so dass die korrekte Umsetzung der Anforderung bewertbar ist.

Optimalerweise wird die Analyse und Bewertung von einem Systementwickler und einem Testentwickler parallel durchgeführt und anschließend durch ein Review konsolidiert. Ist dieser Schritt abgeschlossen und alle Anforderungen hinsichtlich der Kriterien optimiert, so sind sie für die Testfallermittlung nach der vorgegebenen Teststrategie freigeben.

3.3.2.2 Testfallermittlung

Eine nach einer Teststrategie durchgeführte Testfallermittlung ist als die zentrale Aufgabe des Testers anzusehen, da sie die Güte und damit gleichzeitig die Wahrscheinlichkeit des Tests Fehler aufzudecken, bestimmt. Ziel des Testens ist es, mit möglichst wenigen Testfällen möglichst viele Fehler aufzudecken. Die in der Industrie verwendeten Testmethoden sind hauptsächlich spezifikationsbasierend (siehe Sektion 2.2.4.2), ein zu erstellender Testfall nutzt dementsprechend mindestens eine Anforderung der Spezifikation als Testreferenz. Eine Ausnahme davon ist z.B. das erfahrungsbasierte Testen bei dem explizit das Wissen des Entwicklers oder Testers die Grundlage für einen Testfall bildet.

> **Definition 13** (Testfall). *Ein Testfall ist ein Satz von Stimulationen eines Testobjektes, welche die vollständige Ausführung eines ausgezeichneten Pfades oder einer ausgezeichneten Funktion nach sich zieht (nach [86]).*

Da das Testen ein Stichprobenverfahren ist, gilt es zu klären, wie eine sinnvolle Stichprobe an Tests ausgewählt werden kann, sowie wie „gut"die gewählte Menge an Tests ist. Ersteres wird generell durch die Teststrategie und definierte, zu erreichende Testüberdeckungen bestimmt. Letzteres wird maßgeblich durch die Anwendung der Verfahren zur Testfallermittlung erreicht. Um eine gewisse Testgüte zu erhalten, muss unter Umständen eine Kombination an Testverfahren angewendet werden, um neben der eigentlichen Anforderungsüberdeckung (mindestens ein Testfall pro Anforderung) auch eine inhaltliche Abdeckung der Anforderung zu erzielen. Jedem Verfahren liegen dabei eigene Kriterien zur Testfallermittlung vor, auf dessen Basis die Eingabekonstellationen des Testfalls ermittelt werden können. Die Kriterien stellen sicher, dass Testfälle so konzipiert sind, dass sie mit einer hohen Wahrscheinlichkeit einen Fehler im Testobjekt aufdecken. Dies beschreibt die Güte eines Testfalls.

Für die Ermittlung der Testfälle können verschiedene Methoden verwendet werden. Dabei kommen die in 2.2.4 diskutierten *black-box* Funktionstests in Frage (siehe Abbildung 24). Im Falle des Testfallentwurfs auf Softwareebene und Basis einer Implementierung finden *grey-box* und *white-box* Methoden Verwendung.

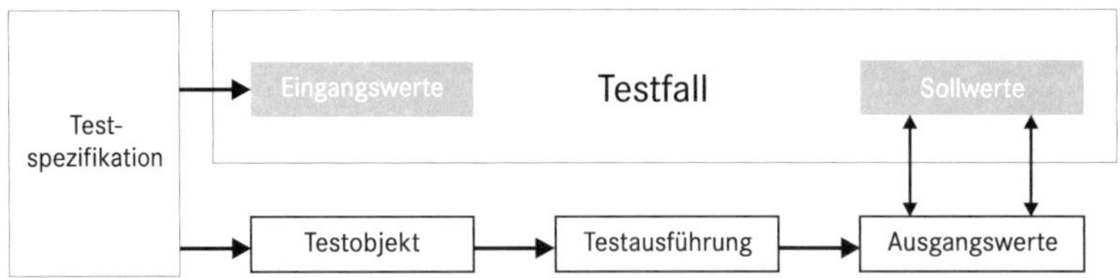

Abbildung 24: Schematische Darstellung des Vorgehens zur Ableitung der Inhalte eines Testfalls aus einer Spezifikation. Die Eingangswerte fließen bei der Testausführung mit ein, die Sollwerte beschreiben die erwarteten Ausgangswerte der Testausführung. Der Vergleich von Soll- und Ausgangswerten beschreibt das Testergebnis (nach [66]).

Abhängig von der durch den Testfall abgedeckten Anforderungen und der dadurch gegebenen Abstraktionsebene des Testfalls, wird eine geeignete Testumgebung für die Durchführung des Testfalls gewählt. Die Testumgebungen verteilen sich dabei auf die verschiedenen durch das V-Modell vorgegebenen Teststufen. Diese sind hier chronologisch, analog des Testvorgehens beschrieben.

> **Definition 14** (Teststufe). *Eine Teststufe ist eine einer im V-Modell definierten Entwicklungsebene gegenübergestellte Testebene, welche korrespondierende Implementierungen gegen die Anforderungen der jeweiligen zugeordneten Entwicklungsphase testet. Im Verlauf der Integration der Implementierungseinheiten zu einem Gesamtsystem können mehrere Teststufen durchlaufen werden.*

Die gängigsten Teststufen für die Absicherung von E/E-Entwicklungen sind im Folgenden aufgeführt. Da die Absicherung eines Systems auch Softwareelemente enthält, beginnt die Aufzählung bei der untersten Teststufe.

Model-in-the-Loop (MiL)
In MiL-Umgebungen wird das Testobjekt, ein Modell, zusammen mit einem Streckenmodell getestet. Dabei simuliert das Streckenmodell das Fahrzeug oder andere relevanten Systemkomponenten sowie wenn nötig auch die Fahrzeugumgebung.

Software-in-the-Loop (SiL)
In SiL-Umgebungen wird das Testobjekt zusammen mit einem Streckenmodell getestet. Als Werkzeug für SiL wird in der Regel das Werkzeug zur Modellierung des Streckenmodells eingesetzt. Testobjekte in einer SiL-Umgebung sind die ausführbare Software (Modul, Subsystem, Softwaresystem), die meist unmittelbar in die reale oder simulierte Umgebung eingebunden ist.

Hardware-in-the-Loop (HiL)
In der HiL-Testplattform kommt im Unterschied zum SiL, Teile der realen Regelstrecke (Zielhardware) anstelle eines Streckenmodells zum Einsatz. Sensoren können jedoch weiterhin teilweise modelliert sein. Im HiL werden in der Regel Softwarebestandteile in Echtzeit getestet. Das Testobjekt HW/SW-Steuergerät(e) läuft auf einer der Zielhardware immer stärker angenäherten Umgebung (z. B. reale Sensoren und Aktuatoren).

Fahrzeugintegration
Das Erprobungsfahrzeug kann ebenfalls als Testplattform verstanden werden. Es bietet dem Fahrer die Möglichkeit, das Verhalten eines Steuergerätes, das in das Fahrzeug integriert ist, in seiner Funktion unter realen Bedingungen in der Zielumgebung zu testen. Das Testen im Fahrzeug ist eine unersetzbare Absicherung der Funktionalität des Gesamtsystems, da sie die Integration der E/E mit der Mechanik überprüft.

Die Zuordnung wird zum einen durch das zu entwickelnde Produkt sowie das Vorhandensein bei der Organisation beeinflusst. So wird z.B. eine von einem IT-Unternehmen entwickelte Software oft nur bis zur HW/SW-Integration überprüft, da eine Systemintegration im eigentlichen Sinne nicht immer notwendig ist. Auf jeder Teststufe gibt es mehrere Testplattformen, die die eigentliche Infrastruktur zur Ausführung eines Testobjekts darstellt. Welche Testobjekte auf welchen Testplattformen sinnvoll ausführbar sind, hängt eng zusammen mit der Art des Produkts, den Testzielen sowie unter Umständen auch dem Reifegrad des Testobjektes.

3.3.2.3 Testfalldokumentation

Die Testspezifikation stellt - im Sinne einer Umsetzung - das Ergebnis dar, welches die Testziele und zu erreichenden Testüberdeckungen erfüllt. Sie definiert, gemeinsam mit der gegebenen Testreferenz, eine nach gewählten Testverfahren eindeutig abgeleitete Menge an Testfällen. Nach [104] dient eine Testspezifikation auch der eindeutigen und wiederholbaren Ableitung von Testfällen.

Die erstellten Testfälle werden in ähnlich aufgebauten, geeigneten Verwaltungstools, z.B. DOORS, dokumentiert. Ein einzelner Testfall, der mit dem Objekttyp *test case* gekennzeichnet ist, besteht aus einem Initialisierungsschritt (*initialize*) sowie mehreren Testschritten (*test step*) (siehe Abbildung 25). Die Initialisierung eines Testfalls führt in der Regel mehrere, bereits anderweitig abgesicherte Testschritte aus, um ein System in einen Zustand zu versetzen, der als Ausgangsbasis für den betrachteten Testfall gelten soll. Der Ausgangszustand wird oft in Form eines *base scenarios* zusammengefasst dargestellt, um unnötige, redundante Dokumentation zu vermeiden. Die auszuführenden Testschritte nach der Initialisierung eines Testfalls beinhalten jeweils eine Angabe über Eingabewerte sowie eine Aussage über die Sollreaktion des Testobjektes. Bei der Dokumentationsart spricht man auch von *abstract test cases*, da die Testschritte in natürlich sprachlicher Form niedergeschrieben werden. Der Testfall ist also zur Ausführung auf einer entsprechenden Testplattform zunächst in eine implementierbare Form zu bringen, die wiederum ein Review durch Entwickler und Tester aufgrund der Verständlichkeit nicht erlauben würde. Die Implementierung und Ausführung der Testfälle ist Bestandteil der Testausführung, welche primär technologischen Fragestellungen des Testens unterliegt und deshalb in dieser Arbeit nicht betrachtet wird.

Jeder Testfall steht in Bezug zu den Anforderungen aus denen er abgeleitet worden ist. Insgesamt entsteht so eine *m:n* Beziehung zwischen Anforderungen und Testfällen, was in einem hohen Vernetzungsgrad zwischen Spezifikation und Testspezifikation resultiert. Die Verlinkung ermöglicht neben der Auskunft über die „Herkunft"des Testfalls auch eine Testabdeckungsanalyse. Im einfachsten Fall ist festzustellen, dass alle testbaren Anforderungen der Spezifikation mit einem Testfall abgedeckt sind. Dies ist natürlich nur ein notwendiges Kriterium, aber kein hinreichendes. Die Testfälle müssen inhaltlich sinnvoll sein

ID	Object Type	Test Specification Template	Actions	Pass Conditions
TC-817	text	**4 Test cases**		
TC-829	text	**4.9 Manuelles Fahrlicht**		
TC-2674	test case	**4.9.1 Standard Test MFL**		
TC-2675	test step	**4.9.1.1 Initialisierung**	BS-14	BS erreicht.
TC-2676	test step	**4.9.1.2 Zündung gesteckt**	Zündschlüssel in Stellung	alles aus.
TC-2677	test step	**4.9.1.3 Zündung Radiostellung**	Zündschlüssel in Stellung 'Kl.15R (Radiostellung)'.	Standlicht ist eingeschaltet.
TC-2678	test step	**4.9.1.4 Zündung an**	Zündschlüssel in Stellung 'Kl.15 (Zündung ein)'.	Standlicht bleibt eingeschaltet. Abblendlicht ist eingeschaltet.
TC-2679	test step	**4.9.1.5 Zündung gesteckt**	Zündschlüssel in Stellung 'Kl.15C (Zündschlüssel gesteckt)'.	Standlicht bleibt eingeschaltet.
TC-2680	test step	**4.9.1.6 Fahrertür**	Fahrertür öffnen.	Alles aus.

Abbildung 25: Schematische Darstellung der Dokumentationsstruktur eines Testfalls in DOORS (teilweise englisch).

(siehe Teststrategie) sowie die Aussage der Anforderung vollständig abdecken. Dadurch kann es notwendig werden, mehrere Testfälle für eine Anforderung abzuleiten.

3.4 Anforderungen an den Test durch ISO 26262

Die ISO 26262 *„Road vehicles - Functional safety"* [11] ist eine sich in der Entstehung befindende ISO-Norm für sicherheitsrelevante E/E-Systeme in Kraftfahrzeugen. Der Standard wird ein Prozessrahmenwerk und Vorgehensmodell zusammen mit geforderten Aktivitäten und Arbeitsprodukten sowie anzuwendenden Methoden definieren, deren verpflichtende Umsetzung zukünftig die funktionale Sicherheit von E/E-Systemen in Kraftfahrzeugen gewährleisten soll (siehe Abbildung 26). Die ISO 26262 ist eine Ableitung der generischen „Grundnorm"IEC 61508 [5] an die spezifischen Gegebenheiten der Automobilindustrie.

Wie in Abbildung 26 dargestellt, besteht die ISO 26262 (aktuelle Version ist *Baseline 19*) aus zehn Bänden die den oben genannten Umfang beschreiben. Das V-Modell inklusive der zusätzlich geforderten Aktivitäten und Methoden ist hauptsächlich in Band 3 bis Band 7 beschrieben und setzt im Wesentlichen auf dem bereits bekannten V-Modell auf 3.1 und erweitert dieses. Dabei wird zwischen einer Konzepterstellung, einem Entwicklungs- und Implementierungsvorgehen sowie einem Verifikations- und Testvorgehen unterschieden. Die Konzepterstellung und das Verifikations- und Testvorgehen werden in diesem Abschnitt aufgegriffen.

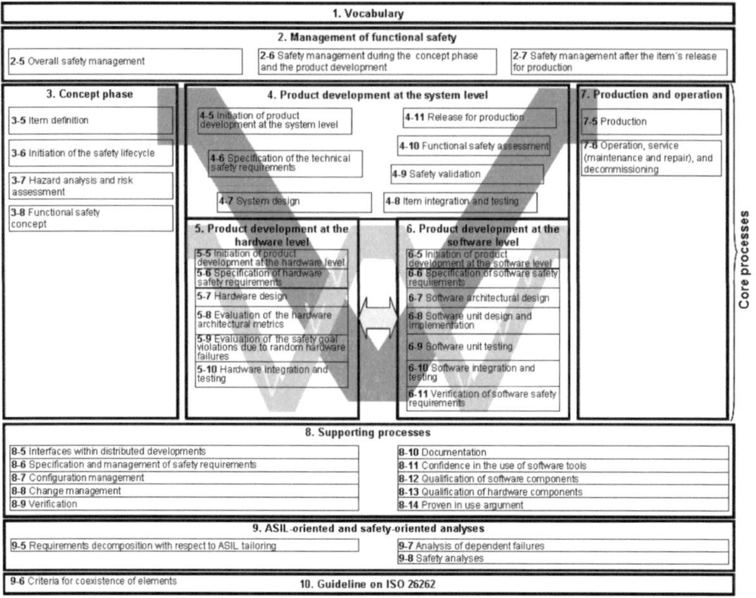

Abbildung 26: Überblick über die ISO 26262 und die Aufteilung der Inhalte in die verschiedenen Bände (englisch) [11].

3.4.1 Ziel der ISO 26262

Definition 15 (Funktionale Sicherheit). *Funktionale Sicherheit ist die Abwesenheit von nicht akzeptablen Risiken von potentiellen Gefährdungssituationen, die durch das Fehlverhalten von E/E-Systemen entstehen können (1-1.50; d.h. Band 1, Kapitel 1.50).*

Der von der ISO 26262 definierte Begriff *funktionale Sicherheit* ist als ein wichtiges Entwicklungsziel für alle Systeme mit elektrischen und elektronischen Komponenten zu verstehen. Dabei soll ein Schaden an Personen, der Systemumgebung und der Systemumwelt vermieden werden, die entstehen könnten, wenn das System ausfällt oder sich fehlerhaft verhält (siehe Abbildung 27). Solche intolerablen Systemfehler, die in das Feld der funktionalen Sicherheit fallen, sind praktisch immer auf konstruktive und systematische Fehler bei der Entwicklung der Hard- und Software (z.B. Lücken in Anforderungen, falsche Umsetzung von Anforderungen, unterlassenes Testen von Änderungen am System, u.v.m.) und zufällige HW-Ausfälle während der späteren Systemnutzung (z.B. Ermüdung elektronischer Bauteile) zurückzuführen [65]. Abzugrenzen davon sind andere Bereiche der Systemsicherheit, z.B. Brandschutz, Transport gefährlicher Güter und passive Maßnahmen (Einklemmschutz bei Fensterheber). Diese Bereiche betreffen die funktionale Sicherheit nicht, da die Gefahren nicht aktiv von innen aus dem System heraus nach außen entstehen. Funktionale Sicherheit ist also lediglich als ein Teil der Gesamtsicherheit zu betrachten.

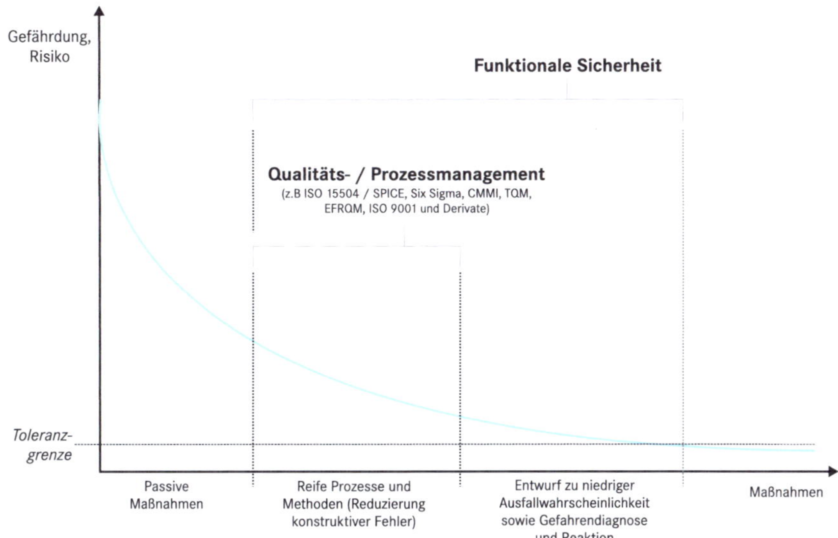

Abbildung 27: Graphische Darstellung zur Verdeutlichung, dass herkömmliche Methoden zur Gefährdungsreduzierung bei gegebener Systemkomplexität nicht mehr ausreichen (nach [65]).

Ein Beispiel: In Bezug auf einen elektrischen Fensterheber sollte als Ergebnis der funktionalen Sicherheit eine Quetschung des Insassen durch eine unerwünschte Fensterbewegung, die aus einem fehlerhaften Peaksignal resultiert, verhindert werden (Diagnostizieren eines stark ansteigenden Motorstroms trotz nicht erreichter Endposition des Fensters). Bestandteil der passiven Sicherheit ist eine geeignete Konstruktion des Schalttasters, so dass ein aus dem Fenster lehnendes Kind beim Abstützen nicht die Funktion „Heben des Fensters"aktivieren kann.

Der Begriff der funktionalen Sicherheit ist nicht mit dem Begriff *security* zu verwechseln, der den Schutz des Systems vor versehentlichen und vorsätzlichen, unerwünschten Zugriffen von außen auf das System bezeichnet.

Angelehnt an das V-Modell macht die ISO 26262 zu jeder einzelnen Phase Vorschläge für eine geeignete Vorgehensweise zur Entwicklung bzw. Test des Produkts. Diese beinhalten oft in einer Auflistung von alternativ zueinander stehenden Vorschlägen, Aktivitäten und Methoden, die sofern anwendbar zu berücksichtigen sind, da sie zur funktionalen Sicherheit beitragen. Neben den Aktivitäten und Methoden gibt es den weiteren Aspekt der Dokumentation der durch die ISO 26262 gefordert wird. Diese Dokumentationen werden in Form von „Arbeitsergebnissen"(*work products*) gefordert und sollen die aus den Vorschlägen abgeleiteten, durchgeführten Maßnahmen nachvollziehbar beschreiben. Der Kern dieser Arbeit beschäftigt sich mit dem Verifikations- und Testvorgehen, so dass für eine Detaillierung der Konzepterstellung und des Entwicklungsvorgehen auf die ISO 26262 Band 3 und 4 verwiesen ist.

3.4.2 Konzepterstellung und Entwicklungsvorgehen

Ausgangspunkt einer jeden Systementwicklung ist die Ermittlung von Situationen, bei denen eine Fehlfunktion ein Gefährdungspotential besitzt. Dies wird mittels einer Gefahren- und Risikoanalyse ermittelt. Das System ist so auszulegen, dass

- potentielle Gefahrensituationen, hervorgerufen durch das fehlerhafte Verhalten einer Systemkomponente, erkannt werden (Diagnose) und

- es im diagnostizierten Fehlerfall so reagiert, dass die Gefahrensituation verhindert bzw. deren Schadensschwere reduziert (Reaktion) wird.

Das Ergebnis der Gefahren- und Risikoanalyse sind zu definierende *Sicherheitsziele* für das zu entwickelnde System, die zusammengefasst das Entwicklungsziel *funktionale Sicherheit* ergeben. Jedes Sicherheitsziel wird auf Basis der Analyse, welche aus der Bewertung von Schadensschwere, Auftrittswahrscheinlichkeit und Kontrollierbarkeit besteht, mit einer Sicherheitseinstufung *Automotive Safety Integrity Level* (ASIL) versehen.

> **Definition 16** (Sicherheitseinstufung (ASIL)). *Die Sicherheitseinstufung ASIL ist eine Klassifikation von vier Sicherheitseinstufungen, die auf Anforderungen eines Objektes nach den Regeln der ISO 26262 angewendet werden, um unnötige Risiken zu vermeiden. Die Sicherheitseinstufung D repräsentiert die höchste zu vergebene Einstufung und A die niedrigste (1-1.6).*

> **Definition 17** (sicherheitsrelevant). *Im Folgenden werden unter sicherheitsrelevanten Objekten Objekte verstanden, die mit einer ASIL-Einstufung bewertet sind.*

Nach der Ableitung der Sicherheitsziele orientiert sich die generelle Vorgehensweise direkt am V-Modell. Aus diesen Sicherheitszielen werden, in einem *funktionalen Sicherheitskonzept* dokumentiert, *Sicherheitsfunktionen* oder *funktionale Sicherheitsanforderungen* abgeleitet, die eine Konkretisierung der Sicherheitsziele in Bezug auf das zu entwickelnde System darstellen. Die vererbte ASIL-Einstufung aus den Sicherheitszielen (m:n Beziehung) kann in den funktionalen Sicherheitsanforderungen maximal erhalten bleiben oder sich auch reduzieren.

In einem aus dem funktionalen Sicherheitskonzept abgeleiteten *technischen Sicherheitskonzept* werden die technischen Sicherheitsanforderungen formuliert, die als konkrete Systemanforderungen zu verstehen und Teil der Systemspezifikation sind. Die Derivation des zugehörigen ASIL-Levels erfolgt nach gleichem Prinzip. Aus den technischen Sicherheitsanforderungen können, je nach Ausrichtung der Anforderungen, Hardware- oder Softwaresicherheitsanforderungen abgeleitet werden, welche, ohne Berücksichtung des Implementierungsvorgehens, die feingranularste Ebene der funktionalen Sicherheit bilden. Die ISO 26262 fordert zudem eine umfangreiche Verfolgbarkeit aller Arbeitsergebnisse. Dies beginnt bei einer vertikalen Abhängigkeit der Sicherheitsziele bis auf die Ebene der Sicherheitsanforderungen auf Hardware- und Softwareebene. Das Implementierungsvorgehen sieht zudem vor, dass Sicherheitsanforderungen auf die E/E-Architektur bzw. das Modell der Funktionssoftware abgebildet werden können [91].

Die Implementierung ist die eigentliche Umsetzung der Anforderungen aus Konzepterstellung und Entwicklungsvorgehen und bildet somit die Schnittstelle zu dem Verifikations- und Testvorgehen. Anhand letzterem soll verifiziert werden, ob die Implementierung die an sich gestellten Anforderungen auch erfüllt.

3.4.3 Verifikations- und Testvorgehen

Das generelle Ziel aller Verifikationsmaßnahmen wird in Band 8: *Supporting Processes* (8-9) beschrieben:

> **Definition 18** (Ziel der Verifikation). *Das Ziel der Verifikation ist die Gewährleistung, dass die Arbeitsergebnisse (work products) die an sie gestellten Anforderungen erfüllen (8-9.1).*

Eine Ergänzung dieses Ziels in Bezug auf das Testen ist in (8-9.2) definiert:

> **Definition 19** (Ziel der Verifikation (Testen)). *Tests müssen in einem systematischen Vorgehen geplant, spezifiziert, ausgeführt, evaluiert und dokumentiert werden.*

In Band 4: *Product development at the system level* und Band 6: *Product development: software level* der Norm werden im Wesentlichen folgende Arbeitsergebnisse gefordert:

- Testkonzept (8-9.5.1)

- Testspezifikation

- Testprotokoll

Der geforderte Dokument *Testkonzept* ist als ein „Projekthandbuch des Testens"zu verstehen. Es beschreibt im Wesentlichen die Festlegung einer konkreten Teststrategie für ein Projekt, nach der die in der Testspezifikation zu dokumentierenden Testfälle abgeleitet werden. Das Testprotokoll dokumentiert den Status der Ausführung der einzelnen Testfälle, also ob das Ausführungsergebnis den Anforderungen in der Spezifikation genügt oder ein Fehler aufgetreten ist.

Mit Hilfe einer Teststrategie sind alle für die Absicherung eines Produkts notwendigen Testfälle abzuleiten. Bezüglich des Ausgestaltung des Testkonzeptes bestehen folgende Anforderungen:

8-9.4.1.1 Die Testkonzeption ist für jede Phase und Subphase des Sicherheitslebenszyklus auszuführen und soll folgendes adressieren:

A) den Umfang der zu verifizierenden Produkte,

B) die Methoden, die für die Verifikation verwendet werden,

C) die Kriterien zur Bewertung ob die Verifikation erfolgreich oder nicht erfolgreich ist,

D) die Testumgebung,

E) die Tools welche für die Verifikation verwendet werden,

F) die Vorgehensweise wenn Anomalien im Produkt identifiziert werden und

G) eine **Regressionsteststrategie**.

An Punkt g) ist zu erkennen, dass die ISO 26262 eine eindeutige Anforderung an die Existenz einer Regressionstestmethodik stellt. Eine einfach umzusetzende und meistens verwendete Methodik ist zunächst der erneute Komplettest des Systems. In Kombination mit den anderen gegebenen Punkten ist ersichtlich, dass die Auswahl an Testfällen für den Regressionstest nachvollziehbar und angemessen sein muss, d.h. alle potentiell von einer Änderung betroffenen Teile des Systems systematisch einem Test unterzogen werden müssen. Die Anforderungen an das Testkonzept werden durch 8-9.4.1.2 weiter konkretisiert:

8-9.4.1.2 Die Planung der Verifikation sollte folgendes berücksichtigen:

A) die Angemessenheit der verwendeten Verifikationsmethoden,

B) die Komplexität der zu verifizierenden Produkte,

C) vorangegangene Erfahrungen mit der Verifikation des Produktypes,

D) den Reifegrad der verwendeten Technologien, oder das Risiko, welches mit der Verwendung dieser Technologien eingegangen wird.

Die aufgelisteten Anforderungen sind als generelle Anforderungen an die Testkonzeption (das Testkonzept) zu verstehen, welche den zu dokumentierenden Umfang beschreiben. Rahmenbedingungen und Vorgaben an die eigentliche Methodik der Testkonzeption, also an die Ableitung und Festlegung einer Teststrategie, sind durch diese Anforderungen nicht beschrieben. Diese testmethodischen Schwerpunkte sind jedoch durch Punkt b) „Definition der Methoden, die für die Verifikation verwendet werden."in 8-9.4.1.1 sowie Punkt a) „Betrachtung der Angemessenheit der verwendeten Verifikationsmethoden"in 8-9.4.1.2 adressiert. Diese beschreiben genau die zusammengefasste Frage: Mit welchen Methoden müssen zu verifizierende Produkte in Abhängigkeit von deren Sicherheitsrelevanz getestet werden?

Anforderungen an das methodische Verifikations- und Testvorgehen sind, angelehnt an das V-Modell, in Teststufen unterteilt in Band 4 und Band 6 der Norm definiert. Prinzipiell gesehen ergibt die Umsetzung dieser Anforderungen pro Teststufe jeweils einen anteiligen Beitrag zu den durch die ISO 26262 vorgegebenen Arbeitsergebnissen. Das Verifikations- und Testvorgehen beginnt mit der Teststufe Softwaremodultest und endet mit dem Fahrzeugintegrationstest. Der eigentliche Fahrzeugtest, auch Fahrerprobung genannt, gehört in diesem Zusammenhang zur Validation. Die Anforderungen sind in folgenden Kapiteln dargelegt:

- Softwaremodultest (6-9)

- Softwarewareintegrationstest (6-10)

- Verifikation von Softwaresicherheitsanforderungen (6-11)

    - Integrationstest (4-8)

    - Hardware-/Softwareintegrationstests

    - Systemintegrationtest

    - Fahrzeugintegrationtest

Diese bilden in Summe eine gegebene Anzahl von für die Verifikation eines Produktes zu berücksichtigenden Anforderungen. Das bedeutet, dass nicht sämtliche Anforderungen für die Absicherung eines Produkt strikt umgesetzt werden müssen, sondern in Bezug auf 8-9.4.1.1.a und 8-9.4.1.2.b erst in Ihrer Sinnhaftigkeit und Angemessenheit überprüft werden sollen.

Im Folgenden wird beschrieben wie der durch die ISO 26262 gegebene Stand der Technik bezüglich der Teststrategie in den einzelnen Teststufen (siehe Tabelle 3.4.3) definiert ist.

3.4.3.1 Testziele und Testmethoden

Die Gewährleistung der funktionalen Sicherheit durch das Verifikations- und Testvorgehen wird in der ISO 26262 über das Erreichen von *Testzielen* definiert. Diese sind unabhängig vom zu verifizierenden Produkt für jede Teststufe definiert und immer gültig. Die Testkonzeption muss sicherstellen, dass diese Testziele, die den juristisch verpflichtenden Teil darstellen, eingehalten werden. Eine Definition des Begriffs Testziel ist in dieser Arbeit bereits in Kapitel 2.2.2 gegeben (siehe Definition 9). Um die Einhaltung der Testziele zu gewährleisten, schlägt die ISO 26262 eine Reihe von *Testmethoden* vor, deren Beachtung bzw. Berücksichtigung zur Erstellung einer Teststrategie zur systematischen Absicherung des Produkts führt. Die vorgeschlagenen Testmethoden unterteilen sich in zwei Rubriken:

- Methoden zur Ableitung von Testfällen und

- Methoden für die Teststufen

Eine gesamtheitliche Betrachtung der Testmethoden zur Ableitung der Testfälle erfordert die Berücksichtigung des Kreuzproduktes beider Typen von Testmethoden. Aus dieser Menge von kombinierten Methoden sind die geeigneten auszuwählen und für die adäquate Absicherung des zu verifizierenden Produkts zu verwenden. Diese Betrachtung ist, insofern keine eigene, auf die Organisation zugeschnittene Interpretation des Standards vorliegt, für jede einzelne sicherheitsrelevante Anforderung durchzuführen (Softwareebene 6-11.1; Systemebene 4-8.1). Als geeignet identifizierte Testmethoden können jedoch auch ausgelassen werden, wenn dies begründet werden kann (beide 4-8.4.1.7).

Sämtliche Testmethoden werden in Abhängigkeit der ASIL-Einstufung vorgeschlagen. Die Testmethoden sind demnach lediglich für Anforderungen der Spezifikation von Relevanz, die eine ASIL-Einstufung von A bis D haben. Diese ist nach dem beschriebenen Vorgehen der Konzepterstellung und Entwicklungsvorgehen abzuleiten und zu jedem Zeitpunkt auf ein identifiziertes Sicherheitsziel zurückführbar. Der Vorschlag der Testmethoden erfolgt in der Norm pro ASIL-Einstufung mit folgender Definition:

++	starke Empfehlung (highly recommended)
+	Empfehlung (recommended)
o	keine Empfehlung

Als Maß dafür, ob die Absicherung mit den gewählten Methoden die Testziele erfüllt, werden Testabdeckungen angegeben. Diese sind in Band 6 für die Absicherung der Software in separaten Tabellen aufgeführt, in Band 6 zur Absicherung von Systemen sind sie textuell mit den Testzielen verknüpft (siehe die Abdeckung von Sicherheitsanforderungen).

Die Vorgaben der ISO 26262 an die funktionale E/E-Verifikation bezüglich der Softwareverifikation sowie Systemverifikation soll im Folgenden detailliert und in Bezug zu den vorliegenden Teststufen diskutiert werden.

3.4.3.2 Verifikation der Software

Das Prinzip der Vorgehensweise zur Verifikation der Software wird anhand des Softwareintegrationstests (6-10) aufgezeigt. Die Systematik für den Softwaremodultest (6-9) verläuft analog dazu. Nach 6-10.4.3 sind für den Softwareintegrationstest folgende Testziele vorgegeben:

> **6-9.4.3** Definierte Testziele für die Teststufe Softwaremodultest,
>
> A) Compliance mit der Software Modul Design Spezifikation,
>
> B) Compliance mit der HW/SW-Schnittstellenspezifikation,
>
> C) Verifikation der spezifizierten Funktionalität,
>
> D) Vergewisserung der Abwesenheit von nicht gewollten Funktionalität,
>
> E) Robustheit und
>
> F) Gewährleistung ausreichender Ressourcen um die Funktionalität zu unterstützen.

Diese Testziele sind übergreifend definiert und innerhalb der gesamten Stufe zu erreichen. Die Testmethoden besitzen keine direkte Zuordnung zu den genannten Testzielen, dienen somit als Vorschlag zur gesamtheitlichen Erfüllung aller Testziele. Die gegebenen Testmethoden sind für die Teststufe des Sofwareintegrationstests in Abbildung 1 und Abbildung 2 dargestellt.

	Testverfahren	ASIL A -D			
1a	Anforderungsbasierter Test	++	++	++	++
1b	Schnittstellentest	++	++	++	++
1c	Fehlerinjektionstest	+	+	++	++
1d	Resourcenauslastungstest	+	+	+	++
1e	Back-to-back-Test	+	+	++	++

Tabelle 1: Vorgeschlagene Testmethoden für die Teststufe Softwareintegrationstest (Band 6, Tabelle 13) [11].

Zusätzlich zu den Definitionen der Verifikations- und Testmethoden sind Anforderungen an zu erreichende Testabdeckung (Tabelle 3) definiert. Die jeweiligen Testabdeckungen müssen untersucht und das Ergebnis dokumentiert werden. Der Grad zu welchem eine bestimmte Testabdeckung erreicht werden kann oder muss, ist von dem Systemverantwortlichen, dem Sicherheitsbeauftragten und dem Tester zu bestimmen.

	Testverfahren	ASIL A -D			
1a	Anforderungsbasierter Test	++	++	++	++
1b	Erstellung und Analyse von Äquivalenzklassen	+	++	++	++
1c	Grenzwertanalyse	+	++	++	++
1d	Error-Guessing-Test	+	+	+	+

Tabelle 2: Vorgeschlagene Testmethoden für zur Ableitung von Testfällen (Band 6, Tabelle 14) [11].

	Testverfahren	ASIL A- D			
1a	Funktionsüberdeckung	+	+	++	++
1b	Aufrufsüberdeckung	+	+	++	++

Tabelle 3: Vorgeschlagene Testabdeckungen für den Softwareintegrationstest (Band 6, Tabelle 15) [11].

3.4.3.3 Verifikation des Systems

Die Vorgehensweise für die Verifikation auf der Systemebene ist im Vergleich zur Softwareebene unterschiedlich strukturiert. Es existiert eine übergeordnete Ebene *Item integration and testing* die alle Teststufen der Systemintegrationsstufen enthält. Übergeordnet definiert sind hier nicht die Testziele, sondern die Testmethoden zur Ableitung von Testfällen. In den einzelnen Unterkapiteln *Hardware-/Software integration and testing*, *System integration and testing* und *Vehicle integration and testing* sind dann die zu erreichenden Testziele vorgegeben. Den Testzielen untergeordnet sind textuelle Anforderungen, informative Inhalte sowie aus den Testzielen abgeleitete, zu betrachtende Testmethoden. Diese sind, wie bei den Softwareteststufen, in Kombination mit den übergeordneten Testmethoden zur Ableitung von Testfällen zu verwenden. Letztere sind in Tabelle 4 dargestellt:

	Testverfahren	ASIL A- D			
1a	Anforderungsbasierter Test	++	++	++	++
1b	Analyse von externen und internen Schnittstellen	+	++	++	++
1c	Erstellung und Analyse von Äquivalenzklassen für die HW/SW-Integration	+	+	++	++
1d	Grenzwertanalyse	+	+	++	++
1e	Error-Guessing-Test	+	+	++	++
1f	Funktionaler Test	+	+	++	++
1g	Analyse gemeinsamer Ressourcen	+	+	++	++
1h	Analyse von Anwendungsfälle	+	++	++	++
1i	Feldtest	+	++	++	++

Tabelle 4: Vorgeschlagene Testfallermittlungsverfahren für den Systemtest (Band 4, Tabelle 8) [11].

Die Testziele sind auf Systemintegrationebenen teststufenübergreifend identisch formuliert, es variieren lediglich der Bezug zur Testbasis und die daraus abgeleiteten, spezifischen Testmethoden. Als zu erreichende Testziele sind übergreifend gegeben:

4-4.1.1 Definierte Testziele für HW/SW-Integration bis Fahrzeugintegrationstest

A) Korrektheit der Umsetzung der Systemspezifikation und der technischen Sicherheitsanforderungen

B) Korrektheit der funktionalen Performance der Sicherheitsmechanismen

C) Konsistenz und Korrektheit der Umsetzung von externen und internen Schnittstellen

D) Effektivität der Diagnoseabdeckung bezüglich des Hardwarefehlerdetektionsmechanismus

E) Robustheit

Ein repräsentatives Beispiel der einem Testziel (4-4.1.1.a) untergeordneten Testmethoden (Teststufe HW/SW-Integration) ist in Tabelle 5 gegeben. Auf Systemebene ist diesbezüglich als Überdeckungskriterium grundsätzlich eine Anforderungsabdeckung gegeben.

	Testverfahren	ASIL A -D			
1a	Anforderungsbasierter Test	++	++	++	++
1b	Fehlerinjektionstest	+	++	++	++
1c	Back-to-back-Test	+	+	++	++

Tabelle 5: Vorgeschlagene Testmethoden für die Teststufe Hardware- / Softwareintegration (Band 4, Tabelle 4) [11].

An dieser Stelle ist die Beschreibung des Standes der Technik hinsichtlich der ISO 26262 abgeschlossen. Inwiefern durch einen Hersteller/Zulieferer eine Konformität mit der in Kraft tretenden Norm erzielt werden kann und worin der explizite Nutzen bezüglich einer Regressionsteststrategie liegt, wird in den Kapiteln 4 und 5 erklärt. Es sind dem Autor keine Arbeiten im Themengebiet „Funktionale Sicherheit"bekannt, welche sich mit dem Thema Regressionstest befassen. Oft wird unter dem Regressionstest ein vollständiger Retest verstanden, der unter Umständen anhand einer Priorisierung der Testfällen (nach Risiko) durchgeführt wird.

3.5 Regressionstestmethodiken in der Softwaretechnik

Der komplette Test eines Systems wird mit allen vorhandenen, spezifizierten Testfällen durchgeführt. Dies beschreibt im Regelfall die Ausführung einer Anzahl von Testfällen, die insgesamt z.B. einen hohen wenn nicht vollständigen Abdeckungsgrad des Quellcodes und/oder der Anforderungsen ergeben.

Da jedoch die Testumfänge neuartiger E/E-Systeme im Vergleich zu verfügbaren Ressourcen überproportional schnell ansteigen, stehen OEMs und Zulieferer vor der Herausforderung zu untersuchen, inwiefern der Prozess der Re-Verifikation nach einer Änderung des Systems oder auch bei einer erneuten Verblockung des Systems (ohne Änderung) optimierbar ist. Die Notwendigkeit darin besteht dadurch, dass verfügbare Ressourcen für das Testen bereits ziemlich ausgereizt sind.

3.5.1 Einführung in den Regressionstest

Der Regressionstest (lat. regredior, regressus sum: zurückschreiten) gehört zu der Gruppe von dynamischen Testtechniken und stammt ursprünglich aus der Softwaretechnik. Dort beschreibt der Regressionstest den Prozess der notwendigen Überprüfung aller grundsätzlichen Programmfunktionalitäten nach einer Quellcode- Aktualisierung. Ziel der Überprüfung ist eine möglichst effizient erzielte Gewährleistung, dass durch eine Fehlerbeseitigung (engl: bug-fixing) oder eine Änderung innerhalb des Testobjektes (z.B. ein System, eine Komponente, ein Modell) keine zusätzlichen Fehlerzustände mit unbekannten, unbeabsichtigten Auswirkungen eingearbeitet und die Fehler beseitigt wurden. Mit Hilfe einer geeigneten Regressionsmethodik wird systematisch eine minimale Anzahl an Testfällen identifiziert und ausgewählt, die hinreichend ist, um mögliche Abweichungen in der Funktionalität gegenüber der Vorgängerversion des Testobjektes aufzudecken. Neben dem Test von direkt durch die Änderungen beeinflussten Teilen des Testobjektes werden auch Testfälle gewählt, welche potentiell gefährdete aber unveränderte Teile abdecken. Der Umfang des Regressionstest beinhaltet zum einen die geeignete Auswahl an Testfällen aus einer bestehenden Testspezifikation, sowie auch neu spezifizierte Testfälle zur Überprüfung neuer Funktionalitäten. Ein Regressionstest der mit allen verfügbaren Testfällen durchgeführt wird, ist nach der gängigen Literatur als (kompletter) *Retest* zu bezeichnen.

In der Literatur wird der Regressionstest als ein funktionsorientierter Test angesehen, d.h. ein Test der die Korrektheit des Testergebnisses anhand der Spezifikation bewertet. Im Gegensatz dazu kann der Regressionstest jedoch auch als diversifizierender Test klassifiziert werden [87], da lediglich das Testergebnisses der aktuellen Version dem Testergebnis der Vorgängerversion gegenübergestellt wird. Ein Regressionstest gilt dann als erfolgreich abgeschlossen, wenn die Ausgaben identisch sind.

3.5.2 Vorteile des Regressionstests

Softwaresysteme unterliegen während ihres Lebenszyklus einem stetigen Änderungsprozess. Während der Entwicklung, Wartung sowie Weiterentwicklung des Produktes kommt es zu fortwährenden Modifikationen durch Änderungen in Anforderungen (funktionale und nicht-funktionale), *bug-fixing*, neu hinzugefügte oder herausgenommene Features oder auch durch veränderte umgebende Hardware- oder Softwareplattformen. Die Notwendigkeit einer Änderung kann darin bestehen eine Verbesserung des Produktes zu erzielen, die Erfüllung zusätzlicher Kundenwünsche zu erreichen oder auch neu aufkommenden Sicherheitsanforderungen gerecht zu werden. Mit jeder implementierten Änderung im System besteht jedoch das unbeabsichtigte Risiko neue Fehler und Fehlerwirkungen in das System einzuführen, deren Auswirkung, gerade in Bezug auf sicherheitsrelevante Aspekte eines Systems, fatale Folgen haben kann. Deshalb ist es notwendig das System nach jeder Änderung zu überprüfen, um sicherzustellen, dass die Qualität des Produkts durch die Änderung nicht eingeschränkt wurde.

Mit dem Einsatz des Regressionstests werden zwei voneinander abhängige Ziele verfolgt. Zum einen soll die Vorgehensweise des Regressionstests die Verwendung des kompletten Retests eines Systems nach Änderungen ersetzen, da dieser ca. 80% des Gesamtbudgets des Testens sowie 50% der Kosten der Softwarewartung vereinnahmen kann [56]. Mit einer Methodik zur systematischen Identifikation eines minimalen aber hinreichenden Testumfangs lassen sich die Kosten für das Testen langfristig und nachhaltig erheblich reduzieren [46]. Die zweite Zielsetzung ist das Thema Sicherheit: Eine Änderung erfordert momentan immer eine vollständige Überprüfung des Testobjektes. Gegebene Methodiken wie z.B. eine Priorisierung dienen nur der effizienteren Fehleridentifikation, reduzieren aber nicht den zu leistenden Testumfang, da sie potentiell betroffene Teile des Systems nicht systematisch erfassen können.

3.5.3 Arten des Regressionstests

Der Begriff des Regressionstests beschreibt eine ganze Reihe von verschiedenen Aktivitäten und Maßnahmen, die den Prozess der Re-Verifikation eines Testobjektes nach einer Modifikation möglichst effizient gestalten sollen. Die abgeleiteten Methodiken, also die dokumentierten Herangehensweisen einer Aktivität oder Maßnahme, befassen sich (siehe nachfolgende Liste) mit sämtlichen konzeptionellen, organisatorischen oder ingenieurtechnischen Arten des Regressionstests:

1. Wartung der Testspezifikation,

2. Auswahl der Testfälle für den Regressionstest,

3. Priorisierung der Testfälle,

4. Ergänzung der Testspezifikation und

5. Minimierung der Testspezifikation.

Wie in Abbildung 28 dargestellt, können alle Teilaspekte beziehungsweise Arten von Methodiken des Regressionstests in einer integrierten Prozessdarstellung abgebildet werden. Die Ausgangssituation einer jeden Regressionstestmethodik, unabhängig von bereits vorausgegangenen Aktivitäten, ist (nach Softwaretechnik) eine originale Programmversion P mit einer vorhandenen Testspezifikation T, respektive, eine modifizierte Programmversion P' und dessen zu ermittelnde, gültige Testspezifikation T'. Im Folgenden werden die verschiedenen Typen des Regressionstests erläutert.

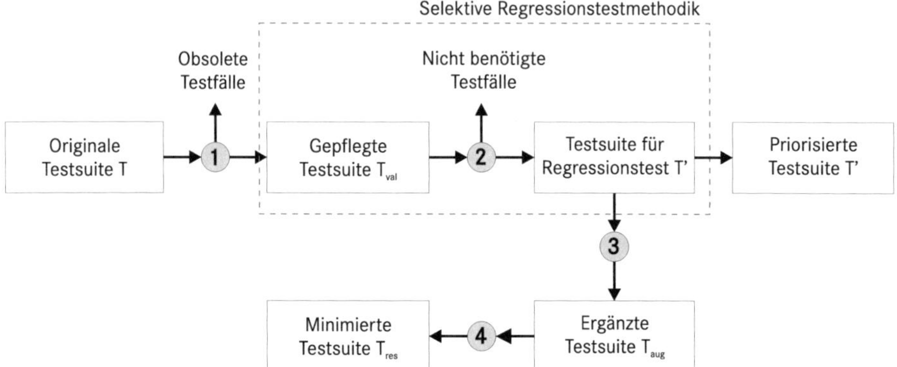

Abbildung 28: Schematische Darstellung der verschiedenen Arten des Regressionstests (nach [56]). Der von dieser Arbeit betrachtete Rahmen ist eine selektive Regressionstestmethodik.

3.5.3.1 Wartung der Testspezifikation

Bei der *Wartung der Testspezifikation* (Schritt 1: in Abbildung 28 als nummerierter Kreis dargestellt) werden die Testfälle aus T identifiziert, die für die Ausführung auf P' korrigiert beziehungsweise angepasst werden müssen. Des Weiteren soll eine Methodik obsolete Testfälle erkennen und aussortieren, deren Ausführung auf P', z.B. aufgrund wegfallender Funktionalität durch die Änderung, nicht möglich ist. Die ursprüngliche Testspezifikation T reduziert sich somit auf T_{val}.

3.5.3.2 Auswahl der Testfälle für den Regressionstest

Die selektive Auswahl an Testfällen (Schritt 2) ist die eigentliche Kernproblematik des Regressionstests. Bei diesem Typ von Methodik sollen aus der bereits optimierten Testspezifikation T_{val} lediglich diejenigen Testfälle T' identifiziert werden, die für eine erneute Ausführung auf P' verwendet werden müssen. Ziel ist das Erreichen einer Effizienzsteigerung durch systematisches Weglassen von Testfällen, die zur Validierung des modifizierten Testobjektes unnötig sind. Diese sogenannten selektiven Regressionsmethodiken analysieren die Änderung von P nach P' sowie eine mögliche Auswirkung der Änderung auf davon abhängige Teile des Testobjektes. Auf Basis dieser Analyse werden nur jene Testfälle zur Wiederausführung gewählt, die eben die Änderung an sich sowie die potentiell durch die Änderung gefährdeten Teile des Testobjektes abdecken. Der *selektive Regressionstest* beschreibt den prominentesten Typ von Methodik und wird in der Literatur auch generell als „Regressionstest"referenziert. Dies liegt zum einen an der gegebenen Komplexität der zu bewältigen Aufgabe, als auch an dem Fakt dass an dieser Stelle das höchste Ressourceneinsparungspotential vorliegt.

Im Rahmen der vorliegenden Arbeit soll eine selektive Regressionstestmethodik für E/E-Systeme entwickelt werden.

3.5.3.3 Priorisierung der Testfälle

Im Falle einer starken Einschränkung der verfügbaren Ressourcen, die eine Ausführung aller Testfälle in T' verhindert, kann eine *Priorisierung* der bestehenden Testfälle in T' durchgeführt werden. Die Methodiken, die eine solche Priorisierung vornehmen, orientieren sich an Kriterien wie z.B. der durch die selektierten Testfälle erreichten Code-Abdeckung, einem geschätzten Fehleraufdeckungskoeffizient oder auch an der Komplexität des Testobjektes. Die Priorisierung von Testfällen ist keine typische dem Regressionstest entstammende Aktivität, sondern vielmehr ein eigenständiges Forschungsfeld, um das sich der Regressionstest erweitern lässt. Es ist jedoch wichtig zu beachten, dass die Priorisierung von Testfällen keine im eigentlichen Sinne legitime Vorgehensweise zur Effizienzsteigerung des Prozesses darstellt, da Testlücken entstehen können.

3.5.3.4 Ergänzung der Testspezifikation

Selbst bei Vorhandensein ausreichender Ressourcen zur vollständigen Ausführung von T_{val} auf P', sollte T_{val} (oder T') hinsichtlich seiner Effektivität die Änderungen von P nach P' zu testen analysiert werden. Diese Aktivität, auch *Ergänzung der Testspezifikation* genannt (Schritt 3), identifiziert gegebenenfalls neu abzuleitende Testfälle und fügt diese zu T_{val}/T' hinzu. Das Resultat ist

T_{aug}. Gegebene Methodiken verwenden zur Analyse bestimmte Kriterien wie z.B. den Code-Abdeckungsgrad.

3.5.3.5 Minimierung der Testspezifikation

Ein systematisches Hinzufügen von Testfällen steigert zwar in erster Linie die Effektivität der Testspezifikation, kann jedoch ohne Verwendung einer angemessenen Teststrategie in einem evolutionären Wachsen der Testspezifikation resultieren, welches ein Synonym von Ineffizienz ist und in vielen Bereichen vorzufinden ist. Bei der *Minimierung der Testspezifikation* (Schritt 4) wird genau diese Problematik adressiert. Ziel ist es hier, redundante Testfälle, z.B. Testfälle, die durch Ableiten von Testfällen zur Abdeckung neuer Funktionalität nicht mehr sinnvoll sind oder Testfälle die ein ähnliches Funktionsverhalten abdecken, aus der Testspezifikation T_{aug} heraus zu nehmen. Dadurch entsteht die reduzierte und bereinigte Testspezifikation T_{res}.

Die Testspezifikation T_{res} ist, gleichbedeutend mit einer unter Anwendung aller verfügbaren Methodiken reduzierten Testspezifikation T', deren Ausführung auf P' - theoretisch gesehen - eine optimale Effizienz bei der Durchführung eines Regressionstests erzielt.

Neben diesen fünf beschriebenen Kernaktivitäten des Regressionstests gibt es weitere, zusätzliche Forschungsfelder (siehe Priorisierung von neuen und Regressionstestfällen [120], Reduzierung der Regressionstestfälle durch Exklusion [43], Ansatz für eine „leichtgewichtige" Regressionstestmethodik [130], Einfluss der Granularität einer Testspezifikation auf den Regressionstest [51], oder einen weiteren spezifikationsbasierten Ansatz für den Regressionstest [47]) die sich mit weiteren direkten und indirekten Einflussgrößen zur Erhöhung der Effizienz beschäftigen. Diese stehen jedoch nicht im Fokus dieser Arbeit.

Teil III

KONZEPT

4 | KONZEPTION EINER ELEKTRIK/ELEKTRONIK– REGRESSIONSTESTMETHODIK

Da Regressionstestmethodiken auf E/E-Systemebene bislang noch in keiner bekannten Form untersucht wurden, kann für die Konzeption und Ausarbeitung einer solchen auf keinen Erfahrungswerten aufgebaut werden (siehe Sektion 4.1 und [39]). Deshalb sollen in diesem Kapitel zunächst die anhand der Literaturrecherche erzielten Ergebnisse in Form einer Analyse und Bewertung von Regressionstestmethodiken aus der Softwaretechnik vorgenommen werden. Das grundsätzliche Ziel dabei ist die Überprüfung von deren Eignung für das E/E-Umfeld. Im Zuge dessen soll insbesondere auf die drei relevantesten, spezifikationsbasierten Vorgehen eingegangen werden, die anschließend im Detail analysiert und anhand von gegebenen und neu definierten Kriterien bewertet werden. Daraus resultierend wird ermittelt, worin die spezifischen Anforderungen eines selektiven Regressionstests in der E/E bestehen und wie diese auf Basis des gewonnenen Wissens erfüllt werden können. Das Ergebnis wird anschließend dazu verwendet ein übergreifendes Konzept auszuarbeiten, welches die Umsetzung der zu entwickelnden E/E-Regressionstestmethodik beschreibt.

4.1 Analyse und Bewertung von Regressionstestmethodiken

Die in Sektion 3.5.3 beschriebene Vorgehensweise zur Auswahl von Testfällen für den Regressionstest wird in der Literatur auch als *selektiver Regressionstest* bezeichnet. Der selektive Regressionstest umfasst eine Reihe von verschiedenen Aktivitäten und Maßnahmen, die in konzeptionellen, organisatorischen und technisch abgeleiteten Lösungen resultieren. Ziel sämtlicher Methodiken bzw. Umsetzungen ist eine Effizienzsteigerung der erneuten Testdurchführung nach einer implementierten Änderung des Testobjektes.

> Dazu muss der Aufwand zur Identifikation der notwendigerweise durchzuführenden Testfälle kleiner sein, als der Aufwand zur Ausführung der als unnötig eingestuften Testfälle.

Ziel der nächsten Sektion ist die Analyse von bestehenden Regressionstestmethodiken, so dass eine Bewertung dieser vorgenommen werden kann auf deren Basis die Anforderungen an eine E/E-Regressionstestmethodik formuliert werden kann.

4.1.1 Spezifische Vorgehensweise von selektiven, spezifikations-basierten Regressionstestmethodiken

Nach [74] dient als grundlegendes Ausgangsszenario für einen selektiven Regressionstest folgende Situation:

P sei definiert als das Originalprogramm, P′ als die modifizierte Programmversion von P, S und S′ sind die entsprechenden Spezifikationen von P und P′. Dabei beschreibt P(ι) das Resultat von P in Bezug auf die Eingangsinformation ι, P′(ι) das Resultat von P′ in Bezug auf die Eingangsinformation ι, S(ι) das spezifizierte Resultat für P in Bezug auf ι und S′(ι) das spezifizierte Resultat für P′ in Bezug auf ι. T ist die Testspezifikation, also die Anzahl aller verfügbaren Testfälle t für P. Nach [112] besteht ein Testfall zudem aus dem 3-Tupel <Identifikator, Input ι, Output σ>. Der Identifikator identifiziert dabei den Test, der Input definiert die Eingangsinformation für P, der Output das spezifizierte Resultat S(ι).

In diesem Kontext ist der selektive Regressionstest nach [110] wie folgt definiert:

> **Definition 20** (Selektiver Regressionstest). *Der selektive Regressionstest beschreibt die Selektion der Testfälle T′ $\subseteq$ T zur Ausführung auf P′ sowie den Test von P′ mit T′ zur Validierung der Korrektheit von P′ in Bezug auf T′.*

In diesem Sinne versucht die Methodik eines jeden selektiven Regressionstests diejenigen Tests T′ $\subseteq$ T zu identifizieren, die fehleraufdeckend (*fault-revealing*) für P′ sind. Der Erfolg des Regressionstests hängt also unmittelbar damit zusammen, ob diejenigen Testfälle selektiert sind, die Fehler aufdecken. Ein Testfall t ist fehleraufdeckend für P′, sofern die Ausführung von t mit P′ fehlschlägt. In diesem Fall produziert P′ einen Output σ, der sich inkorrekt zu S′ verhält.

Nach [109] existieren jedoch keine effektiven Verfahren, um fehleraufdeckende Testfälle in T zu identifizieren. Es gibt jedoch Rahmenbedingungen, in denen eine selektive Regressionstestmethodik ein Superset von Testfällen aus T bestimmt, die Änderungen von P nach P′ identifizieren (*modification-revealing*). Betrachtet man ein Subset von Testfällen t aus T die eine Änderung aufdecken, d.h. Testfälle für die der Output σ bezüglich der Ausführung mit P und P′ variiert, kann man die Testfälle in T finden, die fehleraufdeckend sind. Dazu sind zwei Annahmen zu treffen:

> **P-ist-korrekt-für-T Annahme:** Jeder Testfall t in T hat bei Ausführung mit P den korrekten Output σ geliefert.

> **Identifikation-obsoleter-Testfälle-Annahme:** Für P′ obsolete Testfälle können identifiziert werden. Ein Testfall t ist obsolet, sofern er einen Input oder eine Input-Output-Relation spezifiziert die inkorrekt für P′ ist.

Um Testfälle in T zu finden die fehleraufdeckend für P' sind, werden mittels einer Routine erst alle obsoleten Testfälle in T identifiziert und aussortiert. Jeder verbleibende Testfall in T wird nun angewandt auf P fehlerfrei ausgeführt, beendet und produziert dabei den korrekten Output (und macht dies auch für P'). Die Testfälle die fehleraufdeckend für P' sind, identifizieren auch gleichzeitig eine Änderung von P nach P'. Sind alle Testfälle gefunden die eine Änderung identifizieren, so sind auch alle fehleraufdeckenden Testfälle gefunden. Jedoch können auch Testfälle, die als obsolet eingestuft worden sind weiterhin gültige Inputs für P' besitzen und damit, wenn ausgeführt auf P', fehleraufdeckend sein.

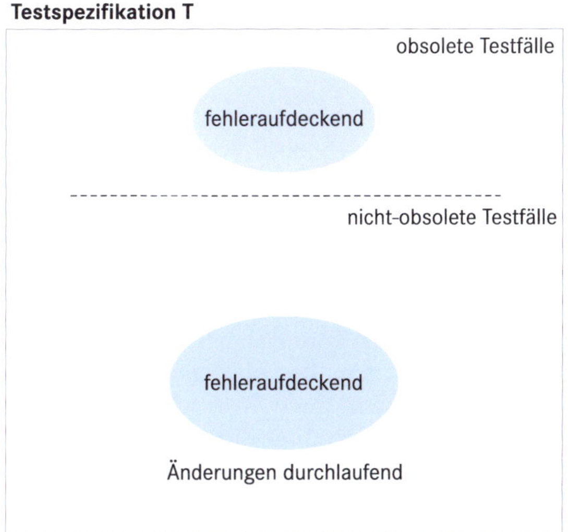

Abbildung 29: Klassifikation von Testfällen zur Wiederausführung für den Regressionstest (nach [112]). Alle nicht-obsoleten, fehleraufdeckenden Testfälle sollten erneut ausgeführt werden und sind durch eine Regressionstestmethodik zu identifizieren.

Es gibt jedoch, auch unter Verwendung der zwei unterstützenden Annahmen, keine bekannte, effektive Methode zur präzisen Identifikation von Testfällen die von P nach P' Änderungen aufdecken [109]. Deshalb wird eine dritte Teilmenge von T definiert (siehe Abbildung 29): die eine Änderung durchlaufenden (*modification-traversing*) Testfälle. Ein Testfall t $\in$ T durchläuft eine Änderung von P nach P', wenn

- er einen neuen oder modifizierten Quellcode in P', oder

- ehemals einen Quellcode ausgeführt hat, der in P' nicht mehr vorhanden ist.

Eine weiterführende Aussage kann unter Hinzunahme folgender Annahme gemacht werden:

Annahme des kontrollierten Regressionstests: Wird P' mit t getestet, so werden alle Faktoren, außer der Quellcode von P', die den Output von P' beeinflussen, konstant in Bezug zu deren Beschaffenheit beim Test von P mit t gehalten.

Diese erlaubt die Aussage, dass nicht-obsolete Testfälle t in T nur dann eine Änderung von P nach P' identifizieren, wenn sie eine Änderung auch durchlaufen. Fehleraufdeckende Testfälle T für P' können demnach nur durch Identifikation von nicht-obsoleten Testfällen in T, die eine Änderung von P nach P' durchlaufen, gefunden werden. Genau dieses Vorgehen wird zur Identifikation der gesuchten Testfälle beschrieben.

4.1.1.1 Bewertungskriterien zum Vergleich der Regressionstestmethodiken

Aufgrund der hohen Anzahl von selektiven Regressionstestmethodiken für verschiedene Anwendungsfälle in der Softwaretechnik (verschiedene Programmiersprachen, Modelle) ist eine direkte Vergleichbarkeit nicht möglich. Von Rothermel [112] wurden deshalb vier abstrakte Kriterien zur Bewertung der Methoden aufgestellt. Diese Kriterien können auch als Ziele verstanden werden, die es zu erreichen gilt. Das Erreichen aller Ziele ist jedoch nicht uneingeschränkt und eindeutig möglich, da diese in ihren Eigenschaften auch gegensätzlich sind und deshalb lediglich eine Kompromisslösung möglich ist.

Definition 21 (Inklusivität). *Inklusivität ist ein Maß zur Beschreibung zu welchem Grad Testfälle von P nach P' eine Änderung aufdecken und für den Regressionstest selektiert wurden. Ziel ist das Erreichen einer 100 %-igen Inklusivität. Angenommen T beinhaltet n Testfälle die von P nach P' eine Änderung aufdecken und dass die Regressionstestmethodik M m dieser Testfälle selektiert. Die Inklusivität von M ist in Bezug auf P, P' und T durch die Prozentzahl*

$$100\% * (m/n) \tag{4.1}$$

gegeben, wenn $n \neq 0$, oder 100 % wenn $n = 0$. M ist sicher, wenn für M 100 % inklusive bezüglich T für P und P' ist [112].

Definition 22 (Präzision). *Präzision ist ein Map zur Beschreibung zu welchem Grad nur jene Testfälle für den Regressionstest selektiert werden, die eine Änderung aufdecken. Ziel ist das Erreichen einer 100 %-igen Präzision. Wenn T n Testfälle enthält, die von P nach P' keine Änderung aufdecken und M berücksichtigt m dieser Tests nicht, so ist die Präzision von M relativ zu P, P' und T durch*

$$100\% * (m/n) \tag{4.2}$$

gegeben, wenn $n \neq 0$, oder 100 % wenn $n = 0$ [112].

Definition 23 (Effizienz). *Die Effizienz einer Regressionstestmethodik beschreibt ein Maß für den Aufwand, der durch die Selektion der Testfälle entsteht. Der Aufwand, wird dabei in eine wirtschaftliche, zeitliche und eine technische Komponente aufgeteilt. Zeitlich gesehen, ist eine Regressionstestmethodik effizienter als ein kompletter Retest, wenn der Aufwand (primär Kosten) für die Selektion der Testfälle für den Regressionstest T' kleiner ist als T - T'. Der technische Aufwand bewertet den Umfang an Information, die für die Regressionstestmethodik erfasst und dokumentiert werden müssen. Darunter fallen primär Testfallhistorien sowie Analyseinformationen, z.B. in Form zusätzlicher Attribute an Testfällen. Ziel ist es eine höchstmögliche Effizienz zu erzielen (nach [112]).*

Definition 24 (Generalität). *Die Generalität einer Regressionstestmethodik beschreibt ihre Eigenschaft in einem weiten Spektrum von Situationen anwendbar zu sein. Darunter fällt im Wesentlichen die Anwendungsmöglichkeit gegenüber einer Anzahl von Programmen P_i, die Anwendbarkeit bezüglich realistischer und praktischer Änderungen an Programmen P_i, die Abhängigkeit von zusätzlichen Annahmen und verwendeter Informationen und die Verfügbarkeit von zu nutzenden Tools zur Analyse. Die Generalität ist anhand dieser Punkte nur qualitativ bewertbar. Ziel ist es eine höchstmöglichste Generalität zu erzielen (nach [112]).*

Wie bereits erwähnt, sind alle Kriterien/Ziele nicht einvernehmlich zu erreichen, da sie teilweise gegenläufig sind. So ist eine erhöhte Präzision einer sicheren Regressionstestmethodik generell nur durch einen erhöhten Analyseaufwand erreichbar. Die Bestrebung nach einer höheren Präzision hat zum Nachteil, dass die Effizienz der Methodik geringer wird. Für nicht sichere Regressionstestmethodiken gilt gleiches für Inklusivität und Effizienz. So kann z.B. eine zu geringe Effizienz den Analyseaufwand so erheblich steigern, dass ein kompletter Retest wirtschaftlicher ist.

Die meisten Faktoren, welche die Generalität beeinflussen, haben zudem eine Auswirkung auf die Inklusivität, die Effizienz oder die Präzision. Bei einer *dataflow* orientierten Regressionstestmethodik führt z.B. die Mitbetrachtung von alias-Informationen zu einer Steigerung der Generalität der Methodik, reduziert jedoch deren Effizienz durch zusätzlichen Analyseaufwand. Methodiken die mehrere Änderungen parallel verarbeiten, verlieren an Effizienz durch eine rekursive Analyse, oder, wenn dies ausgelassen, an Präzision.

4.1.2 Analyse von relevanten, spezifikationsbasierten, selektiven Regressionstestmethodiken

4.1.2.1 DejaVu

In [111] stellen Rothermel und Harrold ihre in das Tool *DejaVu* implementierte Regressionstestmethodik vor. DejaVu soll analysiert werden, da es fester Bestandteil mehrerer, grundsätzlicher Regressionstestansätze ist und weiterführend auch den Grundstein für die Vorgehensweise vieler weiterer Forschungsarbeiten bildet. Die Notation gleicht im Folgenden der in Sektion 4.1.1 definierten. Für die Anwendung liegen die zwei Programme P und P' als Quellcode vor, wobei diese der Einfachheit halber auf kurze Prozeduren reduziert sind.

DejaVu besteht aus einer Reihe von sich ergänzenden konstruktiven und analysierenden Algorithmen, die gesamtheitlich für die Selektion von Regressionstestfällen benötigt werden. Grundsätzlich sind zwei Techniken zu diskutieren, die für die Algorithmen notwendig sind: Die Erstellung von Kontrollflussgraphen und die Instrumentierung des Quellcodes von P.

Kontrollflussgraph: Aus einem Programm P lässt sich ein Kontrollflussgraph (engl. control flow graph, CFG) [89] erstellen. Ein Kontrollflussgraph ist eine abstrakte Darstellung von Quellcode, welche z.B. von Compilern verwendet wird. Er ist ein gerichteter Graph und besteht aus einer Menge von Knoten K und einer Menge von gerichteten Kanten N sowie einem Eingangsknoten $\epsilon \in K$. Es gibt in jedem Kontrollflussgraphen immer eine Verbindung von κ zu allen andern Knoten $\kappa \in \Lambda$. Annahme: Für die Programme P und P' sind die Kontrollflussgraphen CFG(P) und CFG(P') erstellbar.

Codeinstrumentierung: Ein Programm P kann so instrumentiert werden, dass wenn mit einem Testfall t ausgeführt, die Spur S(P,t) des Testfalls durch P aufgenommen werden kann. S(P,t) besteht dabei aus dem vom Testfall t verwendeten Pfad durch P. Annahme: Für eine Testsuite T und ein Programm P existiert ein Testverlauf V(P,T), der sämtliche Spuren S(P,t) enthält.

Durch die Erstellung eines Kontrollflussgraphen eines Programms P besteht eine eindeutige Relation zwischen dem Ausführungsverlauf von P und den Knoten K von CFG(P), der lediglich eine andere Darstellung des Programm P darstellt. Durch eine Abbildung kann jedes Statement des Quellcodes von P mit dem korrespondierenden Knoten K verknüpft werden. Die Testfallspur S(P,t) kann somit in eine Testfallspur S(CFG(P),t) überführt werden. Eine Spur S(CFG(P),t) in Bezug auf einen Knoten K beschreibt den Teil der Spur von dem Eintrittsknoten ϵ bis κ.

Bei einem paarweisen Vergleich von zwei gegebenen Testfallspuren durch einen Kontrollflussgraphen wird überprüft, ob beide Spuren in dem ersten Knoten instrumentiert sind, dann ob sie in dem Folgeknoten instrumentiert sind. Hat ein Testfall t nicht-äquivalente Spuren in CFG(P) und CFG(P′), so erreicht der paarweise Vergleich einen Knoten K und K′ deren Instrumentierungen lexikografisch nicht identisch sind. Die Testfallspuren sind somit äquivalent bis jedoch nicht inklusive K und K′. Gibt es also zwei Testfallspuren S(CFG(P),t) und S(CFG(P′),t) die nicht äquivalent (bis jedoch nicht inklusive K und K′) sind, so durchläuft der Testfall t von P nach P′ eine Änderung, respektive bis jedoch nicht inklusive K und K′ in CFG(P) und CFG(P′).

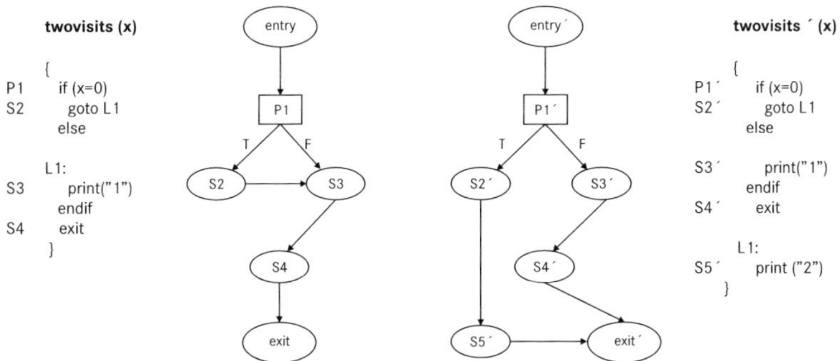

Abbildung 30: Vergleich der zwei Programmversionen P und P′ anhand der erstellten Programmdarstellung CFG(P) und CFG (P′) (nach [110]).

Diesen grundsätzlichen Sachverhalt macht sich DejaVu zu Nutze (siehe Abbildung 30): Der Algorithmus *SelectTests* liest zwei Programme P und P′ sowie die Testspezifikation T für P ein und gibt T′, eine Testspezifikation welche lediglich Änderungen durchlaufende Testfälle für P und P′ enthält, zurück. Dazu wird zuerst die Testsuite T′ initialisiert (= 0) und für die Programme P und P′ jeweils der Kontrollflussgraph CFG(P) und CFG(P′) generiert. Der dann durch *SelectTests* aufgerufene Algorithmus *Compare* vergleicht nun simultan jedes korrespondierende Knotenpaar K und K′ der Kontrollflussgraphen CFG(P) und CFG(P′) auf deren Differenzen. Haben die Knoten K und K′ Folgeknoten, die über nicht identische Kanten verbunden sind, so werden die Testfälle, die die Kante durchlaufen für T′ selektiert, da diese aufgrund einer implementierten Änderung in K′ diese auch durchlaufen. Sind die Folgeknoten über identische Kantenpaare verknüpft, so überprüft *Compare* die Folgeknoten von K und K′.

In einem Beispiel der Gesamtstudie wurde ein Programm P mit dem Namen *replace* mit 512 LOC und 283 Knoten K in CFG(P) untersucht. Hierbei ist P eine Prozedur und das Regressionstestverfahren ist intraprozedural (nicht Testobjekt übergreifend). Durch Ausführen aller Testfälle T auf der neuen Programmversion P′ wurden 302 der 5542 Testfälle als fehleraufdeckend identifiziert. DejVu identifiziert 1012 der 5542 Testfälle als Änderungen durchlaufend und selektiert sie somit für den Regressionstest, darunter befinden sich alle 302 fehleraufdeckenden Testfälle. Das bedeutet, dass die Regressionstestmethodik eine

100%-ige Inklusivität besitzt, jedoch nicht optimal in Präzision ist. Eine weitere Studie mit einem interprozeduralen Regressionsverfahren, dass heisst das Programm P besteht aus mehreren Prozeduren P, wurde anhand eines Programms mit dem Namen *player* durchgeführt. *Player* besteht aus knapp 50000 LOC und 35000 Knoten K in CFG(P). DejaVu selektierte im Durchschnitt 5 % der Testfälle $t \subseteq T$ für den Regressiontest, welches in einer totalen Zeitersparnis von ca. 80 % (Berücksichtigung der Zeit für die Analyse sowie für die Ausführung der Testfälle) gegenüber dem vollen Retest resultierte. Daraus ergibt sich eine gute Effizienz. Die Generalität von DejaVu ist selbstbewertet und als gut bewertet, da intra- und interprozedurale Programme P analysiert werden können.

4.1.2.2 Bewertung von DejaVu

Das Tool *DejaVu* ist ein eindeutiges Beispiel für eine für die Softwareebene entwickelte Regressionstestmethodik. Die Methodik wurde anhand diverser Code-Routinen erprobt, untersucht und dann, aufgrund der hohen Spezialisierung, nur innerhalb von kontrollierten Experimenten an einzelnen Dateien validiert. Dieser eingeschränkte Betrachtungsrahmen auf wenige, spezielle Beispiele war aufgrund der Anforderungen an die Codestruktur nicht vermeidbar, wodurch eine hohe *Generalität* der Methodik nicht gewährleistet ist. Dir *Präzision* der Vorgehensweise ist als sehr gut zu betrachten, die *Inklusivität* ist unter Berücksichtigung der Annahmen in Sektion 4.1.1 gegeben.

DejaVu, welches bis dato ein reines Kontrollflussanalyseprogramm ist, wurde um eine Datenflussanalyse erweitert, um z.B. Abhängigkeiten einer globale Variablendefinition auf Softwareintegrationsebene analysieren zu können [55]. Die Betrachtung und anschließende Implementierung sind sehr erfolgreich, jedoch konnte das Verfahren nicht auf ein Großprojekt übertragen werden. Ausschlaggebend dafür waren zahlreiche Annahmen zur Bewahrung der nötigen *white-box*-Sicht und ein stark an Komplexität gewinnende Informationsverwaltung. Die Skalierbarkeit der Methodik konnte somit nicht ausreichend betrachtet werden.

4.1.2.3 RequirementsRTS

Chittimalli behandelt in seinen Forschungsarbeiten [30] als einer der ersten einen spezifikationsbasierten Ansatz für einen Regressionstest. Der Algorithmus *RequirementsRTS* führt einen selektiven Regressionstest anhand einer Systemspezifikation durch. *RequirementsRTS* erfordert drei Eingaben: R, die (System-) Anforderungen von P, T, die für P abgeleitete Testspezifikation, und C, ein Set von Änderungen von P nach P'. Als Ausgabe erfolgt T', die reduzierte Testsuite zur Ausführung auf P'.

RequirementsRTS basiert auf drei sequentiellen Schritten (Schritt 4 der Methodik, die Priorisierung der Testfälle wird weggelassen, da sie nicht relevant ist):

Schritt 1: Erstellen und Initialisieren der Anforderungsabdeckungsmatrix M

Schritt 2: Identifikation der modifizierten Anforderungen

Schritt 3: Identifikation der Testsuite T′ für P′

Im ersten Schritt wird eine Matrix M = |R|x|T| für P erstellt. Dabei werden die Anforderungen r_i (l $\leqslant$ i $\leqslant$ k $\in$ R) den einzelnen Testfällen t_j (l $\leqslant$ j $\leqslant$ k $\in$ T) gegenübergestellt. Die Matrixfelder m beinhalten jedoch nicht nur eine binäre Überdeckungsinformation, sondern auch einen Kritikalitätswert. Dieser Kritikalitätswert wird von dem Entwickler für jede Anforderung abgeleitet. In der Matrix wird er an die Testfälle vererbt, so dass eine Gesamtkritikalität pro Testfall für dessen Priorisierung errechnet werden kann. Die Erstellung der Matrix erfolgt automatisch per Tool, setzt jedoch die manuelle Instrumentierung des Quellcodes voraus, die im Wesentlichen die Markierung der Routinen/Prozeduren mit einem „Anforderungslabel" vorsieht (siehe Abbildung 31). Mit dieser Information kann der Tester die Testfälle aus der Spezifikation ableiten und verfügt zusätzlich über die Kenntnis der Testfallspur S(P,t).

```
Requirement r2: ATM transaction limit validation

        public bool validateLimit (int amount) {
s6          bool retCode = true;
s7          if (kind == 0) { // ATM withdrawel
s8            if (amount > 1000) {// change c2: if (amount > 1200)
s9              System. err. println("invalid amount for ATM transaction");
s10             errorCode = 2;
s11             retCode = false;
              }
            }
s12         return retCode;
        }


Requirement r3: Funds availability validation
        public bool validateFundsAvailability (int amount) {
s13         bool retCode = true;
s14         if (Account, accountBalance < amount){
s15           System. err. println("insufficient funds in the account");
s16           errorCode = 5;
s17           retCode = false;
            }
s18         return retCode;

        }
```

Abbildung 31: Darstellung der Anforderungsinstrumentierung des Codes (nach [30]).

In Schritt 2 werden mit Hilfe des Algorithmus DejaVOO (zum Vergleich mit DejaVu, siehe Sektion 4.1.2.1) die Kontrollflussdiagramme CFG(P) und CFG(P′) erstellt. Die Knoten K und K′ von den Kontrollflussdiagrammen werden wie bei DejaVu verglichen, bei einer Veränderung identifiziert, dann durch die Instrumentierung mit den betroffen Anforderungen R in Verbindung gebracht, und deren verlinkte Testfälle für T′ vorgesehen. Alternativ kann ein manuell erstelltes Set an Änderungen (bug-fix) in Kombination mit den Anforderungen R eingelesen werden. DejaVOO bildet die Änderungen automatisch auf die betroffenen Anforderungen ab. Auch ist eine direkte Angabe seitens des Entwicklers bezüglich geänderter Anforderungen möglich.

In Schritt 3 können über die Verlinkung von Anforderung und Testfall, sprich über die Matrix M, relativ einfach die für die Regression notwendigen Testfälle t für T' selektiert werden.

In der Studie mit genannter Referenz mit einem Programm P mit einer Größe von 20 KLOC und unbekannter Anzahl an Anforderungen, wurden bei implementierten Änderungen von P nach P' eine Abhängigkeit zu drei Anforderungen festgestellt. Daraus resultiert eine Auswahl an 32 (von 216) Testfällen für den Regressionstest. Anhand einer Analyse stellte sich heraus, dass davon 11 Testfälle *false-positive* sind, also nicht hätten selektiert werden müssen da sie keine Änderungen durchlaufen. Dazu ergibt sich, dass es keine *false-negatives* gab, also Testfälle die nicht selektiert waren, aber hätten selektiert werden müssen. Die Methode ist selbst und als 100%-ig inklusiv bewertet insofern die Codeinstrumentierung und die Abhängigkeiten zwischen Anforderung und Testfall korrekt sind.

4.1.2.4 Bewertung von RequirementsRTS

Mit *RequirementsRTS* hat Chittimalli die Anbindung einer Regressionstestmethodik an eine natürlich-sprachliche Spezifikation entwickelt. Die Anbindung an die Spezifikation ist mit einer Instrumentierung des Codes erreicht. Der Vorteil ist, dass Änderungen an Anforderung direkt auf den Code abgebildet werden können und es somit eine Traceability zwischen den Anforderungen in den Code sowie zu den Testfallspuren gibt. Dies suggeriert im Vergleich zu DejaVu eine höhere *Generalität* sowie eine mögliche Anwendung auf Basis einer nicht-formalen Informationsbasis wie einer Spezifikation. Allerdings ist das Vorgehen der eigentlichen Analyseverfahren analog zu dem von DejaVu. Die Bewertung der Kriterien *Präzision* und *Inklusivität* sind deshalb ähnlich bzw. identisch zu denen von DejaVu. Es liegen jedoch keine wesentlichen Vorteile bezüglich *Generalität* und *Effizienz* gegenüber diesem vor. Dieser Schluss gilt dementsprechend auch für die Skalierbarkeit der Methodik auf größere Projekte.

4.1.2.5 Aktivitätsdiagramme

Die Regressionstestmethodik von Chen [29] [28] verfolgt einen ähnlichen Ansatz wie Chittimalli. Als Darstellung des Systems verwendet Chen sogenannte *Aktivitätsdiagramme* (siehe Abbildung 32). Bei den Aktivitätsdiagrammen, die prinzipiell einem Kontrollflussgraphen mit *data-flow*-Elementen ähneln, können

Knoten verschiedene Formen annehmen, z.B. Aktionszustandsknoten, Entscheidungsknoten, Objektknoten, Synchronisationsknoten sowie Start- und Stopknoten. Kanten repräsentieren einen gewöhnlichen *control-flow*-Ablauf, dem jedoch *data-flow*-Elemente angehängt werden können.

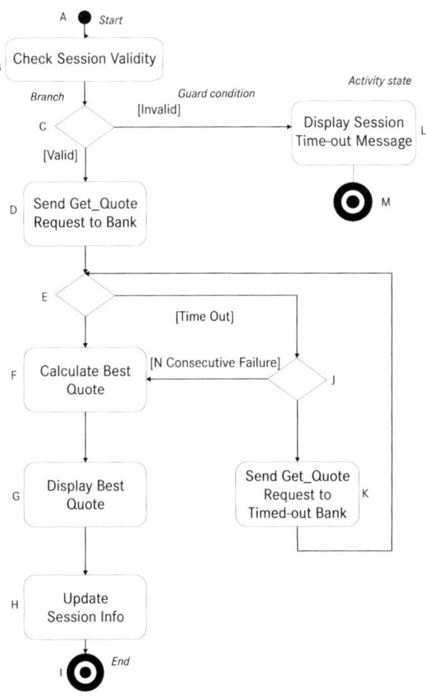

Abbildung 32: Aktivitätsdiagramm als Systemdarstellung zur Anwendung für eine Regressionstestmethodik nach [29] (englisch).

Nach Chen wird die Anforderungsspezifikation als das Ergebnis der Systemkonzeption und der Anforderungsanalyse gesehen. Das Aktivitätsdiagramm wird dazu parallel, hauptsächlich während der Phase der Erfassung der Anforderungen, zur Beschreibung des Systemverhaltens erstellt und den Entwicklern zur weiteren Detaillierung des Designs und als Vorlage für die Implementierung vorgelegt. Wie die eindeutige Zuordnung zwischen Anforderungen und Knoten des Aktivitätsdiagramms realisiert ist, ist jedoch nicht erläutert [27]. Das Ableiten der Testfälle erfolgt nach dem Aktivitätsdiagramm, so dass die Verlinkung von Testfällen mit den Anforderungen nur über das Aktivitätsdiagramm gegeben ist. Jedem Testfall wird manuell mitgegeben, welche Knotenpunkte er im Aktivitätsdiagramm durchläuft.

Chen unterscheidet zwischen zwei Arten der Änderungen: Codeänderungen und Spezifikationsänderungen. Bei einer Codeänderung wird manuell ein „Testprofil" angelegt, in dem die Änderung auf das Aktivitätsdiagramm abgebildet wird. Somit entsteht automatisch eine Verbindung zu den verlinkten Anforderungen. Das Aktivitätsdiagramm ändert sich bei einer Codeänderung nicht. Bei einer Spezifikationsänderung ist das Aktivitätsdiagramm manuell zu ändern. Die Identifikation der betroffenen Knoten erfolgt nach dem Prinzip von DejaVu.

Die Selektion der Testfälle erfolgt automatisch über das Aktivitätsdiagramm, es werden alle Testfälle selektiert, die durch die von Änderungen betroffenen Knoten hindurch verlaufen. Dies beschreibt die Selektion sogenannter *target tests*. Zusätzlich, da keine Inklusivität garantiert werden kann, werden sogenannte *safety tests* gewählt. Dabei werden die nicht als *target tests* ausgewählten Testfälle in *Use-Case*-Szenarien gruppiert (*m:n*), welche je nach Gesamtkritikalität, die sich aus der Kritikalität der einzelnen Testfälle zusammensetzt, zur Testsuite T' hinzugefügt werden können.

In einer Untersuchung [27] mit drei Softwarekomponenten und insgesamt 306 Testfällen wurden alle 9 Fehler gefunden, die 28 Testfälle fehlschlagen ließen. Insgesamt wurden 31,7% der Testfälle selektiert.

4.1.2.6 Bewertung von Aktivitätsdiagrammen

In der Arbeit von Chen, werden *Aktivitätsdiagramme* als Artefakt für die Regressionstestmethode verwendet. Diese müssen jedoch separat aus Spezifikation erstellt werden sowie bei Spezifikationsänderungen aktualisiert werden. Das Verfahren ist, angewandt auf kleinere Projekte sinnvoll, jedoch werden die Aktivitätsdiagramme, die manuell erstellt werden müssen, mit dem Umfang des Testobjektes sehr komplex. In Bezug auf die Skalierbarkeit ist die Pflege der Diagramme folglich mit einem sehr hohen Aufwand verbunden, was die *Effizienz* der Methodik stark einschränkt. Zudem wird nicht dargestellt, wie die *Traceability* zwischen den Aktivitätsdiagrammen und der Spezifikation erstellt wird. Diese wird als gegeben betrachtet [27]. Die *Generalität* des Verfahrens dagegen ist vom Prinzip und auch in Bezug auf einen Regressionstest auf Systemebene akzeptabel, da verschiedenste Systeme damit dargestellt werden können. Jedoch müsste die Methodik für die Anwendung auf die einer Integrationsebene grundlegend angepasst werden, um auch mehrere miteinander in Beziehung stehende Elemente berücksichtigen zu können. Die Anwendung auf mehr als einer Integrationsebene gestaltet sich dagegen schwierig, da das Verfahren dafür nicht ausgelegt ist.

Die *Präzision* der Methodik ist als gut zu bewerten, da mit Hilfe der *target tests* eine sehr selektive Testfallauswahl vorgenommen wird, welche dann um die *safety tests* erweitert wird. Diese zusätzliche Auswahl kann je nach Anwendungsfall die *Inklusivität* zu lasten der *Präzision* erhöhen. Die *Inklusivität* ist im Anwendungsbeispiel gegeben.

4.1.2.7 Weitere Arbeiten

Die vorgestellten Arbeiten beschreiben verschiedene Varianten der gängigsten Vorgehensweise für den selektiven Regressionstest. Es gibt jedoch weitere Forschungsarbeiten mit relevanten Ideen zu dem Gebiet des Regressionstests. Diese sollen hier in Kürze präsentiert werden, um den Blick auf den Themenbereich abzurunden.

Tsai [128] beschreibt die Klassifikation von Testfällen anhand von Attributen, die in mehrere Testszenarien klassifiziert werden. Eine Änderung wird auf ein oder mehrere Testszenarien zugeordnet. Diese beinhalten eine „funktionale Abhängigkeit" zu den korrespondierenden Anforderungen sowie auf umsetzende Softwarebausteine. Nach dem Ausführen der Testfälle eines Szenarios in Bezug auf betroffene Softwarebausteine wird überprüft, inwiefern einzelne Testfälle sowie das Szenario möglicherweise abgeändert/korrigiert werden müssen. Ist eine Änderung notwendig, so wird per *slicing*-Verfahren [68] überprüft, über welche Attribute weitere Testszenarien betroffen sein könnten.

Zhao [129] analysiert die Auswirkung von Änderungen anhand einer Softwarearchitekturbetrachtung. Diese ist nach ihm durch drei grundlegende Typen von Designeinheiten gegeben: *Komponenten*, die eine Softwareeinheit bilden und deren Schnittstelle durch das Element *Port* dargestellt werden, *Konnektoren*, welche die Verbindung zwischen den *Ports* der Komponenten beschreiben und deren Auslegung über das Element *Rolle* definiert ist sowie die *Konfiguration* deren Topologie durch die Elemente *Instanz* und *Anhang* definiert ist. Die Architekturspezifikation AP ist durch $AP(C_m, C_n, C_g)$ gegeben, wobei C_m die Menge an Komponenten in P, C_n die Menge an Konnektoren in P und C_g die Konfiguration von AP ist. Diese Betrachtungsweise ermöglicht es Auswirkungen von Änderungen auf das System über angewandte *slicing*-Operationen auf AP darzustellen.

Paul [102] klassifiziert das System in sogenannte *thin threads*, welche ein minimales Nutzungsszenario des Systems darstellen. Aus Sicht des Nutzers ist es ein vollständiger Use-Case, sprich eine Funktion. *Thin threads* können hierarchisch zusammengefasst werden und sich somit gegenseitig beinhalten. Das Ausführen einer Funktion, die durch einen *thin thread* repräsentiert ist, wird durch *Bedingungen* beeinflusst. Ein *thin thread* wird ausgeführt, sobald alle Bedingungen erfüllt sind. Bedingungen können sich zudem auch gegenseitig beeinflussen. Jedes *thin thread*-Szenario stellt letztenendes einen Basistestfall dar. Eine Kombination dieser Testfälle kann ein umfangreiches Testszenario ergeben. Die Darstellung von Abhängigkeiten der *thin threads* untereinander wird über die Attribute (Input / Output, ...) sowie die Struktur in der Hierarchie ermöglicht. Die Vorgehensweise zur Selektion von Testfällen wird nicht erläutert.

Leung [84] betrachtet als einer der wenigen den Regressionstest auf der Softwareintegrationsebene. Das Softwaresystem wird in ihre Module unterteilt, die in einem Kontrollflussgraphen aufgehängt werden können. Für jede Moduleinheit sind deren Modul- und Integrationstests inklusive der Testfallspuren bekannt. Nach einer implementierten Änderung wird jedes der Module in eine der drei Gruppen *NoCh*, *CodeCh*, oder *SpecCh* klassifiziert. *NoCh* bedeutet, dass das Modul keiner Änderung unterlegen ist, *CodeCh* bedeutet eine Codeänderung ohne Spezifikationsänderung und *SpecCh* eine Codeänderung mit Spezifikationsänderung. Ziel ist die Erstellung einer *firewall*, d.h. eines umgrenzten Gebietes, welches erneut getestet wird. Ausgangspunkt für die Auswirkungsanalyse sind immer Module mit der Klassifikation *CodeCh* und *SpecCh*. Ein Regelwerk besagt, inwiefern ein Fehler zwischen zwei Klassifikationen (z.B. *CodeCh* zu *NoCh*) weitervererbt werden kann, woraus eine Bewertung der Wiederverwendbarkeit der Testfälle entsteht. Diese gibt an in welcher Form die Testfälle für den Regressionstest ausgewählt werden müssen. Die *firewall* umgrenzt anfangs nur einzelne, geänderte Module, kann jedoch nach einigen Iterationsschritten auch ganze Teile des Kontrollflussdiagramms beinhalten.

4.1.3 Evaluierung des Einsatzpotentials der Methodiken für den E/E-Regressionstest

Bei der Anwendung gegebener Methodiken auf E/E-Systemebene sind einige Restriktionen gegeben. Bei den in Sektion 4.1.1 diskutierten Ansätzen handelt es sich, trotz der in den Vordergrund gestellten spezifikationsbasierten Verfahren, ausschließlich um *white-box*-Methodiken. Ungeachtet einer großen Vielfalt an verschiedenen Ansätzen zur Lösung der Problematik ist meistens ein ähnliches Prinzip als Vorgehensweise gewählt. Das hat zur Folge, dass diese Ansätze, wenngleich unterschiedlicher Auslegung, mit ähnlichen Restriktionen aufwarten. Dieser Sachverhalt wird durch ein Dossier von Engström, in dem bestehende Verfahren ihres Ansatzes nach in verschieden Gruppen klassifiziert wurden, grundsätzlich bestätigt [38] [39]. Ziel der folgenden Analyse ist es, gegebene Restriktionen zu identifizieren und anhand der drei vorgestellten selektiven Regressionstestmethodiken zu bündeln und zu verifizieren.

4.1.3.1 Fokussierung auf Präzision und Inklusivität

Da die in Sektion 4.1.1.1 vorgestellten Bewertungskriterien für Regressionstestmethodiken in einer derartigen Abhängigkeit zueinander stehen, dass ein vollständiger Erfüllungsgrad aller Kriterien nicht bzw. nur sehr schwer erreicht werden kann, muss für die Entwicklung einer neuen Methodik eine Priorisierung dieser Kriterien vorgenommen werden. Die Priorisierung gibt vor, auf welches Kriterium ein besonderer Fokus gelegt wird, d.h. ein hoher Erfüllungsgrad erzielt werden soll. Typischerweise sind entweder die Kriterien *Inklusivität* und *Präzision*, oder *Effizienz* und *Generalität* eine gut miteinander kombinierbare Wahl (siehe Sektion 4.1.1.1).

Die Testobjekte der vorliegenden Veröffentlichungen liegen entweder als *Source Code* oder als Modell vor. Diese Implementierungsform erlaubt eine beliebig tiefgehende Analyse der Artefakte, wodurch es sich anbietet, den Fokus der Untersuchungen auf die Kriterien der *Inklusivität* und *Präzision* zu legen. Dieser Ansatz wird von den analysierten Arbeiten mehrheitlich verfolgt, hat jedoch zur Konsequenz, dass die Anwendbarkeit der Methodiken sehr restriktiv ist. Dies ist im Detail auf die folgenden Punkte zurückzuführen:

4.1.3.2   Betrachtungsumfang: Spezialisierung auf ein autarkes Testobjekt (I)

Die Testobjekte auf Softwaremodulebene bieten durch ihren *white-box*-Charakter eine vollständige Informationsbasis an. Dies besitzt zwar die erwähnten Vorteile hinsichtlich einer Analyse zum Erreichen einer hohen *Inklusivität* und *Präzision*, jedoch zeichnen sich dafür entwickelte Verfahren vor allem auch dadurch aus, dass sie sehr auf das Testobjekt abgestimmt sind. So ist z.B. eine Regressionstestmethodik für eine Java-Applikation bei Organisation A nicht mehr auf eine Java-Applikation bei Organisation B übertragbar, da z.B. andere Programmierrichtlinien verwendet wurden oder eine benötigte Code-Instrumentierung nicht anwendbar ist. Zusätzlich ist es im heutigen High-Tech Zeitalter bereits möglich Projektarbeiten dezentral durchzuführen. Das bedeutet, dass Teilapplikationen sogar in verschiedenen Programmiersprache programmiert sein können. Daraus wird ersichtlich, dass die aus der Spezialisierung entstehenden Vorteile attraktiv für kleine, lokal abgegrenzte Projekt sind, deren Nachteile jedoch für größere Vorhaben nicht mehr vertretbar sind.

> **Restriktion 1.** *Die Spezialisierung auf Testobjekte ist eine ausschlaggebende Randbedingung für einen nur unzureichenden Erfüllungsgrad der Methodiken in dem Kriterium Generalität.*

4.1.3.3   Informationsgrundlage: Benötigte *white-box*-Informationsbasis (II)

Die Verwendung einer vollständigen Informationsbasis hat neben der Spezialisierung auf ein Testobjekt weitere Nebeneffekte. So müssen die Informationen, welche zur Ausführung der Regressionstestmethodik ausgelesen bzw. generiert, nach ihrer Verwendung gespeichert sowie verwaltet werden. Dazu gehören vor allem die Artefakte der Strukturanalyse (z.B. Kontrollflussdiagramm) sowie die Spuren der Testfälle durch das Artefakt. Auf der Softwaremodulebene sind diese Mehraufwände bei vielen Methodiken durch ein automatisiertes Vorgehen noch soweit zu minimieren, dass der Regressionstest insgesamt effizienter ist als der vollständige Retest.

Das Problem entsteht jedoch bei dem Versuch die Methodiken auf eine höhere Teststufe zu übertragen. Bereits ab der Softwareintegration einzelner Module sind viele der benötigten Informationen nicht mehr verfügbar, nur noch schwer bzw. nur mit einem hohem Aufwand zu ermitteln, oder sind nicht mehr sinnvoll zu verwenden ([84], [131]). Dies reduziert die Anwendbarkeit einer Regressionstestmethodik enorm. Zum einen ist es technisch sehr schwierig die Methodik so anzupassen, dass sie weniger Information zur Ausführung benötigt. Zum anderen ist es ebenso sehr aufwendig das Testobjekt so auszulegen, dass die Methodik anwendbar wird. Realistischerweise kann die Zielsetzung eines hohen Erfüllungsgrades in *Präzision* und *Inklusivität* auf höheren Teststufen nicht mehr gewährleistet werden.

Im Fall von Großprojekten kommt erschwerend hinzu, dass Applikationen in der Regel nicht zentral von einem Team oder einer organisatorisch strikt zusammenhängenden Einheit entwickelt werden, sondern meistens dezentral angelegt sind, wodurch die vorhandenen Informationsgrundlagen auf den untersten Entwicklungsebenen stark schwankend sein können. Im Zusammenhang mit Punkt I entstehen organisatorische Problematiken, die ohne weiteres nicht lösbar sind.

> **Restriktion 2.** *Die Verwendung einer white-box-Informationsbasis zur Steigerung der Präzision birgt einen sehr hohen Aufwand, welche die Effizienz der Methodik stark begrenzt.*

4.1.3.4 Skalierbarkeit: Hoher Aufwand und ungelöste Problematiken (III)

Die Skalierbarkeit bestehender Methodiken ist ein weiterer, zu lösender Aspekt. Für die Regressionstestmethodiken werden meist nur exemplarische Code-Routinen oder einzelne Softwaremodule herangezogen, welche die Funktionalität und Anwendbarkeit der Methodiken darstellen können, jedoch keinerlei Aufschluss darüber bieten, ob die Verfahren auch auf größere, komplexere Testobjekte übertragen werden können. Nach [56] ist es sogar nicht gegeben, dass sich die erzielten Ergebnisse jeweils auf andere Testobjekte übertragen lassen. Dazu kommt, dass bei industriellen Großprojekten zusätzlich technische und organisatorische Aufwände entstehen, welche potentiell skalierbare Methodiken kompliziert und aufwendig werden lassen [100]. Dies kann zum Beispiel das stetig zu wiederholende Erstellen von Artefakten zur Analyse sein. Diese Aspekte waren jedoch bisher noch nicht Gegenstand von ausführlichen Untersuchungen, da der Fokus hauptsächlich auf der Optimierung der Kriterien *Präzision* und *Inklusivität* lag.

> **Restriktion 3.** *Derzeit ungelöste Problematiken in Bezug der Skalierbarkeit der bestehenden Methodiken erschweren deren Anwendung bei Großprojekten stark (niedrige Generalität).*

4.1.3.5 Fazit

Die in Sektionen 4.1.1 und 4.1.3 bewerteten Rahmenbedingungen und genannten Restriktionen lassen den Schluss zu, dass es zur Zeit keine adäquaten

Regressionstestmethodiken zur Anwendung auf (E/E-)Systemebene gibt. Auch eignen sich die genannten spezifikationsbasierten Vorgehensweisen nicht dazu auf die Systemebene migriert zu werden. Der Grund dafür ist insbesondere der, dass die Spezifikation des untersuchten Testobjektes jeweils nur als Basis für ein zusätzlich zu erstellendes Systemmodell verwendet wird. Dazu ist zusätzlich der Fokus auf einen hohen Erreichungsgrad des Bewertungskriteriums *Präzision* als ein Umstand für die identifizierenden Restriktionen zu nennen. Eine Zusammenfassung der Zielsetzungen und der Bewertung gegebener Regressionstestmethodiken ist in den Abbildungen 33a und 33b dargestellt.

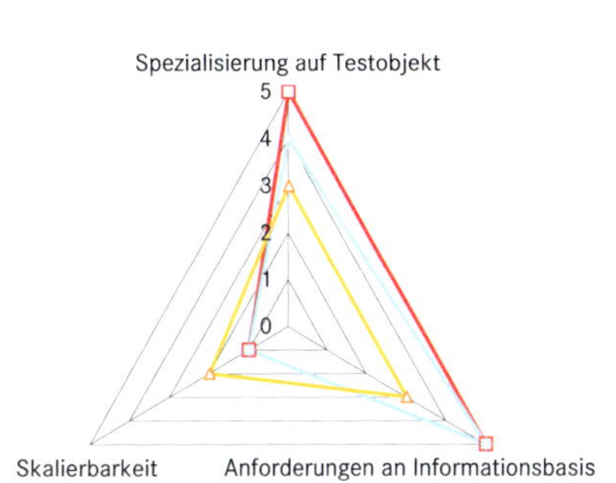

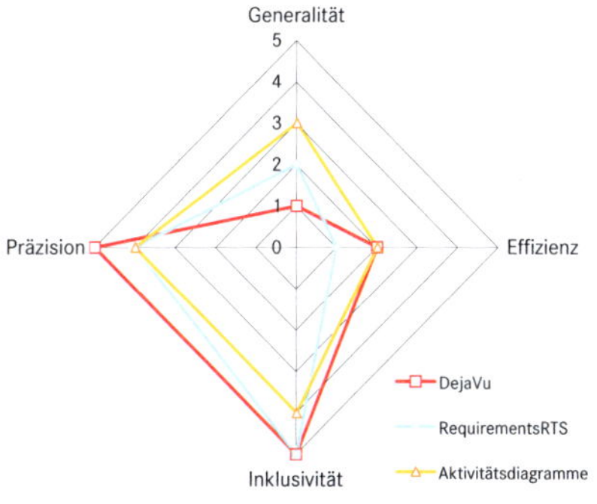

(a) Bewertung der Restriktionen bestehender Regressionstestmethodiken.

(b) Klassifizierung bestehender Regressionstestmethodiken anhand der Bewertungskriterien.

Abbildung 33: Bewertung bestehender Regressionstestverfahren nach den in den Sektionen 4.1.1.1 und 4.1.3 beschriebenen Kriterien.

4.1.4 Anforderungen der E/E an eine Regressionstestmethodik

Im Folgenden soll auf die Anforderungen eingegangen werden, die an eine Regressionsmethodik im Bereich der E/E-Entwicklung bestehen. Die Betrachtung wird in Berücksichtigung der spezifischen Herausforderungen und Randbedingungen in der teststufenübergreifenden Umgebung der Automobilindustrie durchgeführt (siehe Abbildung 34). Dies ist durchaus als eine Spezialisierung jedoch nicht als eine Einschränkung zu verstehen, da eine breite Anwendbarkeit der Methodik bei Herstellern sowie Zulieferern angestrebt wird.

4.1.4.1 Zielsetzung einer E/E-Regressionstestmethodik

Der Bedarf an anwendbaren Regressionstestmethodiken ist hoch, jedoch fand aufgrund eines zu Sektion 4.1.1.1 gegensätzlichen Anforderungsprofils bis jetzt

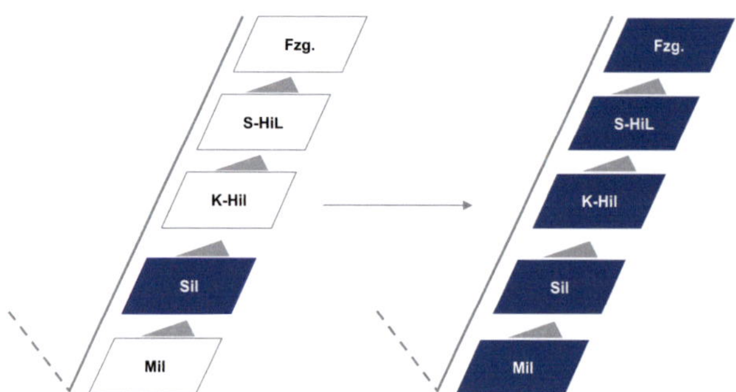

Abbildung 34: Bestehende Regressionstestmethodiken im Bezug zu dem V-Modell (links) sowie der gewünschte Umfang einer E/E-Regressionstestmethodik (rechts).

keine erfolgreiche Adaption der bestehenden Methodiken statt. Das Anforderungsprofil lässt sich dabei gut anhand der definierten Bewertungskriterien darstellen. Aufgrund der großen Vielfalt an verschiedenen E/E-Systemen in einem Automobil, sei es ein Regelsystem (z.B. Fahrerassistenzsystem) oder ein zustandbasiertes System (z.B. Außenlicht), ist das Kriterium *Generalität* von höchster Bedeutung (siehe Abbildung 35). Die Regressionsmethodik muss deshalb querschnittlich zur Anwendung kommen können.

Des Weiteren darf die Methodik das wirtschaftliche Ziel der Organisation nicht verfehlen und muss effizient anwendbar sein. Die *Effizienz* ist zum einen dadurch gegeben, dass die Methodik sich keiner aufwendigen, zusätzlichen Erstellung von Artefakten bedient sowie ohne eine weitreichende Änderung etablierter Vorgehen auskommt. Zum anderen müssen, wie Harrold [56] bereits verdeutlicht hat, die Regressionstestmethodiken dahingehend optimiert werden, dass deren Aufwand zur Ausführung stark reduziert wird.

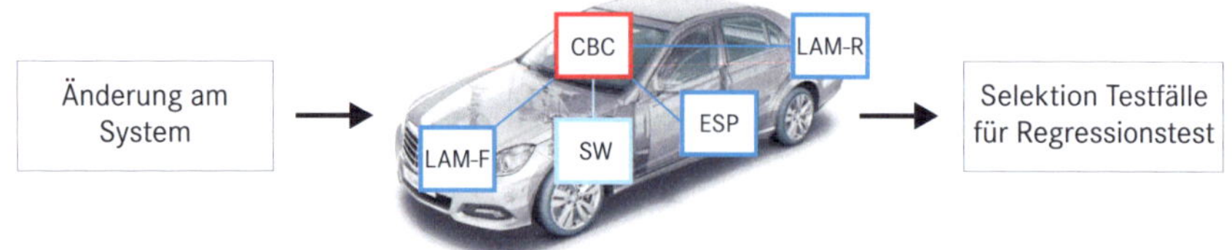

Abbildung 35: Der E/E-Regressionstest erfordert eine hohe Generalität zur gleichzeitigen Betrachtung der Software- (hellblau), Komponenten- (rot) und Systemebene (blau).

Ziel sollte es also sein, nicht unbedingt einen sehr effektiven (im Sinne der *Präzision* und *Inklusivität*) Regressionstest unter hohem Aufwand durchzuführen, sondern den Testumfang anhand eines akzeptablen Aufwands so weit wie möglich zu reduzieren. Die zentrale Herausforderung ist der Ausschluss möglichst vieler Testfälle zu erzielen. Im Folgenden werden die Anforderungen an eine E/E-Regressionstestmethodik identifiziert und der Handlungsbedarf in Form von Zielen ermittelt.

4.1.4.2 Betrachtungsumfang: Generalisierung auf System- und Fahrzeugebene (I)

In der E/E-Entwicklung werden, obwohl diese mehrheitlich sehr software-lastig ausgelegt ist, Entwicklungsartefakte auf der Systemebene im V-Modell beschrieben. Es handelt sich dabei meist um die Spezifikation eines Systems, welche dessen (Software-) Funktionalität unter Berücksichtigung der technischen Randbedingungen und Verfügbarkeiten der Hardware (u.a. der Komponenten) beschreibt. In manchen Domänen spricht man hier sogar von einer Funktionsspezifikation (*function specification*).

Diese Vorgehensweise der Beschreibung des Testobjekts ist dabei sehr abstrakt und die aus der Implementierung entstehende Detaillierung des Testobjektes ist oft nicht zugänglich. Daraus resultiert, dass eine potentielle Regressionstestmethodik nur sehr generell agieren und nicht auf ein bestimmtes Testobjekt zugeschnitten sein kann. Das hat ebenso den Vorteil, dass die Regressionstestmethodik mit allen Systemen verwendet werden kann und die Implementierung der Testobjekte nicht auf Gegebenheiten der Regressionstestmethodik angepasst werden muss.

Auf der Ebene des Systemtests ist ein deutlicher Vorteil durch eine Regressionstestmethodik bereits dadurch gegeben, wenn ein gewisser Teil der Testfälle nach einer Änderung nicht erneut ausgeführt werden muss. Dies resultiert vor allem daraus, dass die Testfälle auf dem K-HiL, dem S-HiL oder im Fahrzeug durchgeführt werden und die Ausführung eines einzelnen Testfalls dort sehr aufwendig sein kann sowie viel Zeit und Ressourcen beansprucht. Gerade auf Fahrzeugintegrations- und Fahrzeugebene können die Testfälle zudem nur mit einem relativ geringen Automatisierungsgrad durchgeführt werden; der Einsatz einer Regressionstestmethodik rentiert sich hier als eine stark effizienzsteigernde Maßnahme. Zusätzlich zu berücksichtigen sind zudem noch variable Aufbauten und vielfältige Parametrierungsmöglichkeiten des HiLs sowie die Varianten des Testobjektes. Der Punkt, an dem sich der Einsatz einer Regressionstestmethodik auf Systemebene rentiert, ist also im Gegensatz zur Softwareunitebene schneller erreicht. Eine hohe *Präzision* bei der Selektion der Testfälle ist erstrebenswert, jedoch gleichzeitig nicht erforderlich um einen spürbaren Vorteil gegenüber dem Retest zu erzielen.

> **Zielsetzung 1.** *Ziel ist es eine teststufenübergreifende Regressionstestmethodik mit einer hohen Generalität zu entwickeln, die vor allem auf der abstrakten, hohen Entwicklungsebene angewandt werden kann.*

4.1.4.3 Informationsgrundlage: Abstrakte Informationsbasis (II)

Aus der Generalisierung entsteht eine weitere Randbedingung mit großer Tragweite. Die Enwicklungsartefakte, also die Spezifikation sowie die Testspezifikation, liegen meist in Form von natürlich sprachlich verfassten Anforderungen und Testfällen vor. In der Spezifikation können zwar Zustandsautomaten, Funktionsabläufe etc. abgebildet sein, jedoch wird kein formales, über die Entwicklungsabteilungen einheitliches, separates Artefakt generiert. Im Falle einer Softwareentwicklung liegt zwar unter Umständen ein Modell vor, auch wird der Grad einer Strukturüberdeckung errechnet, jedoch ist für die wesentlichen Systemtestfälle, welche die Interaktion der Funktionalität mit allen Komponenten im System testen, keine andere Darstellung des Systems außer der Spezifikation vorhanden.

Die *Generalität*, der auf der Systemebene gegebenen Informationsbasis, schränkt die Möglichkeiten einer Regressionstestmethodik somit stark ein. Gleiches gilt auch für verfügbare Informationen der Testspezifikation. Anhand der abstrakten Darstellung des Systems ist z.B. die Auswertung der Testfallspuren nur schwer möglich, da eine geeignete Referenz fehlt. Es ist zwar theoretisch möglich eine Art „Pfad" des Testfalls durch das am HiL eingebundene System (in diesem Fall: durch die einzelnen Komponenten) festzuhalten, davon ist jedoch abzusehen. Das Festhalten sämtlicher Konfigurationsdaten des HiLs (siehe Reifegradentwicklung) sowie der Aufwand zur Vereinheitlichung der verschiedenen HiL Protokolle ist immens und praktisch nicht leistbar. Ein Regressionstestvorgehen nach dem *white-box*-Prinzip ist somit grundsätzlich nicht zielführend.

> **Zielsetzung 2.** *Ziel der Regressionstestmethodik ist es, die Informationsbasis der Systemspezifikation und Testspezifikation so darzustellen und mit Artefakten sinnvoll zu erweitern, dass eine Regressionstestanalyse (Abhängigkeitsanalyse) durchgeführt werden kann. Als grundlegende Basis sind die Spezifikationen sowie die Verlinkung zwischen Anforderungen und Testfällen zu verwenden.*

4.1.4.4 Skalierbarkeit: Notwendige Bedingung (III)

Die Skalierbarkeit ist ein sehr wichtiger Faktor für den Erfolg einer Regressionstestmethodik, gerade bei Projekten mit E/E Umfängen. Eine separate Erstellung einer Systemdarstellung oder die Instrumentierung der Implementierungen sind, wie bereits identifiziert, als nicht praktikabel zu bewerten.

Dient jedoch das Spezifikationsdokument selbst als Basis für die aufsetzende Regressionstestmethodik, so wird die Implementierung des Testobjektes nicht direkt betrachtet. Daraus resultiert eine Unabhängigkeit zwischen der Systemdarstellung und der Implementierung, ein Skalierungsproblem tritt bei durchdachten Ansätzen nicht auf. Diese ist auch dadurch zu begründen, dass über eine Analyse der Anforderungen sowie der Testfälle aus Sicht der Methodik kein Aufschluss darüber gewonnen werden kann, wie groß das Testobjekt ist. Solange definierte Strukturen in den Spezifikationsdokumenten eingehalten werden, stellt die Skalierbarkeit diesbezüglich keine Randbedingung dar.

Anders verhält es sich mit der Instrumentierung der Spezifikation. Eine Regressionstestmethodik wird sich nicht ausschließlich auf der bestehenden Spezifikationsstruktur aufsetzen lassen. Dies erfordert einer Erweiterung des Dokumentationsframeworks mit gezielten Informationen. Hierbei sollte darauf geachtet werden, dass dies ohne einen großen Mehraufwand möglich ist.

> **Zielsetzung 3.** *Ziel ist es, die Instrumentierung/Erweiterung der Systemdarstellung prozessorientiert zu gestalten, so dass diese in allgemeine, bestehende Abläufe effizient integrierbar ist und kein erheblicher Zusatzaufwand entsteht.*

4.1.4.5 Fazit

Im Vergleich den Abbildungen 36a und 36b ist gut zu sehen, dass die zu entwickelnde Regressionstestmethodik auf E/E-Systemebene grundsätzlich anders auszulegen ist als die vorgestellten Regressionstestmethodiken. Um die genannten Restriktionen zu umgehen und einen hohen Erreichungsgrad der Zielsetzung und insbesondere der Bewertungskriterien *Generalität* und *Effizienz* zu erreichen, soll in dem im Folgenden vorgestellten Konzept erstmals die Spezifikation selbst als Systemmodell/Systemdarstellung verwendet werden. Wie bereits erfasst, müssen bei den Kriterien der Präzision Abstriche gemacht werden. Hier stellt sich die Frage, inwiefern dieses Bewertungskriterium im Sinne der Literatur überhaupt sinnvoll ist, da es aufgrund der Abstraktionsebene nicht gezielt optimiert werden kann. Die *Inklusivität* der Methodik lässt sich im Fall des E/E-Regressionstest ebenfalls nicht formal beweisen. Zudem kann das Kriterium Inklusivität lediglich empirisch nachgewiesen werden, was jedoch vorerst nicht im Fokus stehen soll, da zu gewissen festen Zeitpunkten (z.B. Musterstände oder Straßenzulassung des Fahrzeuges) aus Sicherheitsgründen weiterhin ein kompletter Retest durchgeführt werden muss.

Anhand der Formulierung der in dieser Sektion abgeleiteten Ziele und Zielsetzungen und deren Bewertung (siehe Abbildungen 36a und 36b) sollen nun im Rahmen der Konzepterstellung in Sektion 4.2 Anforderungen für die Entwicklung des Konzepts gestellt werden.

4.2 Konzept für eine E/E-Regressionstestmethodik

In dieser Sektion wird das auf den Zielsetzungen von Sektion 4.1.4 aufbauende Konzept einer spezifikationsbasierten Regressionstestmethodik für E/E-System

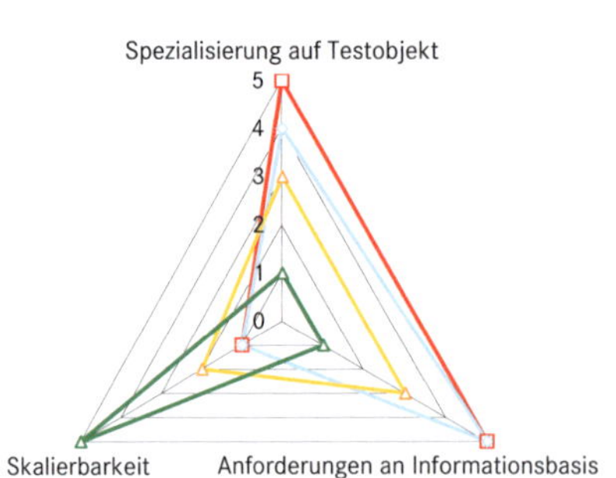
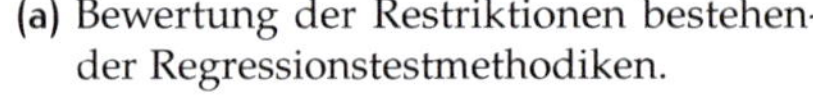

(a) Bewertung der Restriktionen bestehender Regressionstestmethodiken.

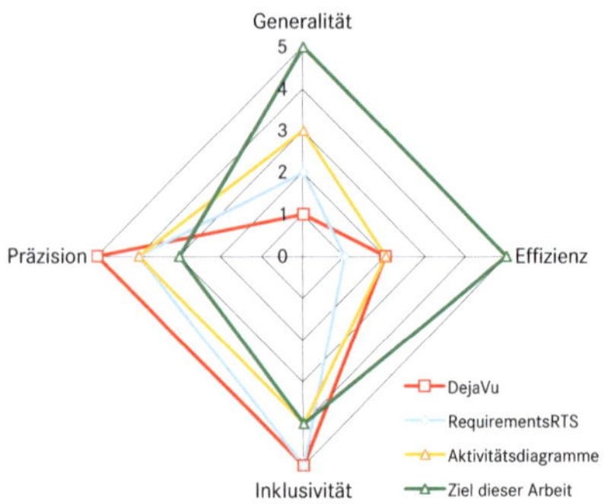

(b) Klassifizierung bestehender Regressionstestmethodiken anhand der Bewertungskriterien.

Abbildung 36: Bewertung bestehender Regressionstestverfahren nach den in den Sektionen 4.1.1.1 und 4.1.3 beschriebenen Kriterien.

entwickelt. Im Fokus steht die Definition einer übergeordneten Vorgehensweise für die Ausarbeitung der Regressionstestmethodik sowie die Formulierung von umzusetzenden Anforderungen an die einzelnen Bestandteile des Konzeptes. Diese sind wie folgt definiert:

I) Entwicklung einer standardisierten Teststrategie,

II) Entwicklung einer geeigneten Systemdarstellung und

III) Entwicklung einer Regressionstestanalyse.

Wie zu erkennen ist, ist durch die Hinzunahme der Teststrategie (I) die typische Unterteilung der Regressionstestmethodiken in die Punkte Systemdarstellung (II) und Regressionstestanalyse (III) auf der E/E-Systemebene nicht mehr gegeben. Die Entwicklung einer standardisierten Teststrategie dient vor allem dazu die Konformität mit bestehenden Normen herzustellen sowie zusätzliche Informationen über die erstellten Testfälle zu gewinnen. Dies ist essentiell, da eine aus den *white-box*-Verfahren bekannte Testfallspur auf Grund der Abstraktionsebene nicht generiert werden kann.

Die beiden anderen Bestandteile des Konzeptes beschreiben im Sinne der Literatur die eigentliche Regressionstestmethodik. Zunächst muss eine geeignete *Systemdarstellung* entwickelt werden, die sämtliche Testobjekte des Systems anhand einer festen Struktur so beschreibt, dass eine darauf aufsetzende *Regressionstestanalyse* integriert werden kann. In der Regressionstestanalyse ist dabei zu beschreiben, wie die Abhängigkeiten genutzt (verfolgt) werden müssen, um eine geeignete Auswahl an Testfällen zu selektieren.

Der Aufbau der Methodik inklusive der drei genannten Bestandteile ist in Abbildung 37 dargestellt. Anhand diesen Schemas wird in den Kapiteln 5, 6

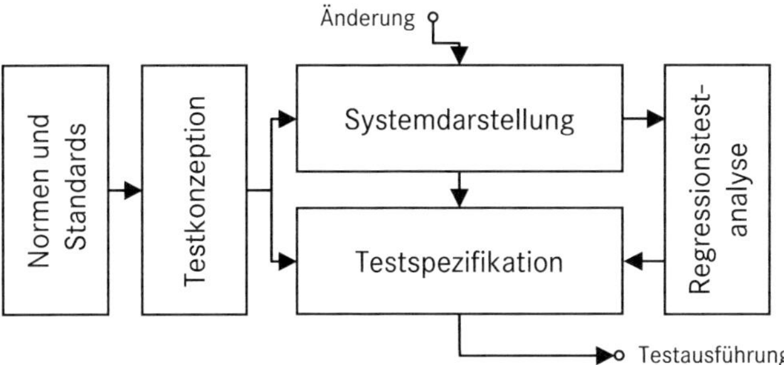

Abbildung 37: Schematische Darstellung des methodischen Konzeptes zur Entwicklung einer Regressionstestmethodik für E/E-Systeme.

und 7 die Realisierung der Methodik beschrieben. Zunächst sollen jedoch die Anforderungen an die jeweiligen Bestandteile formuliert werden, die es zu erfüllen gilt.

4.2.1 Entwicklung einer standardisierten Teststrategie

Mit Hilfe einer Teststrategie soll das Ziel erfüllt werden, die Ableitung der Testfälle für verschiedene Projekte einheitlich und nachvollziehbar zu gestalten. Dazu sind wichtige Kenngrößen wie Teststufen, -ziele, -kriterien und -methoden miteinander abzustimmen, um weitere Informationen über den Inhalt und die Existenz von Testfällen zu erhalten. Zu der Teststrategie gehören ein einheitliches Vorgehen für die Testfallableitung sowie einheitliche Dokumentationsstrukturen.

Bevor dies jedoch angegangen wird, muss zunächst ein einheitliches Verständnis darüber hergestellt werden, was ein Testobjekt eigentlich ist. Dies ist von Relevanz, da es die Grundlage für die Gestaltung einer geeigneten Systemdarstellung bildet. Es ist notwendig, festgelegte Typen von Testobjekten in klar strukturierte und voneinander abgrenzbare Einheiten zu überführen, um diese anhand von zu definierenden Abhängigkeiten in Beziehung setzen zu können[1]. Ein weiterer Grund für die Notwendigkeit solcher Überlegungen ergibt sich durch die enorme Größe eines E/E-Systems im Vergleich zu den vorgestellten *white-box* Testobjekten. Die Betrachtung einer hierarchischen Abgrenzung von Systembestandteilen/Testobjekten ist unentbehrlich, um die Integration der auf den verschiedenen Teststufen stattfindenden Absicherung ganzheitlich zu behandeln.

---

1 Bei den untersuchten *white-box*-Methodiken ist diese z.B. in Form der CFG-Diagramme gegeben, in denen jeder Knoten und jeder Zweig einer eigenen Einheit entspricht, die als Ankerpunkt zur Darstellung von Abhängigkeiten genutzt werden kann.

Anforderung 1. *Abgrenzung von Testobjekten / zu verifizierenden Einheiten.*

Ein weiterer Punkt ist, dass die Implementierung einer Regressionstestanalyse nur unter Einhaltung der Norm ISO 26262 möglich ist. Dies erfordert, dass die aus der Spezifikation abgeleiteten Testfälle unter Anwendung einer systematischen *Teststrategie* erstellt worden sind. Ziel der Teststrategie muss es also auch sein, sämtliche normativen Rahmenbedingungen zu erfüllen.

Anforderung 2. *Normenkonformität der Testfallermittlung / Testspezifikation.*
(Konformitätskriterium)

Für die Ableitung der Testspezifikation ergeben sich aus Sicht der Regressionstestmethodik mehrere Anforderungen an die Teststrategie. Als erstes muss sichergestellt werden, dass alle Aspekte des Testobjektes systematisch und ausreichend abgesichert werden. Diese *Vollständigkeit der Testspezifikation*[2] ist wie folgt definiert:

Definition 25 (Vollständigkeit der Testspezifikation). *Die Vollständigkeit der Testspezifikation für ein E/E-System ist erreicht, wenn mit der Summe der abgeleiteten Testfälle die festgelegten Testziele erfüllt werden können.*

Diese Forderung ist eine essentielle Voraussetzung für die Anwendung einer Regressionstestmethodik, da eine Selektion von Testfällen aus einer unvollständigen bzw. lückenhaften Testspezifikation nicht sinnvoll ist.

Anforderung 3. *Vollständigkeit der Testspezifikation.*
(Vollständigkeitskriterium)

Eine weitere Anforderung, welche auch in Anforderung 3 einfließt, ergibt sich aus der geeigneten Zuordnung von Testfällen zu Teststufen. Eine korrekte Zuordnung ist erforderlich, da die Auswirkungsanalyse von der Existenz von geeigneten Testfällen auf jeder Teststufe ausgehen muss[3].

---

2 Da Testen ein Stichprobenverfahren ist, kann keine absolute Vollständigkeit des Testens erreicht werden (siehe 25).

3 Ein Beispiel: Ein definierter Testfall zur Überprüfung einer funktionalen Abhängigkeit kann absichtlich einer redundanten Zuordnung auf z.B. der Komponenten- und Systemebene zugeteilt sein. Wird nun beispielsweise eine Auswirkung einer Änderung an einem Steuergerät I auf ein weiteres Steuergerät II analysiert, so bewegt sich der Betrachter automatisch auf der Systemebene. Der Testfall, der für das ungeänderte Steuergerät II als Komponententest durchgeführt wird, kann nicht betroffen sein. Der gleiche Testfall als Systemtest durchgeführt, kann jedoch eine potentielle Auswirkung aufdecken. Für den Test von E/E-Systemen reicht es also nicht die richtigen Testfälle abgeleitet zu haben, sondern diese müssen auch auf der richtigen Teststufe ausgeführt werden.

Anforderung 4. *Korrektheit der Zuordnung von Testfällen zu Teststufen.*
(Vollständigkeitskriterium)

Das Ziel und Ergebnis einer Teststrategie ist es neben den zuvor genannten
Punkten auch die Effizienzsteigerung der Methodik zur Testfallermittlung
gegenüber einem nicht systematischen Vorgehen. Mit Hilfe der integrativen
Betrachtung aller Teststufen und systematischen Ableitung der Testfälle soll vor
allem auch deren Anzahl minimiert werden. Das heißt, es sollen nur Testfälle
abgeleitet werden, deren Ausführung auch sinnvoll ist.Diese Minimierung des
initialen Testumfangs wirkt sich direkt in einer weiteren Effizienzsteigerung
der Regressionstestmethodik aus, da die Anzahl der selektierten Testfälle pro
erneut zu verifizierendem Testobjekt ebenfalls reduziert wird.

Anforderung 5. *Optimierung / Minimierung der Testspezifikation.*
(Effizienzkriterium)

Ein zusätzliches Ziel der Standardisierung der Teststrategie ist die Ableitung
von einheitlichen Informationen über jeden Testfall, welche Auskunft darüber
geben sollen, wofür der Testfall benötigt wird. Dies soll dazu verwendet werden die für ein Testobjekt zu selektierenden Testfällen weiterhin zu reduzieren.
Dazu kann, in Kombination mit der FO-Struktur und der zu ermittelnden Test-
stufenzuordnung gesehen, eine bestmögliche „Spur" eines Testfalls innerhalb
eines E/E-Systems ermittelt werden. Die dadurch entstehende Möglichkeit der
gezielten Separierung von Testfällen stellt im Rahmen der Abstraktionsebene
ein gutes Optimierungspotential für die E/E-Regressionstestmethodik dar.

Anforderung 6. *Identifikation der durch den Testfall abgedeckten Aspekte*
des Testobjektes.
(Effizienzkriterium und Generalitätskriterium)

Sind die Grundvoraussetzungen der Testkonzeption erfüllt, kann auf Basis des
vorhandenen Wissens überlegt werden, wie eine geeignete Systemdarstellung
zu gestalten ist. Diese stützt sich vor allem auf die in Anforderung 1 ermittelten
Ergebnisse.

4.2.2 Konzept für eine Systemdarstellung und Regressionstestana-
lyse

Nachdem unter Verwendung einer systematischen Teststrategie eine optimale,
initiale Testspezifikation abgeleitet worden ist, wird der Einsatz einer Regressionstestmethodik möglich und sinnvoll. Der selektive Regressionstest lässt
sich grundsätzlich in zwei voneinander abhängige Aspekte teilen: die Systemdarstellung und die Regressionstestanalyse. Dadurch ergeben sich folgende
Fragestellungen:

Wie muss die Darstellung des Systems ausgelegt werden, so dass für den Regressionstest benötige Abhängigkeiten zwischen den Testobjekten innerhalb des Systems darstellbar sind?

Wie muss, ausgehend von einer identifizierten und auf die Systemdarstellung abgebildeten Änderung am System, die Regressionstestanalyse zur Selektion von Testfällen definiert werden?

Das Neuartige an diesem Konzept ist, dass die Darstellung des Systems erstmals ausschließlich durch dessen Spezifikation gegeben sein wird. Der große Vorteil ist, dass dies keinen zusätzlichen Aufwand zur Erstellung einer alternativen Darstellung erfordert. Zudem ermöglicht das Vorgehen ein durchgängiges Konzept zur Betrachtung eines Gesamtsystems inklusive untergeordneter Elemente (z.B. Komponenten). Beide Punkte erhöhen damit die Anwendbarkeit der Methodik drastisch, was sich direkt in eine sehr hohe *Generalität* auswirkt.

Der zweite zu betrachtende Aspekt bei einem selektiven Regressionstest ist die Defini-tion der Vorgehensweise, welche zu dem Selektieren von Testfällen führt. Diese Fragestellung beeinflusst nicht nur die Entwicklung und Auslegung der Systemdarstellung in einer direkten Art und Weise, sondern baut anschließend auch darauf auf. Die Regressionstestanalyse soll auf Basis der definierten Strukturen und Abhängigkeiten in der Systemspezifikation sowie der Verlinkung zwischen Anforderungen und Testfällen diejenigen Testfälle ermitteln, welche auf Grund der Änderung am System potentiell betroffene Teile des Systems testen.

4.2.2.1 Anforderungen an die Systemdarstellung

Die Verwendung von DOORS zur systematischen Ablage von Anforderungsspezifikationen ist eine weithin verbreitete Vorgehensweise bei Herstellern und Zulieferern im Automobilbereich. Diese Standardlösung soll in diesem Konzept als Basis für die Darstellung des Systems dienen. Das Tool stellt dazu bereits einige für eine Regressionstestmethodik essentielle Merkmale bereit, wie z.B. die Möglichkeit

- der Darstellung von Strukturen über Hierarchien,

- der Darstellung von modulübergreifenden Verknüpfungen und

- der Erweiterung eines Elementes um Attribute, die für die Regressionstestanalyse notwendig sind.

Mit der Definition von Hierarchien lässt sich die Beschreibung des Systems gezielt strukturieren. Hierbei sei primär auf die in Sektion 3.2.2 vorgestellte, funktionsorientierte Anforderungsspezifikation verwiesen. Die Struktur wird zur Zeit hauptsächlich vom *Requirements Engineering* genutzt, um ein System anschaulicher und verständlicher beschreiben zu können. Im Rahmen dieser Arbeit muss also zunächst analysiert werden, welche Auslegung des FO-Frameworks sich am besten für die Integration einer Regressionstestanalyse eignet. Grundsätzlich müssen dabei die folgenden Anforderungen berücksichtigt werden:

Ein generelles Ziel für die Erstellung einer Systemdarstellung muss es sein mit möglichst wenig Mehraufwand ein für die Regressionstestanalyse geeignetes Ergebnis zu erzielen. Dies umfasst nicht nur die Erstellung sondern auch die Wartung der Systemdarstellung, da dies bei einer hohen Änderungsrate zu einem hohen Mehraufwand führen kann. Dies ist in der Literatur bisweilen nicht mitberücksichtigt worden.

> **Anforderung 7.** *Der Aufwand für die Erstellung und Wartung der Systemdarstellung muss effizient abbildbar sein.*
> *(Effizienzkriterium)*

Des Weiteren muss die Systemdarstellung grundsätzlich die in der Testkonzeption identifizierten Testobjekte darstellen können. Weiterhin muss die Struktur der Systemdarstellung so flexibel gestaltbar sein, dass es möglich ist eine Vielzahl von verschiedenen E/E-Projekten darin abzubilden, damit eine hohe *Generalität* erreicht werden kann.

> **Anforderung 8.** *Die Darstellung verschiedener Produkte, deren Unterteilung in weitere Testobjekte und deren Vernetzung in der Systemdarstellung muss möglich sein.*
> *(Generalitätskriterium)*

Auf Basis sämtlicher vorangegangener Anforderungen erfolgt die Ausarbeitung einer einheitlichen, mit der Regressionstestanalyse konformen Struktur des FO-Ansatzes, welche in einer geeigneten Systemdarstellung mündet. Hierbei muss insbesondere darauf geachtet werden, dass die benötigten Informationen und Strukturen innerhalb der Systemdarstellung fest eingehalten werden können. Dies ist in Hinblick auf eine mögliche Automatisierung der Regressionstestmethodik erforderlich. Hierbei bestehen seitens der Regressionstestmethodik zudem höhere Anforderungen an die Systemdarstellung als seitens des *Requirements Engineering*.

Die Dokumentation der Testfälle in der Testspezifikation gehört nicht zum Umfang einer Systemdarstellung. Hierbei ist es lediglich wichtig, dass diese zu Elementen in der Systemdarstellung rückverfolgt werden können. Im Rahmen der Verlinkung von Anforderungen und Testfällen entspricht das Vorgehen jedoch dem Stand der Technik, weshalb an dieser Stelle nicht weiter darauf eingegangen werden soll.

4.2.2.2 Realisierung einer Regressionstestanalyse

Diese Regressionstestanalyse beschäftigt sich mit der Frage der Lokalisierung einer Änderung in der Systemdarstellung sowie der potentiellen Auswirkung dieser Änderung auf das System. Eine Modifikation kann dabei auf alle in der Systemdarstellung verwendeten Elemente erfolgen, welche somit als Start- bzw. Ausgangspunkt für die Regressionstestanalyse dienen. Ein Teil dieser Überlegungen sind somit bereits parallel zur Auslegung einer geeigneten Systemdarstellung durchzuführen.

Ausgehend von dem Typ des Strukturelementes muss die Auswirkungsanalyse situationsbezogen eine Vorgabe machen können, welche Abhängigkeiten (welche Verknüpfungen zu welchem anderen Element) betrachtet werden müssen. Die Regressionstestanalyse definiert somit die Bedeutung und den Verwendungsgrund der in der vorangegangen Sektion 4.2.2.1 geforderten Vernetzung von horizontalen und vertikalen Abhängigkeiten. Diese Interpretationen sind ausschlaggebend für die Identifikation von weiteren, potentiell betroffenen Systemteile. Zu dieser Betrachtung gehört ebenso die Angabe, wie viele Iterationen der Regressionstestanalyse nötig sind, um einen definierten, sicheren Mindestumfang des Systems zu testen.

> **Anforderung 9.** *Identifikation der potentiell gefährdeten Testobjekte und Selektion aller Testfälle, die aufgrund ihrer Teststufenzuordnung relevant sind.*
> *(Generalitätskriterium und Effizienzkriterium)*

Die Anforderung 9 beschreibt dabei im Wesentlichen den Aspekt einer Auswirkungsanalyse. Für die Regressionstestanalyse an sich gibt es keine weiteren, expliziten Anforderungen. Die *Generalität* und *Effizienz* der Regressionstestmethodik ist hierbei grundlegend bereits durch die gute Vorarbeit im Rahmen der Teststrategie und der Systemdarstellung sichergestellt.

Weitere Anforderungen in Bezug auf die Reduzierung der selektierten Testfälle bestehen jedoch weiterhin. Diese sollen getrennt von der eigentlichen Regressionstestanalyse in Form von sogenannten Regressionstestmechanismen (kurz: Mechanismen) integriert werden. Grundlegend bieten sich auf Basis des Konzeptes die folgenden drei Regressionstestmechanismen zur Minimierung von Testfällen an:

> **Anforderung 10.** *Regressionstestmechanismus I: Reduzierung der Testfälle einer Funktion anhand des zu testenden Aspekts (Testziels).*
> *(Effizienzkriterium)*

> **Anforderung 11.** *Regressionstestmechanismus II: Reduzierung der Testfälle einer Funktion durch Berücksichtigung des Funktionsablaufs.*
> *(Effizienzkriterium)*

> **Anforderung 12.** *Regressionstestmechanismus III: Reduzierung der Testfälle für den Regressionstest anhand der benötigten Testintensität.*
> *(Effizienzkriterium)*

Inwieweit diese Mechanismen miteinander konkurrieren oder sich ergänzen ist in Kapitel 7 zu erarbeiten und in Kapitel 8 zu validieren. Vorhersehbar ist jedoch, dass die Mechanismen in Abhängigkeit des Anwendungsszenarios, d.h. in Abhängigkeit der Art der Änderung und des Testobjektes, ein unterschiedliches Potential entwickeln werden.

4.2.3 Zusammenwirken und Synergie der Bestandteile

Insgesamt betrachtet ergibt sich der in Abbildung 38 dargestellte Zusammenhang zwischen den einzelnen Teilen dieser Arbeit und deren Beitrag zu den identifizierten Kriterien. Gut zu erkennen ist, dass die Teststrategie den Hauptbeitrag zu der Konformität der Testspezifikation sowie der Vollständigkeit der Testspezifikation leistet. Zusätzlich wird durch die Standardisierung der Teststrategie auch die *Generalität* der Regressionstestmethodik unterstützt. Der Beitrag zur Effizienz der Methodik besteht darin, dass der initiale Testumfang optimiert und reduziert wird.

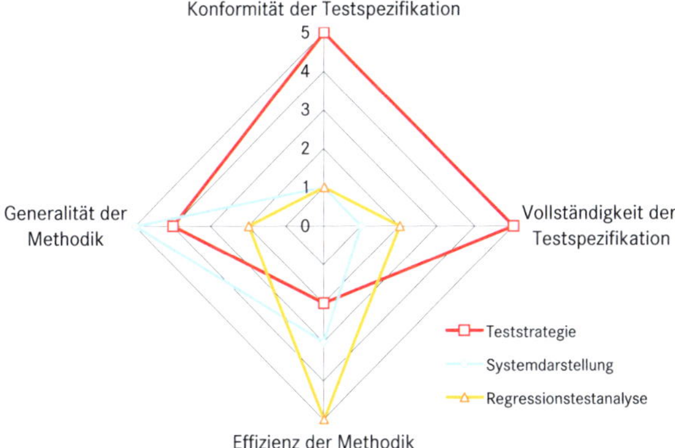

Abbildung 38: Darstellung des Zusammenhangs zwischen den einzelnen Teilen dieser Arbeit und deren Beitrag zu den identifizierten Kriterien.

Die Auslegung einer vereinheitlichten Dokumentationsstruktur der Systemdarstellung leistet den größten Beitrag zur *Generalität* der Methodik. Da die Systemspezifikation direkt als Systemdarstellung verwendet wird, liefert dieser Aspekt zusätzlich einen erheblichen Anteil zur *Effizienz* der Methodik. Die Regressionstestanalyse steuert durch die reduzierte Testfallselektion den insgesamt größten Beitrag zur *Effizienz* bei. Ein Anteil zur *Generalität* ist dadurch gegeben, dass die Selektion von Testfällen hauptsächlich auf der Verlinkung von Anforderungen mit Testfällen ohne ein dazwischen geschaltetes Modell möglich ist.

Insgesamt ergibt sich der in Abbildung 38 dargestellte Zusammenhang für die Beiträge. Die Bewertungskriterien *Präzision* und *Inklusivität* sind nicht explizit aufgeführt, da diese wie gesagt auf Basis der Abstraktionsebene und Rahmenbedingungen nicht entschieden optimiert werden können. Die *Präzision* der Methodik ist im Falle der E/E-Systeme einhergehend mit der Hebung von Effizienzpotentialen bei der Testfallselektion zu sehen.

Teil IV

REGRESSIONSTESTMETHODIK FÜR ELEKTRIK/ELEKTRONIK-SYSTEME

5 | ENTWICKLUNG EINER STANDARDISIERTEN TESTSTRATEGIE

In diesem Kapitel werden die im Konzept identifizierten Anforderungen an die Teststrategie aufgegriffen, deren Ausarbeitung für die Entwicklung einer Regressionstestmethodik notwendig ist. Diese beschreiben dabei zunächst nicht die Regressionstestmethodik an sich, sondern essentielle Grundvoraussetzungen, die für deren Implementierung zu erfüllen sind. Diese ergeben sich hauptsächlich durch globale Rahmenbedingungen wie z.B. die ISO 26262 sowie durch die zugrunde liegende, sehr abstrakte *black-box* Informationsbasis der Systemdarstellung (siehe Sektion 4.2). In Bezug auf die Teststrategie bestehen die Notwendigkeit in der Entwicklung von Lösungen zu den ersten 7 der 13 Anforderungen (siehe Sektion 4.2.1).

5.1 Strukturierung der Vorgehensweise

Die Entwicklung einer aus der Norm abgeleiteten Teststrategie ist in sich nicht trivial, da die Anforderungen der ISO 26262 auf einem sehr abstrakten Niveau geschrieben sind. Dies ist, wie bereits erwähnt, aus Sicht der Autoren so beabsichtigt und dient dem Zweck sämtlichen Herstellern und Zulieferern die Möglichkeit zu geben, die ISO 26262 bzw. deren Umsetzung, besser in die bereits vorhanden Strukturen und Prozesse integrieren zu können. Ein wesentlicher Aspekt ist dabei das Ziel jeder Organisation die Freiheit zu geben den Fokus des Vorgehens gezielt auf vorliegende Rahmenbedingungen anpassen zu können. So ist z.B. nicht vorgeschrieben in welcher Form die Absicherung zu erfolgend hat (Test oder Analyse, ...). Ein pro Projekt durchgeführte Ableitung von Teststrategien aus der Norm bietet sich dabei schon alleine aus Gründen der juristischen Vertretbarkeit kaum an, da eine nicht überschaubar große Varianz der Dokumentation und Vorgehensweise vorliegen würde.

Aus diesem Grund wird in der vorliegenden Arbeit ein methodischer Zwischenschritt zwischen der Norm und der projektspezifischen Teststrategie eingefügt: die Testkonzeption. Der Umfang dieser ist in Abbildung 39 nochmals herausgehoben.

Die Vorgehensweise zur Ableitung einer Teststrategie ist in Abbildung 40 dargestellt. Die ISO 26262 stellt die Ausgangssituation dar und repräsentiert im Wesentlichen eine Ansammlung von Anforderungen, die es zu berücksichtigen gilt. Die Testkonzeption ist als eine methodischer Zwischenschritt zu verstehen, die bestehenden Optionen und Freiheiten, welche durch die ISO 26262

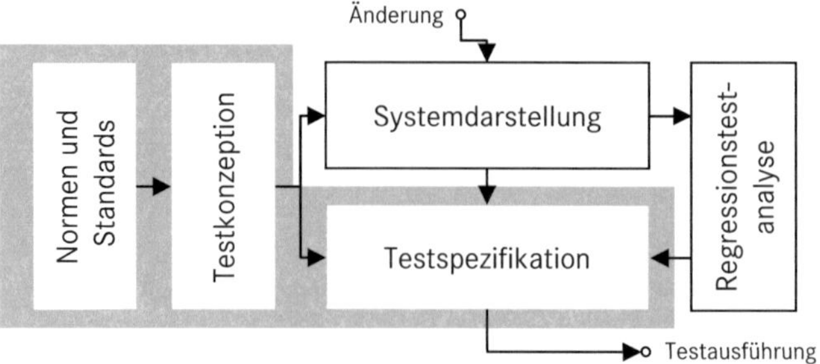

Abbildung 39: Schematische Darstellung des methodischen Konzeptes der Arbeit und der in diesem Kapitel behandelten Teile.

gegeben sind, in einer geeigneten Art und Weise auf gegebene Strukturen und Randbedingungen anzupassen. Die Testkonzeption ist somit die eigentliche Interpretation der Norm, d.h. die Beschreibung der nachvollziehbaren Umsetzung der Anforderungen aus der Norm.

Diese Interpretation muss mehrere Eigenschaften aufweisen:

- Vollständigkeit,

- Nachvollziehbarkeit,

- Einheitlichkeit und

- Effizienz.

In der Methodik ist sicherzustellen, dass die Anforderungen der Norm vollständig berücksichtigt worden sind. Das heißt nicht, dass alle Anforderungen zwangsläufig umzusetzen sind, jedoch, dass diese hinsichtlich ihrer Anwendbarkeit zumindest zu überprüfen sind. Daraus ergibt sich auch die Eigenschaft der Nachvollziehbarkeit; es muss gewährleistet sein, dass die gewählte Form der Umsetzung der ISO 26262 nachvollziehbar dargelegt wird. Dies bezieht sich insbesondere auf Entscheidungen, eventuell gewisse vorgeschlagene Methoden durch andere, alternative Methoden zu ersetzen, bzw. gegebenenfalls eine Methode wegen fehlender Sinnhaftigkeit nicht anzuwenden. Die Eigenschaft der Einheitlichkeit ist von essentieller Bedeutung für die Organisation. Die Vorgehensweise zur Anwendung der Norm sollte organisationsweit einheitlich gestaltet sein, damit es eine gleiche Vorgehensweise in der Anwendung von *best practices* gibt. Dieser Punkt steht in Beziehung mit einer einheitlichen Nachvollziehbarkeit. Zusätzlich spielt die juristische Vertretbarkeit eine Rolle, die nur über ein standardisiertes Vorgehen überschaubar bleibt. Die Eigenschaft der Effizienz ist letztendlich durch die Organisation gefordert. Ein großer Aspekt bei der Effizienz ist hierbei durch die zu definierende Regressionstestmethodik gegeben.

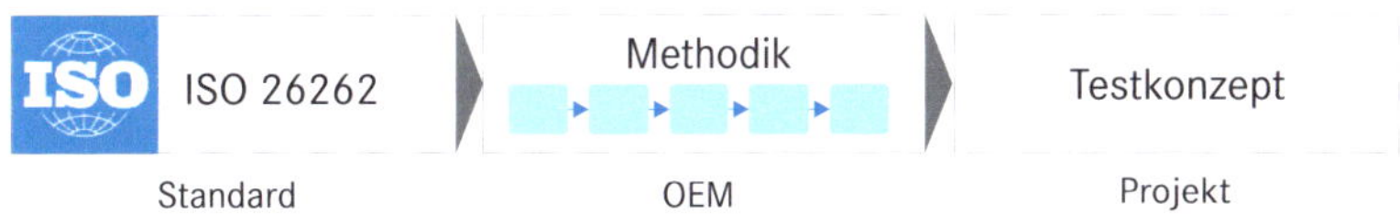

Abbildung 40: Darstellung der Vorgehensweise zur Ableitung einer produktspezifischen Teststrategie aus bestehenden Normen und Standards.

Der dritte Schritt in Abbildung 40 beschreibt die Umsetzung der Methodik der Testkonzeption in einem Testkonzept, dessen Hauptbestandteil die Festlegung einer projektspezifischen Teststrategie ist. Ziel ist es hier, ein Template für das Testkonzept zu entwickeln, welches die Interpretation der Norm durch die Methodik vollständig beinhaltet um jeweils projektspezifische Ableitungen zu ermöglichen. Als Resultat würde ein konkretes, angepasstes Testkonzept inklusive einer Teststrategie entstehen. Hierbei sind die Vorgaben zur Anpassung des Testkonzeptes und der Teststrategie ein zentraler Bestandteil der Methodik der Testkonzeption, die spezifische Anpassung muss durch das für das vorliegende System verantwortliche Entwicklerteam erfolgen.

5.1.1 Testkonzept und Teststrategie

Für die weiteren inhaltlichen Betrachtungen der Testkonzeption ist ein einheitliches Verständnis der Begriffe Testkonzept und Teststrategie nötig. Nach deutschem Sprachgebrauch beschreibt der Begriff der Strategie eine übergeordnete, über allem stehende Vorgehensweise. Ein Konzept (engl. nach ISO 26262: *plan*) steht jedoch mehr für eine lokale, untergeordnete Vorgehensweise. In Anlehnung an die ISO 26262 beschreibt das Arbeitsergebnis Testkonzept eine Ableitung der Norm, welche die Teststrategie beinhaltet und dokumentiert. Diese beiden möglichen, gegensätzlichen Betrachtungsweisen erfordern eine eindeutige Definition beider Begriffe. Diese Definitionen sollen im Folgenden inklusive einer Zuordnung von Inhalten und Begriffen der in Sektion 3.4 identifizierten Anforderungen der ISO 26262 vorgenommen werden.

> **Definition 26** (Testkonzept). *Ein Testkonzept ist ein Dokument, welches die Vorgehensweise zur Absicherung der geforderten Eigenschaften (Anforderungen) eines Produktes per Tests dokumentiert. Ein Testkonzept legt nachfolgendes fest:*
>
> *a) Testobjekte*
>
> *b) Testziele*
>
> *c) Teststufen und Testumgebungen*
>
> *c) Teststrategie*

Hieran ist zu sehen, dass sich das Testkonzept neben der Beschreibung der Teststrategie mit der Festlegung von Testobjekten, Testzielen, Teststufen und Testumgebungen befasst (siehe Abbildung 41). Das Resultat der Festlegung von Testobjekten umfasst im Wesentlichen die Beschreibung der durch den Test zu verifizierenden Umfänge. Diese definieren somit den Betrachtungsumfang des Testkonzeptes. Dabei wird bei dem zu verifizierenden Gesamtumfang von dem abzusichernden Produkt gesprochen. Ein Produkt selbst ist ein Testobjekt, kann jedoch in weitere Instanzen des Typs Testobjekt zerlegt werden.

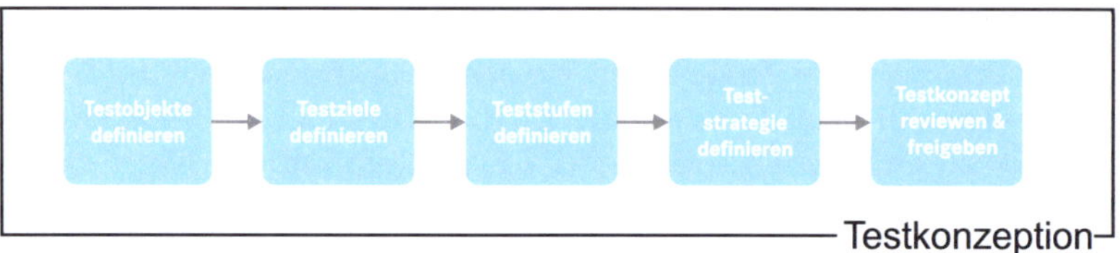

Abbildung 41: Darstellung der definierten Vorgehensweise der Testkonzeption.

Die Testziele sind bewusst aus der eigentlichen Teststrategie ausgelagert, da sie das übergreifende Ziel darstellen, dass durch diese erreicht werden soll. Die Teststrategie legt dabei folgendes fest:

Definition 27 (Teststrategie). *Eine Teststrategie beschreibt die Methodik zur Erreichung der Testziele. Diese enthält:*

a) Festlegung der für das Testobjekt zu erreichenden Testabdeckungen

b) Festlegung der dazu einzusetzenden Testmethoden

c) Zuordnung der Testobjekte auf gegebene Testumgebungen

Die Teststrategie ist als das Ergebnis des Testkonzeptes zu verstehen. Es verwendet alle im Testkonzept vorher getroffenen Festlegungen und definiert darauf basierend wie die Testziele erreicht werden. Das *wie* bezieht sich zum einen auf die Dokumentation im Testkonzept, beinhaltet jedoch auch die eigentliche Methodik der Testkonzeption, d.h. die Interpretation und Integration der zur Absicherung seitens der Norm vorgegebenen Tabellen (z.B. Tabelle 4) der Testmethoden und Testabdeckungen. Ein weiterer Punkt ist die Zuordnung der Testobjekte zu Testumgebungen, die auf Basis der zu testenden Eigenschaften festgelegt wird. Dies beeinflusst zudem die *Effizienz*, da durch ein sogenanntes *Frontloading* eine Verschiebung zu Testumgebungen auf niedrigeren Teststufen vollzogen werden kann.

Im Rahmen der Testkonzeption werden auch Systeme berücksichtigt, die nicht sicherheitsrelevant nach ASIL sind. Deshalb wird zusätzlich die Einstufung QMH-Standard (das **Q**ualitäts-**M**anagement-**H**andbuch) eingeführt. Es werden somit grundsätzlich fünf (Sicherheits-)Einstufungen berücksichtigt.

5.1.2 Elemente der Teststrategie und Normenkonformität

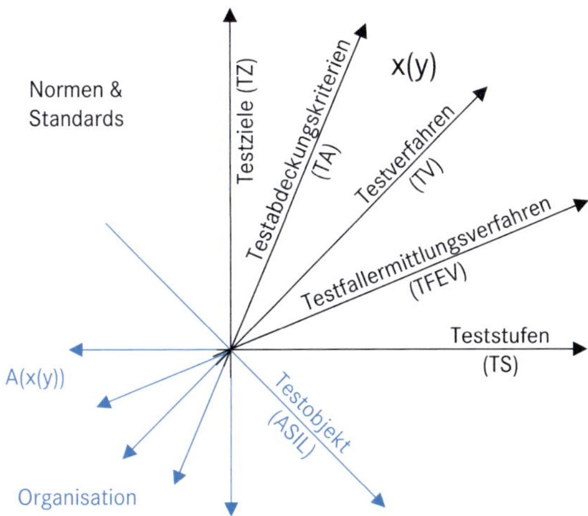

Abbildung 42: Schematische Darstellung der Abbildung von Verifikationselementen der ISO 26262 auf eine Organisation. Teststufenübergreifend ergeben sich 1350 Kombinationsmöglichkeiten (Abschätzung).

Neben der Erfüllung der Dokumentationspflicht, welche im Rahmen des Test-konzeptes addressiert wird, ist insbesondere das die Abbildung der vorgeschla-genen Testziele und Testmethoden der ISO 26262 (siehe Sektion 3.4.3) auf eine Organisation von besonderer Bedeutung. Dabei kann und soll eine spezifische Interpretation (siehe folgendes Kapitel 5.2) auf die Gegebenheiten der jeweiligen Organisation erfolgen, es muss jedoch darauf geachtet werden, dass sämtliche Anforderungen der Norm rückführbar übertragen werden. Dabei stellt sich insbesondere die Herausforderung den Komplexitätsgrad durch die sehr hohe Anzahl der gegebenen Kombinationsmöglichkeiten der Verifikationselemente (Testziele, Testmethoden (siehe Definitionen 35 und 36, Testabdeckungskriteren, ...) stark zu reduzieren, um die zu entwickelnde Teststrategie anwendbar zu machen (siehe Abbildung 42).

Dabei ergeben sich weitere Abhängigkeiten zwischen den Elementen. So ist ein gegebenes Testobjekt primär auf entsprechenden Teststufen zu verifizie-ren, welche wiederum nur für gewisse Testziele geeignet sind. Abhängig von einer dem Testobjekt zugewiesenen ASIL-Einstufung ergeben sich pro Test-ziel andere, zu betrachtende Kombinationsmöglichkeiten von Testmethoden sowie andere zu erreichende Testabdeckungskriterien. In Abbildung 43 sind die Abhängigkeiten zwischen den Elementen dargestellt. Diese werden für die folgende Betrachtungen und insgesamt für die Entwicklung der Teststrategie stets berücksichtigt.

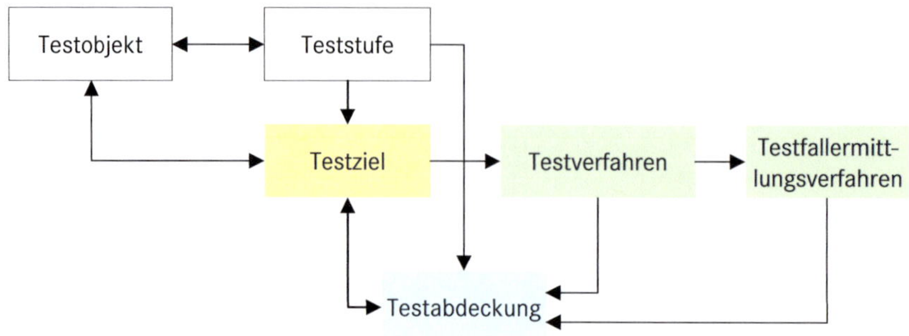

Abbildung 43: Schematische Darstellung Abhängigkeiten zwischen den Verifikations-elementen.

5.2 Freiheiten in der Interpretation von Normen und Standards

Für die Entwicklung einer standardisierten Teststrategie müssen mehrere Normen und Standards berücksichtigt und interpretiert werden. Gerade in Bezug auf die ISO 26262, welche eine Reihe von Testmethoden für das Absicherungsvorgehen vorschlägt, muss vorab ein Framework für mögliche Interpretationsfreiheiten [97][98] geschaffen werden. Sämtliche Normen und Standards sind in der Formulierung ihrer Anforderungen immer sehr abstrakt. Dieser Sachverhalt ergibt sich allein dadurch, dass eine Norm jeweils von einer sehr großen Anzahl von Organisationen umgesetzt werden muss, die zwangsweise andere Produkte anbieten, nach anderen Strukturen aufgebaut sind und andere (Auslegungen von) Prozessketten verwenden und dass nicht alle Sonderfälle berücksichtigt werden können. Jede Organisation bekommt somit in einem gewissen Rahmen die Möglichkeit, die Anforderungen einer Norm in Form einer Interpretation auf die vorhandenen Gegebenheiten zu übertragen.

Die Interpretation muss jedoch zu jedem Zeitpunkt begründbar und auf die jeweilige Anforderung rückführbar sein. Im Rahmen Testkonzeption müssen zwei dieser *Traceability*-Matrizen erzeugt werden. Zum einen eine Matrix, die sämtliche Inhalte und Angaben aus dem Dokument Testkonzept auf Anforderungen der ISO 26262 nachvollzieht, zum anderen eine Matrix, die sämtliche der verwendeten und interpretierten Testziele, Testmethoden und Abdeckungskriterien der Teststrategie auf ihre Quellen in den Normen referenziert. Letztere steht im Fokus dieser Arbeit.

Die Vorgehensweise der Interpretation von Testmethoden ist primär auf die ISO 26262 zugeschnitten, da diese, wie bereits erwähnt, die striktesten Rahmenbedingungen vorgibt. Es wurden insgesamt drei Freiheiten der Interpretation identifiziert.

Definition 28 (Freiheit der Interpretation). *Die Freiheit der Interpretation beschreibt die Möglichkeit die Bedeutung von gegebenen Testmethoden festzulegen. Die ISO 26262 definiert zum größten Teil Testmethoden (z.B. stress testing; 4-8.4.2.3.5) ohne zu detaillieren, was deren eigentliche Bedeutung ist. Hier besteht für die Organisation die Freiheit diese Bedeutung bezogen auf das eigene Umfeld zu interpretieren, bzw. es besteht die Freiheit zu argumentieren, warum die Anwendung einer gegebenen, alternativen Methode auch ausreichend ist [97].*

Definition 29 (Freiheit der Selektion). *Die Freiheit der Selektion ergibt sich durch die Testzielorientierung der ISO 26262. Diese besagt, dass eine Auswahl von adäquaten Testmethoden zur Erreichung von Testzielen getroffen werden kann (4-8.4.1.5; 4-8.4.2.3.1). Diese Freiheit erlaubt der Organisation grundsätzlich die Anzahl der vorgeschlagenen Testmethoden hinsichtlich ihrer Sinnhaftigkeit und Anwendbarkeit innerhalb des spezifischen Umfeldes zu überprüfen. So ist beispielsweise der Einsatz der Methode long term test nicht zwangsläufig zur Absicherung aller Testobjekte sinnvoll [97].*

Definition 30 (Freiheit der Kombination). *Die Freiheit der Kombination ergibt sich aus der Dokumentationsform der Testmethodentabellen. Die Dokumentation erfolgt pro Teststufe so, dass immer zwei dieser Tabellen (Methoden; Methoden zur Ableitung von Testfällen) ein Kreuzprodukt ergeben, aus dessen mathematischen Raum eine geeignete Auswahl von Testmethoden für die Absicherung der Testobjekte selektiert werden kann. Dies ist zum einen alleine dadurch erforderlich, dass das Kreuzprodukt eine große Anzahl von Kombinationen ergibt, zum anderen dadurch, dass einige dieser Kombinationen nicht sinnvoll sind. Dazu gehört beispielsweise die Kombination „Grenzwertanalyse" und „Performance Test" [97].*

Diese drei Freiheiten bilden die Grundlage zur Definition einer standardisierten Teststrategie. Das generelle Vorgehen zur Anwendung der genannten Freiheiten ist in Abbildung 44 dargestellt.

Eine explizite Nutzung der Freiheiten ist vor allem bei der Interpretation des von der ISO 26262 suggerierten Kreuzproduktes von Testmethoden zu sehen, da neben der Beschreibung eines einheitlichen Vorgehens und der einheitlichen Verwendung von Begriffen zusätzlich die Notwendigkeit gegeben ist, die Anzahl resultierender Methoden auf ein anwendbares Maß zu reduzieren. In folgenden Analysen wird stets Gebrauch von diesen Freiheiten gemacht, auch wenn dies nicht explizit genannt wird.

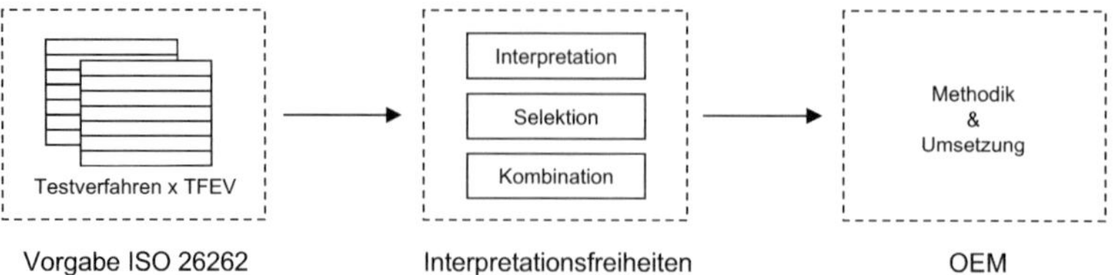

Abbildung 44: Darstellung der Vorgehensweise zur Interpretation der ISO 26262.

5.3 Festlegung und Abgrenzung von Testobjekten

Die Definition von Testobjekten ist ein zentraler Bestandteil für die Auslegung einer Teststrategie für E/E-Systeme, da die zu verifizierenden Umfänge eines Testobjektes vor Beginn einer jeden Testaktivität feststehen müssen. Das gilt sowohl für den initialen Test als auch den iterativ anzuwendenden Regressionstest. Bei den bereits vorgestellten Regressionstest hat sich die Problematik der (Definition und) Abgrenzung von Testobjekten gewissermaßen nicht gestellt, da es sich bei den meisten Projekten um autarke, kontrollierbare Umfänge in Form von abgeschlossenen Code-Abschnitten oder *Source Code* Dateien gehandelt hat. Bei einem E/E-System ist die innewohnende Komplexität jedoch deutlich höher und nicht so einfach zu bewerten. Hierbei ist das E/E-System zunächst als Produkt zu bezeichnen, welches in Bezug auf das V-Modell in mehrere Testobjekte zerlegt werden kann. Testobjekte können zum einen auf verschiedenen Teststufen existieren, zum anderen miteinander verschachtelt oder auch voneinander abhängig sein. Dazu sind diese zudem oft nicht klar voneinander zu trennen.

Vor allem in Hinsicht auf die Spezifikation der Systemumfänge, welche nichts anderes darstellt als die Beschreibung der Testobjekte, sollte klar definiert sein, welche feste Arten von Testobjekten es gibt, um diese strukturiert in die Dokumentenhierarchie der Spezifikation integrieren zu können. Die Norm ist in ihrer Kapitelstruktur ähnlich des V-Modells teststufenorientiert aufgebaut und behandelt alle Teststufen auf dem rechten Ast des V-Modells, vom Softwaremodultest bis hin zum Fahrzeugtest (der Modell- und Modellintegrationstest wird später diskutiert). Ein Testobjekt kann demnach vom Softwaremodul bis hin zum Gesamtfahrzeug alles sein. Es soll nun abgeleitet werden, welche zu verwendende Hierarchie von Testobjekten in den Spezifikationen verwendet werden kann. Jedes Testobjekt muss dabei einem festen Testobjekttyp zugeordnet werden:

Definition 31 (Testobjekttyp). *Ein Testobjekttyp beschreibt eine Klasse von Testobjekten mit gemeinsamen Eigenschaften. Zu den Eigenschaften gehören die Hierarchieebene sowie auch mögliche Verifikationsmaßnahmen. Ein Testobjekt ist eine Instanz eines Testobjekttyps.*

Jeder Testobjekttyp muss auf mindestens eine der gegebenen Definitionen in den folgenden Tabellen rückführbar sein und die entsprechende Hierarchie vererbt bekommen. Die Hierarchie wird gleichzeitig dazu verwendet, den Testobjekttyp auf einer primären Teststufe zuzuordnen. Primär daher, da ein Testobjekttyp nicht zwangsläufig auf nur einer Teststufe verifiziert werden muss (siehe Testziele). Das Ergebnis ist in den Tabellen 6, 7, 8 und 9 dargestellt.

Nicht-System-Ebene, Softwaremodule				
ID	Referenz	Beschreibung	Testobjekttyp	Teststufe
SW1	1-1.125	Software Einheit: atomare Softwareeinheit (1.123) der Softwarearchitektur (1.3) die einem unabhängigen Test unterzogen werden kann (1.134)	Modellmodul, SW-Modul, Produkt	
	6-9.1	Softwareeinheit (allgemeine Bezeichnung in der Norm)	SW-Modul	SW-modultest
	6-9.4.2 NOTE 1	Testobjekte des Softwaremodultests sind Software-einheiten	SW-Modul	SW-modultest
	NOTE 2	Testobjekte können aus dem Code des Modells oder dem Modell selbst abgeleitet werden	Modellmodul	Modell-modultest

Tabelle 6: Nach ISO 26262 zu verifizierende Systembestandteile auf Softwareebene.

Definition (1-1.125) beschreibt zunächst ganz abstrakt, dass prinzipiell jede technisch separierbare Einheit der Software als Objekt aufgefasst werden kann. Auf Softwaremodulebene kann ein Softwaremodul (SW1) somit eine beliebige nach Definition (1-1.125) abgeleitete Einheit der Software darstellen. Eine Unterscheidung zwischen den Begriffen Softwaremodul, Softwarekomponente und Softwareeinheit wird nicht vorgenommen, da die Definitionen einen ähnlichen Sachverhalt beschreiben und keine zusätzlichen Unterteilungen der Abstraktionsebene für die Erstellung der Spezifikation erforderlich sind. In der Tabelle 6 sind somit die Definitionen zum Testobjekttyp *Softwaremodul* zusammengefasst. Die Definition (6-9.4.2 NOTE 1) beschreibt jedoch nicht nur ausschließlich den Testobjekttyp Softwaremodul, sondern erwähnt auch den Typ *Modellmodul*[1].

Für die Definition der Testobjekte werden beide Typen (Modellmodul und Softwaremodul) jedoch separat aufgeführt. Der Grund dafür verbirgt sich dahinter, dass bei modellbasierter Entwicklung unter Umständen Modellmodule (Modelle) erzeugt werden, deren generierte Software nicht im Softwaretest nur

---

[1] Der Modellmodultest und Modelltest werden in der ISO 26262 nicht eigenständig genannt, auch werden keine separaten Verifikationsmethoden (Testmethoden, Testabdeckungen) aufgeführt. Die Norm fordert somit konkret nur die Absicherung der Softwaremodule und der Software, da diese Bestandteil der Implementierung sind. Es besteht jedoch eine dokumentierte Beziehung zwischen einem Modellmodul- und dem Softwaremodultest sowie einem Modell- und Softwaretest durch den *back-to-back*-Test. Der *back-to-back*-Test soll beweisen, dass sich die Eigenschaften des Testobjektes während der Generierung des Codes nicht geändert haben. Dies kann in Form der Durchführung der gleichen Testfälle auf beiden Ebenen erwiesen werden. Der back-to-back Test kann auch so verstanden werden, dass er eine Überprüfung des Modells und der Software anhand des Vergleiches der Ergebnisse der durchgeführten Testfälle auf der Softwareebene gegenüber den Testfallergebnissen einer Überprüfung eines unabhängigen Implementierungsmodells ist. Dies wird in der Praxis der Automobilindustrie jedoch kaum genutzt.

teilweise verifiziert werden müssen. Dies erfordert jedoch eine spezielle Zertifizierung des Codegenerators. Ein anderes Beispiel wäre, dass ein Modellmodul eine geringere innewohnende Komplexität besitzt, so dass die Erreichung der für den Softwaretest vorgegebenen Testziele auch in der HW/SW-Integration sichergestellt werden kann.

Nicht-System-Ebene, Softwareintegration				
ID	Referenz	Beschreibung	Testobjekttyp	Teststufe
SW2	1-1.123	Softwarekomponenten: eine oder mehrere Softwareeinheiten	Modell, Software, Produkt	
	6-10.4.2 NOTE 1	Die Softwarekomponenten sind Testobjekte der Softwareintegration	Software	Software-integrations-test
	6-10.4.2 NOTE 2	Bei die modellbasierte Entwicklung sind als Testobjekte die mit den Softwarekomponenten korrespondierenden Modelle verwendbar	Modell	Modul-integrations-test
	1-1.33	Eingebettete Software: Integrierte Software die auf einem Prozesselement ausgeführt wird (1.32)	Software, Produkt	Software-integrations-test

Tabelle 7: Nach ISO 26262 zu verifizierende Systembestandteile auf Softwareintegrationsebene.

Der nach ISO 26262 redundant verwendete Begriff Softwarekomponente definiert nach (1-1.123) auf der Softwareintegrationsebene ein Gebilde aus mehreren integrierten Softwaremodulen. Der Umfang dieser kann im Prinzip frei gewählt werden und auch einer integrierten Gesamtsoftware (1-1.33) entsprechen. Aus diesem Grund, und analog in Bezug auf die Ebene Modultest, werden hier die Testobjekttypen *Software* und *Modell* definiert.

Nicht-System-Ebene, HW/SW-Integration				
ID	Referenz	Beschreibung	Testobjekttyp	Teststufe
HS1	10-4.2 Figur 3	Komponente (1-1.15): Integration der HW- und SW-Komponenten	Komponente, Produkt	HW/SW-Integrationstest, Komponententest

Tabelle 8: Nach ISO 26262 zu verifizierende Systembestandteile auf der Komponentenebene.

Die Testobjekte die sich auf reine Hardwareaspekte beziehen werden in dieser Arbeit außen vor gelassen, so dass die in der Hierarchie des V-Modells nächstfolgende Teststufe die Komponentenebene ist. Eine Komponente (Steuergerät) wird aus funktionaler Sicht typischerweise einem Hardware-/Softwareintegrationstest und einem Komponententest unterzogen. Ersterer wird meistens noch durch den Zulieferer bewerkstelligt, letzterer hauptsächlich auf der Seite des Herstellers. Ein Komponententest des Herstellers kann, wie in Definition (10-4.2 Figur 3) angedeutet, auch ein Subsystem sein. Im Fokus liegt dann der Test einer Komponente im Verbund mit möglicherweise notwendiger Peripherie (Sensor, Aktor).

Die Definition des System (10-4.2, Figur 3) und E/E-Systems (1-1.129) entspricht einem Testobjekttyp *System*. Hierbei besteht ein System mindestens aus einem

Systemebene, Systemintegration				
ID	Quelle	Beschreibung	Testobjekttyp	Teststufe
S1	10-4.2 Figur 3	E/E-Komponenten oder Subsystem	System, Produkt	System-integrations-test
	1-1.129	Ein Set von Elementen (1.32), welches mindestens ein Sensor, Controller und Aktor miteinander verknüpft	System, Funktion, Produkt	Fahrzeug-integrations-test
S2		System (1.129) das aus E/E-Elementen (1.32) inklusive programmierbarer elektronischer Elemente besteht	Produkt	Gesamt-fahrzeugtest

Tabelle 9: Nach ISO 26262 zu verifizierende Systembestandteile auf Systemebene.

Steuergerät, einem Sensor und einem Aktor. In (10-4.2, Figur 3) wird jedoch auch festgelegt, dass ein System durchaus ein Steuergerät oder ein Subsystem darstellen kann. Dieser Übergang ist in der Regel fließend, da auch bei dem Zusammenschluss von einem Steuergerät mit einem Aktor und/oder Sensor von einem Komponententest gesprochen werden kann, da die Komponente Testobjekt ist. Von einem Testobjekt System wird deshalb nur gesprochen, wenn der Umfang des Testobjektes auf der Systemintegrations- und Fahrzeugintegrationsebene getestet wird.

Die Definition (S2) ist in der Auflistung zusätzlich noch aufgeführt, da sie das Testobjekt „System" in Bezug auf den Gesamtfahrzeugtest nochmals aufgreift. Im Gesamtfahrzeugtest wird in der Regel die Validierung der Funktionalität eines Systems durchgeführt. Das heißt, es soll untersucht werden, ob die Eigenschaften des implementierten Systems/Produkts auch der spezifizierte Funktionalität entspricht. Hierbei ist durchaus das bereits definierte System das Testobjekt, jedoch liegt ein sehr starker Fokus auf der Überprüfung der Gesamtfunktionalität des Fahrzeugs.

5.3.1 Spezialfall Testobjekttyp Funktion

Auf Systemebene besteht die Definition eines Systems gemäß V-Modell wie ISO 26262 in einer sehr abstrakten Form. In Bezug auf den Regressionstest und der FO-Struktur stellt sich nun die Frage inwieweit ein Testobjekttyp *Funktion* in der Testkonzeption integriert werden kann. In diesem Fall definieren sämtliche durch ein System bereitgestellte Funktionen den zu testenden Umfang auf Systemebene. Dieser bietet sich schon alleine aus organisatorischer Sicht an, da ein nach der Norm definiertes System inklusive sämtlicher Komponenten und Peripherie fast nie unter einer Verantwortlichkeit entwickelt getestet werden. Im Regelfall ist der zu testende Umfang so definiert, dass sämtliche Hardware- und Softwarebestandteile sowie die bereitgestellte Funktionalität ein System darstellen. Auch ist beispielsweise möglich, dass insofern nur eine neue Funktionalität auf bestehenden Komponenten implementiert wird, ein System nur aus Funktionen und deren Softwareelementen besteht.

In der Norm ISO 26262 wird der Testobjekttyp Funktion nicht erwähnt. Das resultiert daraus, dass bereits in der Gefahren- und Risikoanalyse eine ASIL-Einstufung nur für physikalische Elemente vorgenommen wird. Das heißt, eine ASIL-Einstufung wird einem Softwaremodul oder einer Komponente und auch zusammengefasst einem Gesamtsystem zugeordnet. Eine Zuordnung einer ASIL-Einstufung für Funktionen die übergreifend und unter Umständen einen nicht nachvollziehbaren Anteil der physikalischen Instanzen nutzen, ist nicht vorgesehen.

5.3.1.1 Abgrenzung des Testobjekttyps Funktion

Das, was an dieser Stelle nun untersucht werden muss, ist, ob eine Funktion eine nach ISO 26262 geforderte „klar abtrennbare Einheit" darstellt und zudem unabhängig von der ASIL-Einstufung der oben definierten Testobjekte eigenständig getestet werden darf. Diese Notwendigkeit der Untersuchung ergibt sich insbesondere für den Regressionstest, da gewissermaßen die Funktion als Einheit dargestellt wird und im Anwendungsfall der Methodik auch einzeln getestet werden soll.

Eine Funktion besteht aus Sicht der Systemdarstellung aus einer Ansammlung von Anforderungen mit unterschiedlichen ASIL-Einstufungen, welche entweder aus einem Softwareelement oder einem Hardwareelement bezogen wird. Kann eine Zuweisung sämtlicher für eine Funktion erforderlichen Bestandteile vollzogen werden, so ist der Test eines Testobjekttypes Funktion nach der höchsten ASIL-Einstufung der Bestandteile grundsätzlich legitim. Die ASIL-Einstufung muss dabei nicht der ASIL-Einstufung des Systems entsprechen sondern kann auch geringer sein.

Ist dies der Fall, so befindet sich die Funktion in einem sicherheitsrelevanten Umfeld. An dieser Stelle ist entwicklungsseitig festzuhalten, warum die betrachtete Funktion unabhängig von diesen anderen Funktionen / Artefakten ist und somit mit der abgeleiteten, niedrigeren ASIL-Einstufung verifiziert werden kann.

Eine Funktion kann somit als eine von der Norm vorgeschlagene Instanz Teilsystem oder System verstanden werden. Gerade bei der Implementierung von neuen Systemen, welche nur als Softwarefunktion auf bestehende Steuergeräte integriert werden, ist eine Trennung zwischen System und Funktion auch nicht mehr möglich. Die Absicherung der Funktion richtet sich auf den Systemintegrationsebenen nach der ASIL-Einstufung der Gefahren und Risiko (G&R-)Analyse für den entsprechenden Systemteil.

Die Legitimität der Vorgehensweise zur Absicherung einer Funktion ist insofern auch gewährleistet, dass sämtliche Softwarebestandteile sowie zur Ausführung benötigte Hardwarebestandteile (jeweils Testobjekt) bereits auf vorherigen Teststufen und gemäß ihrer ASIL-Einstufungen getestet wurden. Der Test der

Funktion hat dann eine Unabhängigkeit zu den hierarchisch niedrigeren Testobjekten, da bei der Verifikation auf Systemebene diese Testobjekte nicht im Fokus stehen und nur indirekt einer Überprüfung unterzogen werden. Dieses Vorgehen ist in der Norm für die Softwareanteile in Bezug auf die Überprüfung der *Software Safety Requirements* auf Systemintegrationsebene auch so integriert.

5.3.2 Zuschnitt von Systemen

Mit der FO-Sicht wird eine explizite Systemsicht auf sämtliche E/E-Umfänge gewählt, die sich im Gegensatz zur Komponentensicht insofern abgrenzt, dass sie sich auf die übergreifenden, funktionalen Aspekte fokussiert. Nach dieser Vorgehensweise können jedoch Redundanzen oder auch Lücken in der Absicherung entstehen, wenn z.B. mehrere Systeme, d.h. Funktionen der Systeme, auf eine gemeinsam genutzte Komponente zugreifen. An dieser Stelle muss klar definiert sein, welche Testumfänge von welchem System übernommen werden, und welche gegebenenfalls anderweitig (Zulieferer, weitere Entwicklungs- und Testabteilung) oder mit anderen Methoden (z.B. Analyse und Review) abzusichern sind. Letzteres erfordert dann die Erweiterung des Testkonzeptes zu einem V&V-Konzept (Verifikations- & Validation).

Der sogenannte Zuschnitt eines Systems, d.h. die Abgrenzung des Systems und aller seiner Funktionen von der Systemumgebung, wird im Testkonzept vorgenommen. Dabei wird im Testkonzept zu jedem System und Testobjekt eine Testbasis angegeben. Objekte die nicht zum Umfang des betrachteten Systems gehören sind anderweitig abzusichernde Objekte. Diese müssen in einem anderen Testkonzept berücksichtigt werden. Dabei ist systemübergreifende Funktionalität jeweils von dem System abzusichern, welches der Funktionsmaster ist (Beispiel: Verriegelungsblinken wird auf Systemintegrationsebene durch das System Schließung getestet).

Der häufigste Fall ist jedoch die Abgrenzung von komponentenübergreifenden Funktionen, die in fast jedem System vorhanden sind.

Um eine klare Abgrenzung der Funktionen zu erhalten, müssen weitere Instanzen des Testobjekttyps gebildet werden. Zentraler Bestandteil einer Systemspezifikation ist die Systemfunktion, welche den Logikteil einer Funktion beschreibt, die in Form von implementierter Software auf dem jeweiligen Steuergerät vorliegt.

> **Definition 32** (Systemfunktion). *Eine Systemfunktion beschreibt die Logikelemente einer kundenerlebbaren Funktion des zu realisierenden Systems, welche anhand von Anforderungen in der Systemspezifikation beschrieben wird. Eine Systemfunktion ist ein Testobjekt.*

Eine Systemfunktion wird durch sogenannte Funktionsbeiträge realisiert, welche einen Beitrag einer Komponentenfunktion darstellen.

Definition 33 (Komponentenfunktion). *Eine Komponentenfunktion beschreibt die Umsetzung einer Funktionalität durch eine dem System zugeordnete Komponente. Eine Komponentenfunktion kann von mehreren Systemen mit unterschiedlichen Anforderungen verwendet werden, es besteht eine m:1 Beziehung. Die Komponentenfunktion wird durch Anforderungen in einem Komponentenlastenheft beschrieben. Eine Komponentefunktion ist aus Sicht des betrachteten Systems kein Testobjekt (ein anderweitig abzusicherndes Objekt).*

Die Komponentenfunktion repräsentiert somit eine für die Ausführung einer Systemfunktion benötigte Teilfunktionalität. Umgekehrt heißt dies, dass die Systemfunktion für Ihre kundenerlebbare Realisierung den Beitrag einer Komponente in Form des Aufrufs der Komponentenfunktion verwendet. Eine Systemfunktion kann sich dabei natürlich auch aus mehreren solcher Beiträge zusammensetzen. Hier muss jedoch eine klare Trennung zwischen den Begriffen „Komponentenfunktion" und „Komponentenbeitrag" erfolgen. Die Komponentenfunktion als Teil einer einen Beitrag liefernden Komponente ist kein Testobjekt aus Sicht des betrachteten Systems. Die Komponentenfunktion, die prinzipiell auch Bestandteil/Systemfunktion eines anderen Systems sein kann, ist Gegenstand eines anderen Testkonzeptes und wird somit auch autark getestet. Diese Vorgehensweise ist auch durchaus sinnvoll, da es aus Sicht der Komponente neben der typischen Verifikation von *Start-Up/Shut-down-* und Diagnoseaspekten um die Überprüfung der korrekte Umsetzung der Funktion unabhängig von den verschiedenen Systemaufrufen geht.

Aus Sicht des Systems gehört jedoch die Schnittstelle einer Systemfunktionen zu den verschiedenen Komponentenfunktionen zum Verifikationsumfang dazu und ist dem jeweiligen Testobjekt Systemfunktion zuzuordnen. Eine Schnittstelle, beziehungsweise die Anforderungen an diese Schnittstelle, können sich jedoch aus Anforderungen verschiedener Systemfunktionen zusammensetzen, weshalb es sinnvoll ist diese separat zu beschreiben. Die Schnittstelle zwischen Systemfunktion und Komponentenfunktion ist als Komponentenbeitrag zu definieren:

Definition 34 (Komponentenbeitrag). *Ein Komponentenbeitrag definiert die Schnittstelle zwischen einer oder mehreren Systemfunktionen und einer Komponentenfunktion. Der Funktionsbeitrag beinhaltet sämtliche Anforderungen des betrachteten Systems an die Komponentenfunktion, welche im Wesentlichen die Kommunikation beschreiben. Der Komponentenbeitrag ist anhand der zugeordneten Systemfunktionen automatisch Testobjekt.*

Diese dreigeteilte Aufteilung der Systemsicht (siehe 45) ist auf Basis der identifizierten Testobjekttypen und Abgrenzung einzelner Testobjekte innerhalb des Systems gegenüber der ISO 26262 legitim. Hierbei muss jedoch beachtet werden, dass die Komponentenfunktionen Betrachtungsgegenstand eines separaten Testkonzeptes sein müssen, da die Funktionalität nur in Bezug auf den

Beitrag für ein System überprüft wird und sämtliche *Start-Up/Shut-down-* und Diagnoseaspekten nicht mit berücksichtigt werden. Aus Sicht des betrachteten Systems ist die Überprüfung der Systemfunktionen und Funktionsbeiträge jedoch ausreichend.

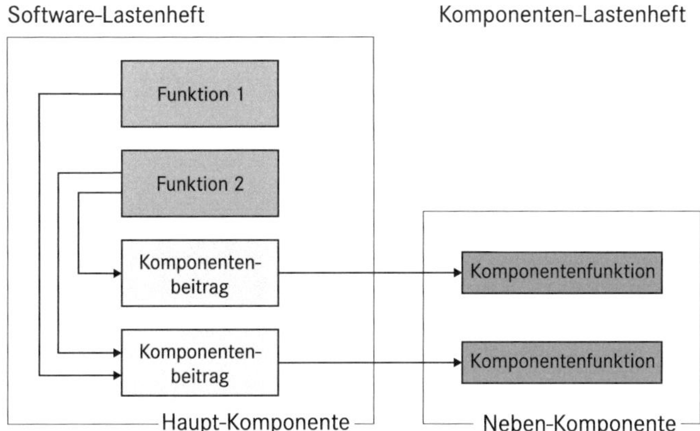

Abbildung 45: Darstellung eines Systems aus Sicht der Testkonzeption. Die Vorgaben dienen als Grundlage für die Systemdarstellung in Kapitel 6.

Hiermit sind nun die Grundvoraussetzungen für die Darstellung eines Systems in Form einer Spezifikation und der Abgrenzung von zu betrachteten Testumfängen abgeschlossen. Die Ausarbeitung eines geeigneten Dokumentationsframeworks auf Basis dieser Ergebnisse wird im folgenden Kapitel vorgenommen. Nun kann diskutiert werden, wie eine systematische Testfallermittlung mittels einer standardisierten Teststrategie realisiert werden kann.

5.4 Ableitung von standardisierten Testzielen

Wie in Sektion 5.1.1 dargestellt, bilden Testziele den zentralen Bestandteil einer Teststrategie, da sie das übergeordnete zu erreichende Ziel dieser und somit des gesamten Absicherungsvorgehens darstellen. Das heißt, die Zuordnung und Kombination von Teststufen und die Auswahl der Testmethoden und Testabdeckungskriterien wird dazu unternommen, alle sich auferlegten Testziele für das gegebene Produkt bzw. die Testobjekte zu erfüllen. Hieraus wird ersichtlich, dass die Entwicklung einer standardisierten Teststrategie für eine bestimmte Produktkategorie (hier: „E/E-System für Automobile") auch die Vorgabe von einheitlichen Testzielen für die Absicherung der Produkte erfordert. Das Prinzip der Vorgehensweise ist in Abbildung 46 erläutert. Die gewählte Farbkodierung wird für die nachfolgenden Beschreibung (Testziele, Testabdeckungskriterien, Testmethoden) verwendet.

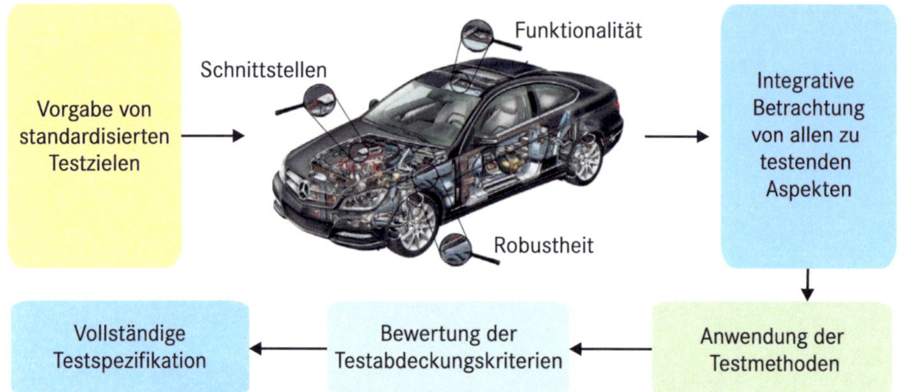

Abbildung 46: Schematische Darstellung der für die Verifikation eines jeden Systems zu erreichenden, standardisierten Testziele sowie deren Nutzen.

Die Standardisierung der Testziele hat folgende Auswirkungen auf die Regressionstestmethodik:

1) Die ISO 26262 Konformität der Testfallermittlung/Testspezifikation lässt sich grundsätzlich für jedes System eines Fahrzeugs auf Basis der gleichen Bewertungskriterien (siehe folgende Sektionen) nachvollziehen. Gleiches gilt für die in Sektion 4.2 definierten Vollständigkeitskriterien.

2) Die Summe der Testziele gibt direkt die Anzahl der zu betrachtenden Aspekte bei Testobjekten wieder. Das bedeutet, dass sich sämtliche Testspezifikationen anhand gleicher Kriterien auf Vollständigkeit überprüfen lassen (siehe Abbildung 46).

3) Die *Generalität* der Regressionstestmethodik wird stark erhöht, da sämtliche E/E-Systeme mit gleichen Zielen abgeleitete Testziele und identischer Informationsbasis besitzen.

Die Definition von standardisierten Testzielen ist somit als eine methodisch notwendige Grundlage zu sehen.

5.4.1 Vorgaben der ISO 26262

In der ISO 26262 sind die Testziele pro Teststufe gegeben. Da Testziele jedoch eine Überprüfung von Eigenschaften eines Produktes beschreiben, soll zunächst untersucht werden, inwiefern im Gegensatz zur ISO 26262 jedoch konform zu dieser teststufenübergreifende Gültigkeiten abgeleitet werden können. Eine geeignete Übersicht für ein ISO 26262 Testziel ist in Tabelle 10 beispielhaft aufgezeigt.

Teststufe	Zuordnung des Testziels Korrektheit der Umsetzung nach ISO 26262
SW-Modultest	Konformität mit der (Softwaremoduldesign-) Spezifikation
SW-Integrationstest	Konformität mit dem Softwarearchitekturdesign
Allg. Systemintegration	Korrektheit der Implementierung (der funktionalen und technischen Sicherheits-)Anforderungen
HW/SW-Integration	Korrektheit der Implementierung der (technischen Sicherheits-) Anforderungen (auf HW/SW-Ebene)
Systemintegrationstest	Korrektheit der Implementierung der (funktionalen und technischen Sicherheits-)Anforderungen (auf Systemebene)
Fahrzeugintegration	Korrektheit der Implementierung der (funktionalen Sicherheits-) Anforderungen (auf Fahrzeugebene)

Tabelle 10: Darstellung der teststufenübergreifenden Gültigkeit des ISO 26262 Testziels Korrektheit der Umsetzung durch Ausklammern der Testreferenz.

Hierbei ist gut zu erkennen, dass das genannte Testziel unter Ausklammern der teststufenabhängigen Testreferenzen über alle Teststufen hinweg identisch ist. Diese sinngemäße Zusammenfassung ist legitim, da nach Definition des Begriffs Testziel (siehe Definition 9) dieses eine gezielte Überprüfung einer bestimmten Eigenschaft eines Testobjektes gegen seine Testreferenz beschreibt.

Die Testreferenz ist aus dieser Sicht eindeutig nicht der Teststufe zuzuordnen, sondern dem Testobjekt. Diese Vorgehensweise ist aus zwei Gründen auch konsequenter.

1) Die Angabe einer Testreferenz gibt keinen Aufschluss darüber, welche Eigenschaft des Testobjektes überprüft werden soll. Zudem kann eine Testbasis Information über mehrere Eigenschaften des Testobjektes beinhalten, so das eine *m:n* Beziehung notwendig wäre.

2) Die Testreferenz dient aus Sicht der Testkonzeption zur Bewertung von Testabdeckungsgraden, welche teststufenübergreifend erfüllt werden können.

Daraus erfolgen diese Schlussfolgerungen:

- Die Testreferenzen sind den Testobjekten zuzuordnen.

- Die Überprüfung der verschiedenen zu verifizierenden Eigenschaften wird anhand der Testziele beschrieben.

- Die Vollständigkeit der Überprüfung der Testreferenzen wird durch die zu definierenden Testabdeckungskriterien bewertet.

Die in Tabelle 10 dargestellte Analyse wurde für jedes in der ISO 26262 aufgeführte Testziel durchgeführt. Das zusammengefasste Ergebnis ist in Tabelle 11 dargestellt. An dieser Stelle sind einige Anforderungen der ISO 26262 weitergehend interpretiert worden, um besser in die zu entwickelnde Teststrategie zu passen. So ist auf Softwaremodulebene das Testziel „Abwesenheit von nicht beabsichtigter Funktionalität" nicht als ein solches gewertet worden[2]. Auffällig ist zudem der Sachverhalt, dass das Testziel Leistungsfähigkeit (der Ressourcen) auf Softwareebene explizit angegeben wird, dieses auf Systemebene jedoch nur in Bezug auf die Sicherheitsmechanismen erwähnt wird. Hierbei handelt es sich jedoch nur um eine vermeintliche Inkonsistenz, da beim genaueren Hinsehen die Anwendung von Leistungstests als einzusetzendes Testverfahren auch bei anderen Testzielen vorgeschlagen wird. Auf Softwareebene ist es also das Ziel die Funktionalität der Testobjekte zu überprüfen, während auf Systemebene, auch durch die eindeutige Angabe der Testreferenzen, nur gefordert wird, dass nach ASIL sicherheitsrelevante Aspekte der Testobjekte abgesichert werden. Das ist aber beabsichtigt, da die ISO 26262 andere bestehende Normen und Standards nicht ersetzt.

Testziel	Kurzbeschreibung
1	Korrektheit der Umsetzung (der spezifizierten Funktionalität)
2	Korrektheit von Sicherheitsmechanismen
	Leistungsfähigkeit von Sicherheitsmechanismen
3	Korrektheit von Schnittstellen
4	Effektivität von Diagnosemechanismen / Fehlerabdeckung von Diagnosemechanismen
5	Robustheit
6	Leistungsfähigkeit

Tabelle 11: Teststufenunabhängige Betrachtung der nach ISO 26262 zu beachtenden Testziele.

Die Vorgaben der ISO 26262 bezüglich der Testziele sind somit nicht unabhängig von anderen Standards verwendbar. Eine getrennte Betrachtung ist auch dahingehend nicht sinnvoll, da sich die vorgegebenen Testziele mit Anforderungen aus den weiterhin geltenden Normen ISO 9126, ISO 16949 sowie den intern geltenden Standards überschneiden. Zielsetzung dieser Arbeit ist es zudem, sämtliche Aspekte des Testens zu identifizieren und eine vollständige Liste von Testzielen abzuleiten.

5.4.2 Herleitung der Testziele

Im Zuge der Analyse zur Identifikation von Testzielen stellt sich heraus, dass die größten Schwierigkeiten darin liegen zum einen die Testziele eindeutig von

---

2 Die Abwesenheit von nicht gewollter Funktionalität ergibt sich zwangsläufig entweder durch die Anwesenheit von nicht erreichbarem *Source Code* oder durch die Implementierung von unzureichenden Sicherheits-/ Fehlerbehandlungs/ -Diagnosemechanismen. Ersteres ist nur durch die Bewertung des Testabdeckungskriterium SW-Strukturabdeckung zu identifizieren, letzteres ist durch die Testziele 1 und 2 bereits abgedeckt.

Testabdeckungskriterien bzw. Vollständigkeitskriterien zu unterscheiden sowie zum anderen die Testziele sinngemäß ineinander zu überführen und für das resultierende Testziel eine präzise Formulierung zu entwickeln.

Die generelle Vorgehensweise für die Zusammenstellung einer Liste von geeigneten Testzielen besteht aus einer strikten Auflistung möglicher Testziele die anhand einer Analyse von internen und externen Normen und Standards und Fachliteratur identifiziert wurden. Da die ISO 26262 die engsten Rahmenbedingungen an die Testziele stellt, dient diese als *Master*.

Jedes identifizierte Testziel ist über eine wie in Abbildung 47 dargestellte Referenztabelle auf die Anforderungen der jeweiligen Normen rückführbar. In der Abbildung 47 ist die Referenztabelle für das Testziel 1 „Nachweis der korrekten Funktionalitätserbringung" (kurz: Funktionalität) in Bezug auf die ISO 26262 dargestellt. Die Abbildung der normativen Anforderungen wird hierbei zusätzlich auf das Testziel 2 „Sicherheitsmechanismen" vorgenommen, um neben Aspekten der Funktionssicherheit auch die Funktionalität von Systemen mit <QMH-Standard>-Einstufung zu behandeln.

Daimler	ISO 26262			Begründungen/Erläuterungen
TZ	Testziele		Referenz	
1	Korrekte Umsetzung der funktionalen und technischen Sicherheitsanforderungen	(1) Correct implementation of functional safety and technical safety requirements	4-6.4.1.3 4-8.4.1.1 a	Funktionale und technische Sicherheitsanforderungen sind ein wesentlicher Teil der geforderten Funktionalität.
2				
1, 2		(1) The correct implementation of technical safety requirements at the hardware-software level	4-8.4.2.2.2	Das ergänzende Testziel "Funktionalität von Sicherheitsmechanismen sowie Fehlererkennung und -behandlung" fokusiert speziell auf die korrekte Implementierung.
1, 2		(1) Correct implementation of functional safety and technical safety requirements at the system level	4-8.4.3.2.2	
1, 2		(zu 1) Correct implementation of the functional safety requirements at the vehicle level	4-8.4.4.2.2	
1	Übereinstimmung mit dem Entwurf der Software-architektur und Software-modulspezifikation	(zu 1) Compliance with the design specification (both architectural and unit level)	6-7.4.5 6-8.4.3	Die "Design specification" definiert die geforderte Funktionalität und die Schnittstellen einer Software.
2				Das ergänzende Testziel "Funktionalität von Sicherheitsmechanismen sowie Fehlererkennung und -behandlung" fokusiert speziell auf die korrekte Implementierung.
1, 2		(zu 1) Compliance with the software unit design specification	6-9.4.3 a	
1, 2		(zu 1) Compliance with the software architectural design	6-10.4.3 a	
1	Aspekt: Übereinstimmung mit spezifizierter Funktion	(1) Specified functionality	6-9.4.3 c 6-10.4.3 c	Synonym.

Abbildung 47: Ausschnitt aus der Referenztabelle des Testziels 1 „Nachweis der korrekten Funktionalitätserbringung" (TZ) in Bezug auf die ISO 26262. Die Anforderungen der Norm werden in Testziel 1 und 2 „Sicherheitsmechanismen" überführt, um eine Trennung der <QMH-Standard> Funktionalitätserbringung von der Funktionssicherheit zu vollziehen.

Die Formulierung der Testziele ist beginnend mit „Nachweis der ..." so gewählt, dass klar definiert ist, welches Ziel erreicht werden soll. Die Beschreibung des jeweiligen Testziels gibt an, welche Eigenschaften des Testobjektes typischerweise anhand des Testziels überprüft werden sollen. Typischerweise deswegen, da gegebenenfalls gewisse Eigenschaften nicht für jedes Testobjekt in jedem

Projekt vorliegen müssen. Die Verfeinerung der Testziele zur Anpassung an ein bestimmtes Projekt, worin eine Erweiterung oder ein Reduktion verstanden werden kann, erfolgt im Testkonzept.

Testziel	Beschreibung
1	Nachweis der korrekten Funktionalitätserbringung
2	Nachweis der korrekten Funktionalitäterbringung von Sicherheitsmechanismen sowie von Mechanismen zur Fehlererkennung und -behandlung
3	Nachweis der korrekten Reaktion auf Konfigurationsdaten
4	Nachweis der korrekten Diagnose-Funktionalitätserbringung (z.B. für OBD, Werkstatt)
5	Nachweis der korrekten Interaktion an Schnittstellen
6	Nachweis der Zuverlässigkeit / Robustheit
7	Nachweis der Effizienz / Leistungsfähigkeit
8	Nachweis der Benutzbarkeit

Tabelle 12: Identifikation von standardisierten Testzielen für eine einheitliche und normenkonforme Absicherung von softwarebasierten E/E-Systemen

Ausgehend von den in der Referenztabelle 47 vorliegenden Informationen über die Testziele sowie der vorgegriffenen fertigen Interpretation, Argumentation und Zuordnung der Testmethoden zu diesen, kann eine Detaillierung vorgenommen werden. Die resultierende Beschreibung definiert stichhaltig die wichtigsten, (durch gewählte Testmethoden) zu überprüfenden Aspekte des Testobjektes. Die Beschreibung besitzt zudem inhaltlich einen abgrenzenden Charakter der gewährleistet, dass die Testziele möglichst disjunkt voneinander sind und auch unabhängig voneinander erfüllt werden können. Das erzielte Ergebnis der Analyse zur Identifikation von allgemeingültigen Testzielen für die Absicherung von softwarebasierten E/E-Systemen ist in Tabelle 12 dargestellt.

5.4.2.1 Testziel 1: Nachweis der korrekten Funktionalitätserbringung

Testziel 1 (Nachweis der korrekten Funktionalitätserbringung). *Das betrachtete Testobjekt soll seine geforderte Funktionalität korrekt erbringen. Dazu können nachfolgende Punkte relevant sein:*

- *Korrekte Verarbeitung von Eingaben (z.B. Daten/Signale) innerhalb des spezifizierten Wertebereichs*

- *Korrekte Reaktion auf Eingaben und korrekte Weiterverarbeitung von Eingaben bis hin zur Datenaufbereitung für den Ausgang (z.B. korrekte Daten- und Kontrollflüsse bzw. zeitliches/iteratives Verhalten)*

- *Korrekte Datenausgabe am Ausgang (z.B. Daten, Signale bzw. Zustände im spezifizierten Wertebereich)*

Das Testziel 1 „Funktionalität" ist das universellste Testziel, da die Erbringung der korrekten Funktionalität des Testobjektes gefordert wird, welches praktisch von jedem zu entwickelnden E/E-System zu fordern ist. Der Fokus dieses Testziels liegt ausschließlich auf der Überprüfung von Eigenschaften innerhalb des spezifizierten Wertebereichs. Diese Abgrenzung ist enorm wichtig, um dem Testziel geeignete Testmethoden zuweisen zu können und es möglichst präzise von anderen Testzielen (hier: Testziel 2 und Testziel 6) abgrenzen zu können. Diese zusätzlichen Genauigkeiten sind gerade in Bezug der zu entwickelnden Regressionstestmethodik wichtig, da sie eine konkretere, aussagekräftigere Selektion von Testfällen anhand des hinzugefügten Attributs „Testziel" erlauben.

Die folgenden Testziele 2 - 5 sind eine Detaillierung von Testziel 1, bzw. als ein wichtiger Aspekt der Funktionalitätserbringung zu verstehen. Die Testziele werden zwar separat aufgeführt, die Rückführbarkeit ist jedoch durch die Formulierung „Als weiterer Aspekt der korrekten Funktionalitätserbringung ..." gewährleistet.

5.4.2.2 Testziel 2: Nachweis der korrekten Funktionalitätserbringung von Sicherheitsmechanismen sowie von Mechanismen zur Fehlererkennung und -behandlung

Testziel 2 (Nachweis der korrekten Funktionalitätserbringung von Sicherheitsmechanismen sowie von Mechanismen zur Fehlererkennung und -behandlung). *Als weiterer Aspekt der korrekten Funktionalitätserbringung soll das Testobjekt seine geforderten Sicherheitsmechanismen sowie seine Mechanismen zu Fehlererkennung und -behandlung korrekt umsetzen. Im Sinne der Funktionssicherheit können nachfolgende Punkte relevant sein:*

- *Erkennung und Behandlung von zufälligen Hardwarefehlern (z.B. zyklische RAM/ROM-Tests)*

- *Erkennung und Behandlung von Softwarefehlern (z.B. explizites Exception-Handling bei Über-/Unterläufen in der Software)*

- *Erkennung und Behandlung von Fehlern bei der Informations- /Datenübertragung (z.B. E2E-Kommunikationsabsicherungsverfahren basierend auf Sendesequenznummer und CRC)*

- *Erkennung und Behandlung von fehlerhaften oder verfälschten Konfigurationsdaten (z.B. fehlerhafte Variantenkodierung)*

- *Erreichung einer hinreichenden Unabhängigkeit zwischen Elementen sicherheitsrelevanter / nicht-sicherheitsrelevanter Fahrzeugsysteme (z.B. mittels SW-Partitionierung unterstützt durch eine MPU-basierte Speicherverwaltung (engl. Memory Protection Unit) in einem Prozessor)*

- *Übergang in einen sicheren Zustand bei erkannten Fehlern (z.B. Deaktivierung eines Systems und Fahrerinformation mittels Warnanzeige)*

Das Testziel 2 „Sicherheitsmechanismen" fordert die explizite Absicherung der in der ISO 26262 genannten Sicherheitsmechanismen und Mechanismen zur Fehlererkennung und -behandlung. Für dieses Testziel ist, wie später bei der Zuordnung von Testverfahren beschrieben, die Einhaltung von nur spezifizierten Eingabewerten nicht erforderlich. Grund dafür ist, dass z.B. diverse Sicherheitsmechanismen nicht durch reine funktionale Tests aktiviert werden können, sondern eine Fehlerinjektion benötigen. Dieses Testziel kann im Testkonzept abgewählt werden, insofern kein Testobjekt vorliegt, welches eine ASIL-Einstufung besitzt. Es ist jedoch grundsätzlich zu beachten, dass es auch Testobjekte geben kann die sicherheitsrelevant sind und keine ASIL-Einstufung besitzen[3]. Darunter ist die Erfüllung des Testziels 2 für ein Testobjekt, bzw. die Absicherung von dessen Sicherheitsmechanismen, gemeint, wenn keine ASIL-Einstufung vorliegt.

5.4.2.3 Testziel 3: Nachweis der korrekten Reaktion auf Konfigurationsdaten

Testziel 3 (Nachweis der korrekten Reaktion auf Konfigurationsdaten). *Als weiterer Aspekt der korrekten Funktionalitätserbringung soll das betrachtete Testobjekt auf Konfigurationsdaten im spezifizierten Wertebereich korrekt reagieren. Zu den Konfigurationsdaten können Software-Build-Parameter, lokale und globale Variantenkodierung sowie sonstige Parametersätze gehören.*

Das Testziel 3 „Konfigurationsdaten" betrachtet die korrekte Funktionalitätserbringung (siehe Testziel 1) in Bezug auf verschiedene Konfigurationen von Testobjekten. Hierbei werden nur verwendete Konfigurationen, d.h. spezifizierte Konfigurationen, überprüft. Ziel ist hier, eine Gewissheit darüber zu bekommen, dass sämtliche Konfigurationen sich funktional korrekt verhalten. Dies heißt jedoch nicht, dass sämtliche Konfigurationen auch vollständig getestet werden müssen. Diese Betrachtung erfolgt in der Methodik unter dem Punkt „Testabdeckungskritierium: Variantenabdeckung" und im Testkonzept unter den Punkten „Testobjekt" und „Variantenstrategie".

5.4.2.4 Testziel 4: Nachweis der korrekten Diagnose–Funktionalitätserbringung (z.B. für OBD, Werkstatt)

Testziel 4 (Nachweis der korrekten Diagnose-Funktionalitätserbringung (z.B. für OBD, Werkstatt)). *Als weiterer Aspekt der korrekten Funktionalitätserbringung soll das betrachtete Testobjekt die für die Offboard-Diagnosekette geforderte Diagnose-Funktionalität korrekt erbringen. Zur*

---

3 Beispiel: Ein Motorsteuergerät besitzt bezügl. eines möglichen Antriebsverlustes verschiedene Funktionalitäten zur Überführung des Systems in einen sicheren Zustand. Ist der Antriebsverlust instantan so besteht eine ASIL-Einstufung, ist dieser schleichend, besteht eine QM-Einstufung. Beide Funktionalitäten sind jedoch sicherheitsrelevant.

Diagnosefunktionalität für die Offboard-Diagnosekette können die Fehlererkennung sowie Fehlersetz- und Fehlerrücksetzbedingung, die Fehlerablage im Fehlerspeicher, die standardisierten Diagnosedienste und Diagnoseroutinen sowie Funktionen für Variantenkodierung bzw. Flashen für Produktions-, Wartungs- und Reparaturzwecke gehören.

Das Testziel 4 „Diagnose-Funktionalität" ist klar von Testziel 2 „Sicherheitsmechanismen" zu unterscheiden, da es sich auf die Offboard-Diagnose beschränkt. Im Bereich der Motoren und Abgasbehandlung wird beispielsweise erheblicher Anteil der Diagnose durch Selbstdiagnosefunktionalität gestellt. Diese überprüft während der Fahrt die Abgaswerte und hält nicht plausible Werte fest, was jedoch nicht zwangsläufig zu einem Fehler führt, sondern nur zu einem Eintrag im Fehlerspeicher der bei dem nächsten Werkstattbesuch ausgelesen wird. Die Überprüfung der Diagnose ist hauptsächlich durch Tests auf Komponenten- und teilweise Systemebene zu durchzuführen.

5.4.2.5 Testziel 5: Nachweis der korrekten Interaktion an Schnittstellen

Testziel 5 (Nachweis der korrekten Interaktion an Schnittstellen). *Als weiterer Aspekt der korrekten Funktionalitätserbringung soll das betrachtete Testobjekt an seinen internen bzw. externen Schnittstellen korrekt interagieren. Zur korrekten Interaktion an einer Schnittstelle können korrekt umgesetzte statische und dynamische Eingangs- zu Ausgangsbeziehungen sowie die Einhaltung von Wertebereichen und Datentypen gehören.*

Das Testziel 5 „Schnittstellen" erfordert die Überprüfung der korrekten Funktionalität von Schnittstellen. Da die Testziele teststufenübergreifend gelten, sind hiermit existierende Schnittstellen auf Softwaremodulebene bis hin zur Systemebene adressiert. Zur Überprüfung der Schnittstellen gehört die Überprüfung und Einhaltung der Wertebereiche und Datentypen.

5.4.2.6 Testziel 6: Nachweis der Zuverlässigkeit / Robustheit

Testziel 6 (Nachweis der Zuverlässigkeit / Robustheit). *Das betrachtete Testobjekt soll seine geforderte Funktionalität sowie die geforderte Funktionalität seiner Sicherheitsmechanismen und Schnittstellen auch in den unterschiedlichsten Betriebsbedingungen robust und über die geplante Lebensdauer erbringen.*

Zu den unterschiedlichsten Betriebsbedingungen können

- *Unter-/ Überspannung*

- *Auftreten interner bzw. externer Fehler (z.B. Wertebereichs- / Datentypenverletzungen)*

- *extreme interne bzw. externe Lastzustände oder*

- *extreme Umgebungsbedingungen (z.B. hinsichtlich Temperatur, EMV, Vibrationen)*

gehören.

Das Testziel 6 „Zuverlässigkeit/Robustheit" grenzt sich von der „klassischen" Funktionalitätserbringung insofern ab, dass das Testobjekt in gezielt gewählten, extremen Betriebsbedingungen überprüft wird. Diese Überprüfung kann in den spezifizierten Betriebsbereichen bzw. innerhalb des angenommenen Beanspruchungsverhaltens stattfinden, überprüft jedoch auch das Verhalten des Testobjektes außerhalb dieser Grenzen.

5.4.2.7 Testziel 7: Nachweis der Effizienz / Leistungsfähigkeit

Testziel 7 (Nachweis der Effizienz / Leistungsfähigkeit). *Das betrachtete Testobjekt soll seine geforderte Funktionalität sowie die geforderte Funktionalität seiner Sicherheitsmechanismen zeitlich und iterativ korrekt erbringen.*

Dazu können nachfolgende Punkte relevant sein:

- *Rechtzeitige Verarbeitung von Eingaben, zeitlich und iterativ richtige Reaktion auf die Eingaben sowie rechtzeitige Ausgabe (z.B. Daten/Signale) innerhalb des spezifizierten Wertebereichs*

- *Rechtzeitige Erkennung von Fehlern, zeitlich und iterativ richtige Fehlerbehandlung sowie rechtzeitige Umsetzung der Fehlerbeherrschungsmaßnahmen*

- *Zeitlich und iterativ richtiges Verhalten gemäß der gesetzten Konfigurationsdaten*

- *Zeitlich und iterativ richtiges Verhalten der vorhandenen Schnittstellen*

Das Testziel 7 „Effizienz/Leistungsfähigkeits" überprüft einen ähnlichen jedoch klar von Testziel 6 zu trennenden Aspekt des Testobjektes. Bei diesem Testziel liegt die Überprüfung der korrekten zeitlichen/iterativen Funktionalitätserbringung des Testobjektes im Vordergrund.

5.4.2.8 Testziel 8: Nachweis der Benutzbarkeit

> **Testziel 8** (Nachweis der Benutzbarkeit). *Das betrachtete Testobjekt soll wie gefordert sowie vom Benutzer erwartet benutzbar sein. Ein weiterer Aspekt zum Nachweis der Benutzbarkeit ist, ob ein Benutzer die Reaktion des Testobjekts im Fehlerfall auch beherrschen kann.*

Das abschließende Testziel 8 „Benutzbarkeit" fordert den Nachweis über die Beherrschbarkeit des Systems durch den Anwender. Dieses Testziel ist insbesondere für Systeme mit *Human-Machine-Interface* Schnittstellen, wie z.B. bei Telematiksystemen, gedacht. Zusätzlich beinhaltet das Erreichen dieses Testziels auch die Überprüfung von möglichen Reaktionen des Fahrers durch das System. Als Beispiel hierfür würde der Test einer durch ein Fahrerassistenzsystem aktivierten Lenkradvibration und dessen Auswirkung auf den Fahrer zählen. Ein mögliches, zu vermeidendes Szenario wäre hier, dass die Vibration nicht so stark sein darf, dass der Benutzer das Lenkrad nicht mehr beherrschen kann.

Die Liste der Testziele beschreibt sämtliche zu überprüfende Aspekte eines E/E-Systems. Für den Spezialfall, dass weitere Testziele nötig sein sollten, können diese problemlos in das Framework des Testkonzepts integriert werden. Der Bedarf an weiteren Testzielen konnte anhand von Interviews von Experten aus verschiedenen Entwicklungsbereichen sowie im Austausch mit der konzernweiten Repräsentanten der bestehenden Qualitätsmanagment-Fachgruppe nicht identifiziert werden.[4]

Mit der abgeschlossenen Definition von Testzielen, soll nun betrachtet werden, auf welchen Teststufen die Erfüllung der Testziele als effizient eingestuft werden kann. Dabei ist, um den teststufenübergreifenden Charakter der Testziele beizubehalten, jedes Testziel grundsätzlich auf mehreren Teststufen zu erreichen.

5.5 Effiziente Zuordnung von Testzielen zu Teststufen

Die definierten Testziele aus Sektion 5.4 sind teststufenübergreifend zu erfüllen. Die Sinnhaftigkeit der Überprüfung eines Testziels kann jedoch auf den verschiedenen Teststufen variieren. Aus diesem Grund sind die folgenden Punkte zu gewährleisten:

- Effizienz der Zuordnung von Testzielen zu Teststufen

---

4   Ein Aspekt der Sicherheit, der zurzeit nicht explizit durch die Testziele genannt wird, ist die Sicherheit eines Systems/Testobjekts im Sinne der englischen Security. Diese Thematik beschäftigt sich mit der Abwehr von ungewollten Zugriffen auf Systeme, deren Ursprung in der Systemumgebung zu suchen ist. Die Relevanz wird mit dem Voranschreiten heutiger Entwicklungen im Bereich vernetzter Technologien immer größer. Bisweilen ist diese Thematik im Testziel 2 „Sicherheitsmechanismen" inbegriffen und wird nicht separat aufgeführt.

- Vermeidung durch Testlücken (integrative Betrachtung)

- Vermeidung von unnötigen Redundanzen

Die effiziente Zuordnung von Testzielen zu Teststufen ist für ein systematisches Absicherungsvorgehen und Ableiten von Testfällen unerlässlich und spiegelt sich in dem für die Regressionstestmethodik definierten *Vollständigkeitskriterium* und *Effizienzkriterium* wieder. Ein direkter Nutzen für die Regressionstestmethodik besteht darin, dass die Testfälle den richtigen Aspekt auf der jeweils richtigen Teststufe testen. So ist bei Änderung einer Komponente gewährleistet, dass entsprechende Tests einer Systemfunktion auch auf Systemebene vorhanden sind. Da alle Testziele auf mehreren Teststufen überprüft werden können, wird dadurch teilweise die mehrfache Verwendung eines Testfalls durchaus sinnvoll, so z.B. wenn anstatt ein simulierter Bestandteil des Testobjektes oder seiner Umgebung auf einer höheren Teststufe als Realisierung vorliegt[5]. Dies gewährleistet eine hohe *Inklusivität* der Methodik.

Das Risiko von unentdeckten Testlücken ist ohne das Erstellen eines Testkonzeptes bisweilen existent, da die Testaktivitäten oft dezentral nach Teststufen aufgestellten Testteams organisiert sind. Die Vermeidung von Redundanzen wirkt sich insgesamt optimierend auf den Umfang der Testspezifikation und der Selektion der Testfälle für den Regressionstest aus. Die Vermeidung von unnötigen Redundanzen ist durch die innewohnende Fokussierung der Zuordnung von Testzielen auf bestimmte Teststufen berücksichtigt sein.

Sind diese Punkte berücksichtigt, so ist eine sinnvoll Ableitung und Zuordnung von Testfällen zu verfügbaren Teststufen möglich[6].

Die Zuordnung erfolgt unter Berücksichtigung von mehreren Randbedingungen. Zunächst sind die Vorgaben der ISO 26262 zu beachten, da diese explizite Zuordnungen von Testzielen zu Teststufen vorschlägt. Die ISO 26262 ist jedoch nur ein Stand der Technik, der zudem hauptsächlich die Funktionssicherheit eines Produktes beleuchtet. Deshalb wird die Analyse zusätzlich auf die automobilspezifische Fachliteratur zum Test von E/E-Systemen erweitert. Das Ergebnis ist in Abbildung 48 dargestellt[7].

---

5   Eine häufig vorkommende Kombination ist dabei z.B. ein Softwaretest mit einem Komponenten- oder Systemtest. Dies ist relevant, wird z.B. eine verwendete (anderweitig abgesicherte) Komponente innerhalb des System geändert, so macht es nur Sinn die Systemeigenschaften anhand des Systemtests zu überprüfen, nicht aber anhand eines Softwaretests der Funktionssoftware, da diese unverändert geblieben ist.

6   Die Verfügbarkeit und Festlegung von für ein Projekt zu verwendenden Teststufen, Testplattformen und Testumgebungen wird im Testkonzept durchgeführt. Dies ist für den Regressionstest nur indirekt ausschlaggebend, da sich die Regressionstestmethodik sich auf die dem Testfall mitgegebenen Informationen stützt. In diesem Fall ist dies die Information auf welchen Teststufen der Testfall ausgeführt werden soll. Sämtliche Festlegungen und konzeptionellen Überlegungen sind zum Zeitpunkt der Anwendung der Methodik bereits abgeschlossen.

7   Auf die korrekte Zuordnung von Testmethoden zu Testzielen ist in dieser Darstellung vorgegriffen.

	TESTZIEL (Nachweis der ...)	Modell-Modul-test	Modell-Integrations-test	SW-Modultest	SW-Integrations-test	HW-Integrations-test
1	...korrekten Funktionalitäts-erbringung	○	○	●	●	●
		HW/SW-Integrations-test	Komponenten-test	System-integrations-test	Fahrzeug-integrations-test	Gesamt-fahrzeugtest
		○	●	●	●	●
	TESTZIEL (Nachweis der ...)	Modell-Modul-test	Modell-Integrations-test	SW-Modultest	SW-Integrations-test	HW-Integrations-test
6	Zuverlässigkeit/ Robustheit	–	–	○ bei PiL	○ bei PiL	●

Abbildung 48: Zuordnung der Nachweismöglichkeiten des Testziels 1 „Funktionalität" auf den verschiedenen Teststufen (nach Normen und Standards). Dazu zur Erläuterung von Detaillierungen (siehe Text), ein Ausschnitt zum Testziel 6 „Zuverlässigkeit / Robustheit".

In Abbildung 48 wird grundsätzlich zwischen zwei Typen von positiven Abhängigkeiten unterschieden:

1) Ein ausgefüllter Kreis bedeutet, dass der Nachweis des Testziels auf dieser Teststufe empfohlen, d.h. als sinnvoll anzusehen ist.

2) Ein nicht ausgefüllter Kreis bedeutet, dass der Nachweis des Testziels auf dieser Teststufe zwar möglich ist, jedoch unter dem Aspekt der Effizienzkriterien nicht zu empfehlen ist.

Beide Abhängigkeiten können eine weitere Detaillierung in Form eines Kommentares enthalten: Beispielsweise ist der Nachweis des Testziels „Zuverlässigkeit/Robustheit" auf SW-Modul oder SW-Integrationsebene nur auf einer Testplattform möglich, welche reale Umgebungsbedingungen darstellen kann (siehe Abbildung 48). Somit lässt sich das Testziel nicht auf der Testplattform „SiL" durchführen, es findet eine Zuordnung zur Testplattform „PiL" statt. Diese werden anhand von Fußnoten integriert.

Ein „-" bedeutet, dass es nicht sinnvoll ist, den Nachweis des Testziels auf der Teststufe zu erbringen. Auf eine Formulierung „nicht möglich" wurde bewusst verzichtet.

5.5.1 Begründung der Teststufenzuordnung für das Testziel „Funktionalität" (siehe Abbildung 48)

Modellmodultest:

- Keine klare Empfehlung. Die Überprüfung der Funktionalität ist zwar grundsätzlich möglich, jedoch gibt es seitens der ISO 26262 keine explizite Anforderungen das Modell zu überprüfen. Auch wird in der Praxis auf der Modellmodulebene keine explizite Überprüfung der (Gesamt-)Funktionalität vorgenommen. Seitens der Praxis wird damit keine Empfehlung ausgesprochen. Eine gezielte Überprüfung des Modellmoduls oder des Modells ist grundsätzlich weiterhin sinnvoll, ist jedoch eher im Rahmen eines *back-to-back* Tests zu betrachten. Dieser *back-to-back* Test wird in der ISO 26262 erwähnt, jedoch nur abgeschwächt vorgeschlagen („wenn anwendbar").

Softwaremodultest und Softwareintegrationstest:

- Die Nachweiserbringung der Funktionalität auf der Softwareebene ist empfohlen. Diese muss auf jeden Fall erbracht werden, da die Software die in den Steuergeräten zu integrierende Implementierung darstellt. Die Überprüfung ist durch die ISO 26262 im Rahmen des Testabdeckungskriteriums SW-Strukturabdeckung gegeben (Vorgriff).

HW/SW-Integrationstest:

- Keine explizite Empfehlung. Der Fokus dieser Teststufe primär auf dem integrativen Aspekt die gegebene Hardware und Software zusammenzuführen.

Ab Komponententest:

- Explizite Empfehlung. Der grundlegende Nachweis der Funktionalitätserbringung erfolgt integrativ auf den Teststufen Komponententest, Systemintegrationstest, Fahrzeugintegrationstest und Fahrzeugtest. Die Anforderungen seitens der ISO 26262 sehen dies vor.

Die Zuordnung der restlichen Testziele entsprechend dem vorgeführten Beispiel vorgenommen. Zu jeder möglichen Kombination einer Zuordnung liegt zusätzlich eine Referenztabelle mit begründeter Argumentation vor, warum die Abhängigkeit gegeben ist oder nicht. Da das Vorgehen ähnlich dem der Referenztabelle der Testziele (siehe Abbildung 47) ist, wird auf eine Darstellung verzichtet.

5.6 Ableitung der Teststrategie

Als Basis für die Teststrategie gelten die globalen Festlegungen

- der zu überprüfenden Testobjekte,

- der bereits festgelegten Testziele sowie

- der definierten Teststufen bzw. Testplattformen.

Im Rahmen der Standardisierung soll zunächst außen vorgelassen werden, welche Testobjekte und Teststufen vorliegen. Spezifische Anpassungen dieser Art sind im Testkonzept zu erarbeiten und umzusetzen. Vielmehr stehen die Testziele im Fokus, da diese vorgeben, was in Summe mit der Testfallermittlung und deren Methoden teststufenübergreifend erreicht werden muss.

Ziel dieser Sektion ist es zu klären, wie nachweislich sichergestellt werden kann, dass die identifizierten Testziele auch erfüllt werden. In der ISO 26262 sind die Testziele den Testmethoden entweder übergreifend (Softwareebene) oder explizit zugeordnet (Systemebene) (siehe Sektion 3.4.3.1).

Eindeutig ist jedoch, dass sich Testmethoden nicht dazu eignen die Erfüllung von Testzielen nachzuweisen. Testmethoden sind eine Vorgabe die zur Ableitung von Testfällen mit richtigem Kontext verwendet werden, jedoch keine Rückschlüsse darüber zulassen, ob ein Testziel erfüllt wurde oder nicht. Hierzu wird ein Kriterium benötigt, welches die Vollständigkeit einer Quantität von Testfällen in Bezug auf gegebene Testreferenzen oder zu testenden Aspekten eines Testobjektes bewertet. In Abweichung zur Norm ISO 26262 wird deshalb der in Abbildung 49 dargestellte Ansatz gewählt.

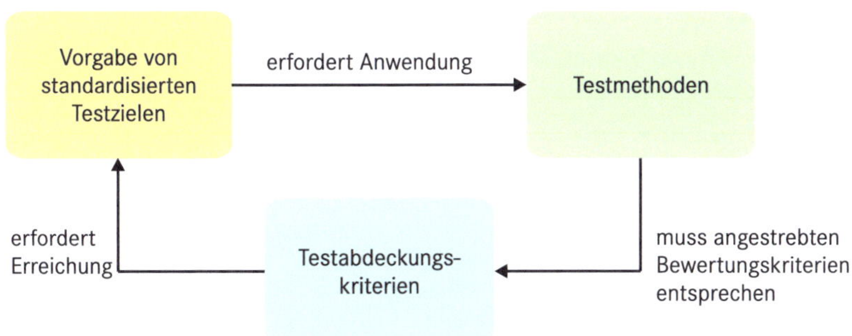

Abbildung 49: Schematische Darstellung des Vorgehen zum Nachweis der Testziele.

Nach dieser Hierarchie stellen die Testziele eine zu erfüllende Vorgabe dar, die Testabdeckungen ein zu bewertendes Kriterium und die Testmethoden eine Empfehlung, wie Testabdeckungen gezielt erreicht werden können. Die zu verwendende Testziele wurden bereits in Sektion 5.4 definiert, weshalb jetzt auf die Testabdeckungskriterien und Testmethoden eingegangen werden soll.

5.6.1 Definition von geeigneten Testabdeckungskriterien

Vor der Identifikation und Festlegung von Testabdeckungskriterien ist zu definieren, welche Eigenschaften ein solches Kriterium besitzen muss. Ein Testabdeckungskriterium muss

- ein Bewertungskriterium sein.
- ist gegen eine Testreferenz zu bewerten.
- muss messbar sein (Grad der Testabdeckung).

Im Verlauf dieser Arbeit ist bereits bewusst das Wort „Testabdeckungskriterium" (anstatt „Testabdeckung") eingeführt worden, um darauf hinzuweisen, dass es sich bei einer Testabdeckung um ein Bewertungskriterium handeln muss. Die Notwendigkeit geht aus Abbildung 49 hervor. Wichtig ist zudem, welche Art der Abdeckung bewertet werden soll. Dazu gehört die Information gegen welche Referenz (eine Testreferenz oder eine bestimmtes Merkmal des Testobjektes) der Abdeckungsgrad bewertet werden kann. Die vollständige Testreferenz repräsentiert hierbei den 100%-igen Erfüllungsgrad. Die wichtigste Eigenschaft eines Testabdeckungskriteriums ist jedoch die Eigenschaft der Messbarkeit. Dies ist ersichtlich, da ohne diese Eigenschaft keine aussagekräftige Bewertung vorgenommen werden kann.

In diesem Rahmen sollte zudem geklärt werden, welcher Abdeckungsgrad zu welchem Testziel einen Beitrag liefert. Eine klare, eindeutige Festlegung ist aufgrund der Abstraktionsebene nicht möglich. Auf Basis der einem Testziel zugeordneten Testmethoden kann jedoch abgeleitet werden, welcher Abdeckungsgrad einen primären Beitrag zu welchem Testziel leistet. Diese Angabe ist im Sinne der Ausarbeitung einer effizienten, projektspezifischen Teststrategie auch sinnvoll, um zum einen eine effektive Maximierung der Abdeckungsgrade und zum anderen eine zielgerichtete Erfüllung der Testziele zu ermöglichen.

5.6.1.1 Herleitung der Testabdeckungskriterien

Da die identifizierten Testabdeckungskriterien bewusst als Bewertungskritierien formuliert sind, müssen zunächst weitere Rahmenbedingungen festgelegt werden, um die Vollständigkeit des Erreichungsgrades (Vollständigkeitskriterien) zu gewährleisten. Diese Rahmenbedingungen sind in Form von Anforderungen zu sehen, die im Testkonzept dokumentiert sind.

> **Zusätzliche Anforderung 1.** *Im Rahmen der Teststrategie muss ein höchstmöglicher Erfüllungsgrad der nachfolgend festgelegten Testabdeckungskriterien durch gezielte Einführung zusätzlicher Testfälle erreicht werden. Die Erwartung ist grundsätzlich eine vollständige Erfüllung der festgelegten Testabdeckungen für alle genannten Kriterien.*

Diese Anforderung schreibt vor, dass durch gezielte Einführung zusätzlicher Testfälle eine höchstmögliche Testabdeckung erreicht werden soll. Das Erreichen einer vollständigen Abdeckung ist nicht immer möglich, man denke an eine praktisch erreichbare, 100%-ige SW-Strukturabdeckung. Deswegen gilt weiterhin die folgende Anforderung:

> **Zusätzliche Anforderung 2.** *Die Angemessenheit der für ein Testobjekt tatsächlich durch den Test erreichten Testabdeckung ist für jedes der genannten Kriterien im Detail zu begründen.*

Die Herleitung der notwendigen Testabdeckungskriterien erfolgt analog der Vorgehensweise für die Testziele und wird deshalb hier nicht nochmals aufgeführt. Das erste, eigentlich selbstverständliche Testabdeckungskriterium ist die Anforderungsabdeckung.

5.6.1.2 Testabdeckungskriterium 1: Anforderungsabdeckung

> **Testabdeckungskriterium 1** (Anforderungsabdeckung).
> *Die Anforderungsabdeckung bewertet den Anteil der beim Testen abgedeckten Anforderungen bezogen auf die Gesamtanzahl der testbaren Anforderungen. Dieses Kriterium ist grundsätzlich für alle (Sicherheits)-Einstufungen zu maximieren.*

Die Anforderungsabdeckung schließt sämtliche Anforderungen aus sämtlichen Spezifikationen sowie dem funktionalen und technischen Sicherheitskonzept mit ein die testbar sind. Eine Anforderungsabdeckung von 100% in Bezug auf sämtliche an das Produkt gestellten Anforderung ist nicht möglich, da viele nicht-funktionale Anforderungen nicht durch den Test verifiziert werden können (zum Beispiel: „Sicherheitsanweisung muss im Cockpit vorliegen"). Eine Identifikation von testbaren Anforderungen ist deshalb zu empfehlen (siehe Sektion 3.3.2.1). Grundsätzlich ist zu beachten, dass es nur ein hinreichendes Kriterium ist, jede testbare Anforderung mit einem Testfall zu verifizieren. So ist z.B. eine kombinierte Betrachtung der Anforderungsabdeckung mit der Zustandsabdeckung bei der Beschreibung eines Zustandsautomaten in der Systemspezifikation notwendig, um eine ausreichende Abdeckung der Inhalte zu erzielen. Unter anderem ergänzend zur Anforderungsabdeckung ist das Testabdeckungskriterium 2:

5.6.1.3 Testabdeckungskriterium 2: Zustandsabdeckung

> **Testabdeckungskriterium 2** (Zustandsabdeckung).
> *Stufe 1: Zustandsabdeckung*
> *Die Zustandsabdeckung bewertet den Anteil der beim Testen abgedeckten*

Zustände bezogen auf die Gesamtanzahl der für ein Testobjekt definier-
ten Zustände. Dieses Kriterium ist grundsätzlich für alle (Sicherheits-)
Einstufungen zu maximieren.

Stufe 2: Zustandsübergangsabdeckung
Die Zustandsübergangsabdeckung bewertet den Prozentsatz der beim Testen
abgedeckten Zustandsübergänge bezogen auf die Gesamtanzahl der für ein
Testobjekt definierten Zustandsübergänge. Dieses Kriterium ist für die
Sicherheitseinstufungen ab ASIL A zu maximieren.

Die Zustands(übergangs)abdeckung zielt auf die Absicherung von gegebenen
Zuständen innerhalb des Systems ab, was die Softwareebene und Systemebene umfasst. Auf Softwareebene ist die Abdeckung in Ergänzung zur SW-
Strukturabdeckung gedacht, da mit der Abdeckung von Zuständen automatisch
auch eine Source Code Abdeckung erreicht wird. Die Unterteilung des Kriteriums ist bewusst vorgenommen, um den geforderten Intensitätsabstufungen der
ISO 26262 gerecht zu werden. Ein wichtiger Punkt ist hier die Formulierung
„...ist zu maximieren". Dass bedeutet, dass auch für ein QMH-System die Zu-
standsübergangsüberdeckung bewertet werden muss. Hierbei handelt es sich
um eine bewusste Erweiterung der ISO 26262 Anforderungen, da dies durch
den internen Standard gefordert wird. Die Zustandsabdeckung ist nur durch
Reviews zu bewerten.

5.6.1.4 Testabdeckungskriterium 3: Abdeckung der Sicherheitsmechanismen bzw. Fehlererkennungs / -Fehlerbehandlungsmechanismen

Eine weitere wichtige Abdeckung, die speziell auf die Abdeckung sicherheitsrelevanter Aspekte nach ISO 26262 abzielt, ist die Abdeckung Sicherheitsmechanismen und Fehlererkennung/-behandlung:

Testabdeckungskriterium 3 (Abdeckung der Sicherheitsmechanismen bzw. Fehlererkennungs / -Fehlerbehandlungsmechanismen).
Stufe 1:
Die Abdeckung der Sicherheitsmechanismen bzw. Fehlererkennungs- / Feh-
lerbehandlungsmechanismen bewertet den Anteil der beim Testen abgedeck-
ten Sicherheitsmechanismen bzw. Fehlererkennungs/-Fehlerbehandlungsmechanismen
bezogen auf die Gesamtzahl der für ein Testobjekt definierten Sicherheits-
mechanismen bzw. Fehlererkennungs/ -Fehlerbehandlungsmechanismen.
Dieses Kriterium ist für die Sicherheitseinstufungen ASIL A und ASIL B
zu maximieren.

Stufe 2:
Die Abdeckung der Äquivalenzklassen von Äuslöseereignissen für Sicher-
heitsmechanismen bzw. Fehlererkennungs/-Fehlerbehandlungsmechanismen
bewertet den Anteil der beim Testen abgedeckten Äquivalenzklassen von

Auslöseereignissen für Sicherheitsmechanismen bzw. Fehlererkennungs/ - Fehlerbehandlungsmechanismen bezogen auf die Gesamtzahl der definierten Äquivalenzklassen von Auslöseereignissen der für ein Testobjekt definierten Sicherheitsmechanismen bzw. Fehlererkennungs / -Fehlerbehandlungsmechanismen. Dieses Kriterium ist zusätzlich für die Sicherheitseinstufungen ASIL C und ASIL D zu maximieren.

Die Abdeckung Sicherheitsmechanismen und Fehlererkennung / -behandlung fordert, unabhängig von der Anforderungsabdeckung, eine Überprüfung aller im Produkt enthaltenen Sicherheitsmechanismen und Fehlererkennungs / -behandlungsmechanismen. Die zu überprüfenden Sicherheitsmechanismen sind in den Sicherheitskonzepten zu beschreiben und in der Systemspezifikation zu detaillieren. Ein Auslöseereignis entspricht der von der ISO 26262 geforderten Funktionsaufrufabdeckung. Bei dem Abdeckungskriterium und den gewählten Abstufungen handelt es sich um ein eigenständig entwickeltes, ergänzendes Kriterium, um eine ausreichende Testabdeckung aus Sicht Funktionssicherheit zu gewährleisten. Es soll die durch den Testentwickler zusätzlich zu betrachtenden Aspekte der Funktionssicherheit konkretisieren und aussagekräftig darstellen, welche Art von Testfällen abzuleiten sind. Aus Sicht der ISO 26262 besteht nur die Anforderung sämtliche funktionalen und technischen Sicherheitsanforderungen zu verifizieren.

5.6.1.5 Testabdeckungskriterium 4: SW-Strukturabdeckung

In Bezug auf die Softwareebene besteht ein weiteres spezifisches Abdeckungskriterium:

Testabdeckungskriterium 4 (SW-Strukturabdeckung).
Stufe 1: Zweigüberdeckung
Die Zweigüberdeckung bewertet den Anteil der beim Testen abgedeckten Zweige im Kontrollfluss bezogen auf die Gesamtanzahl der im Kontrollfluss einer Software vorhandenen Zweige. Dieses Kriterium ist grundsätzlich für alle (Sicherheits-) Einstufungen zu maximieren.

Stufe 2.1: Funktionsüberdeckung
Die Funktionsüberdeckung bewertet den Anteil der beim Testen ausgeführten Softwarefunktionen bezogen auf die Gesamtanzahl der vorhandenen Softwarefunktionen. Dieses Kriterium ist zusätzlich für die Sicherheitseinstufungen ASIL C und ASIL D zu maximieren.

Stufe 2.2: Funktionsaufrufüberdeckung
Die Funktionsaufrufüberdeckung bewertet den Prozentsatz der beim Testen abdeckten Funktionsaufrufe bezogen auf die Gesamtanzahl der in einer Software vorhandenen Funktionensaufrufe. Dieses Kriterium ist zusätzlich für die Sicherheitseinstufungen ASIL C und ASIL D zu maximieren.

Die SW-Strukturabdeckungen beziehen sich auf die von der ISO 26262 geforderten Abdeckungen auf Softwaremodulebene (Zweigüberdeckung) und Softwareintegrationsebene (Funktionsüberdeckungen). Mit der Softwarestrukturüberdeckung wird gewährleistet, dass sämtliche Softwareelemente eines Systems ausreichend getestet wurden. Dies gilt für den von Hand generierten Source Code als auch für die modellbasierte Entwicklung. Die SW-Strukturabdeckung ist mit Hilfe von Tools messbar, welche Testfallspuren aufzeichnen können und die erreichte Abdeckung in Bezug zum gesamten Testobjekt stellen können. Eine nennenswerte Interpretation bei diesem Kriterium wurde dadurch vorgenommen, dass eine „Modified Condition/Decision Coverage (MC/DC)"-Abdeckung nicht explizit gefordert wird. Diese Verschärfung kann jedoch, falls erwünscht oder notwendig, für jedes Projekt anhand des Testkonzeptes integriert werden.

5.6.1.6 Testabdeckungskriterium 5: Variantenabdeckung

In einem Review der Testziele ist zu erkennen, dass insbesondere Testziel 3 „Konfigurationsdaten" nur indirekt durch die Anforderungsabdeckung abgedeckt sind. Um ein Kriterium zur Bewertung des Testziels zu gewinnen, wird das folgende Kriterium definiert:

> **Testabdeckungskriterium 5** (Variantenabdeckung).
> *Die Variantenabdeckung bewertet den Anteil der getesteten Varianten bezogen auf die Gesamtanzahl der für ein Testobjekt definierten Varianten. Dieses Kriterium ist zusätzlich für alle (Sicherheits-)Einstufungen zu erfüllen.*

Die Variantenabdeckung sieht vor, dass alle definierten Varianten eines Produktes abgesichert werden müssen. Die ISO 26262 spricht bei Varianten lediglich von Konfigurationsdaten, deren unterschiedliche und vorhandene Ausprägungen jeweils zu testen sind. Im Rahmen der Variantenabdeckungen sollen die im Testkonzept in Bezug auf ein Testobjekt definierten Varianten abgesichert werden. Hier ist vorgesehen, dass die verschiedenen Varianten bei der Definition der Testobjekte aufgezeigt werden (z.B. Ausstattungslinien, Länderkodierung, Baureihenspezifika, ...), das gesamtheitliche Vorgehen zur Absicherung der Varianten dann in der Teststrategie unter dem Punkt Variantenstrategie erfolgt. Die Variantenstrategie sieht nicht automatisch den vollständigen Test aller Varianten vor. Es ist durchaus möglich nur eine geeignete Anzahl von Varianten zu testen, wenn der Nachweis erbracht werden kann, dass das Testobjekt auch in nicht explizit getesteten Varianten sicher funktioniert. Die Variantenstrategie und -abdeckung ist per Testkonzept und Review zu überprüfen.

5.6.1.7 Testabdeckungskriterium 6: Schnittstellenüberdeckung

Ein analoger Fall wie bei Testziel 3 existiert für das Testziel 5 „Schnittstellen", weshalb das folgende Kriterium definiert wird:

Testabdeckungskriterium 6 (Schnittstellenüberdeckung).
Stufe 1:
Die Informationstypen-Überdeckung bewertet den Anteil der beim Testen für die verschiedenen Arten der Informationsübertragung (z.B. zyklisch oder on-event) abgedeckten Informationstypen einer Schnittstelle (z.B. Geschwindigkeitssignal) bezogen auf die Gesamtanzahl der für eine Schnittstelle definierten Informationstypen und Übertragungsarten. Dieses Kriterium ist grundsätzlich für alle (Sicherheits-)Einstufungen zu maximieren.

Stufe 2: Die Abdeckung der Werte jeder Äquivalenzklasse für die Informationstypen bewertet den Anteil der beim Testen für die verschiedenen Arten der Informationsübertragung (z.B. zyklisch oder on-event) abgedeckten Werte aus jeder Äquivalenzklasse für die Informationstypen einer Schnittstelle (z.B. Geschwindigkeit = 0km/h, 20km/h, 50km/h, 100km/h, vMax, Initiierungswert, SNA-Wert[8]) bezogen auf die Gesamtanzahl der für eine Schnittstelle definierten Informationstypen und Übertragungsarten. Dieses Kriterium ist zusätzlich für die Sicherheitseinstufungen ASIL C und ASIL D zu maximieren.

Die Schnittstellenüberdeckung bezieht sich auf die Abdeckung sämtlicher Schnittstellen des Produkts. Schnittstellen sind pro Testobjekt und Teststufe zu überprüfen. Die Spezifikation der Schnittstellen erfolgt generell in den Lastenheften oder ist über mitgeltende Unterlagen zur Beschreibung der Produktarchitektur verfügbar. Im Fokus dieser Abdeckung steht die Korrektheit der implementierten Schnittstelle und nicht das funktionale Verhalten des Testobjektes. Das Kriterium ist nur per Review zu überprüfen.

Die Testziele „Zuverlässigkeit / Robustheit", „Effizienz / Leistungsfähigkeit" und „Benutzbarkeit" sind durch die bereits gegebenen Abdeckungskriterien erfasst. Die Kriterien beziehen sich jedoch bisweilen nur auf die „innere" Sicht, d.h. die Absicherung von spezifiziertem Verhalten. Die Hinzunahme der Betrachtung von u.a. auch Einflüssen aus der Systemumgebung soll durch die Anwendungsfallabdeckung gewährleistet werden.

5.6.1.8 Testabdeckungskriterium 7: Anwendungsfallabdeckung

Testabdeckungskriterium 7 (Anwendungsfallabdeckung).
Die Anwendungsfallabdeckung bewertet den Anteil der beim Testen abgedeckten Anwendungsfälle sowie Ausnahmefälle bzw. Fehlerfälle bezogen auf die Gesamtanzahl der für ein Testobjekt definierten Anwendungsfälle sowie Ausnahmefälle bzw. Fehlerfälle. Dieses Kriterium ist grundsätzlich für alle (Sicherheits-)Einstufungen zu maximieren.

---

8 engl.: *signal not available*

Die Anwendungfallabdeckung bezieht sich auf definierte funktionale Anwendungsfälle, welche im Rahmen des Testens verifiziert werden müssen. Zu den zu überprüfenden Eigenschaften gehören die Robustheit und Leistungsfähigkeit bei gegebenen Umgebungsbedingungen und Fahreraktivitäten (Stichwort Use-Cases), sowie die Benutzbarkeit durch den Anwender. Diese sind entweder seitens der Lastenhefte vorgegeben, oft gibt es für gewisse Produkttypen diesbezüglich auch gewisse Standardverfahren des Testens (Vibration, Temparatur, Nässe, ...). Dieses Abdeckungskriterium entstammt primär dem internen, funktionsorientierten Qualitätsrichtlinien und ist nur per Review zu überprüfen.

Die Anwendungfallabdeckung schließt die Liste der identifizierten Testabdeckungskriterien ab. Wie zu erkennen ist, sind einige Kriterien und Bedingungen im Vergleich zur ISO 26262 ergänzt worden, um die auch die Absicherung in anderen Normen beschriebene Absicherung von nicht-sicherheitsrelevanten Aspekten in Betracht zu ziehen. Zur Beschreibung wie die Testabdeckungskriterien effizient erreicht werden können, müssen geeignete Testmethoden definiert werden. Dies ist das Ziel in der nächsten Sektion.

5.6.2 Definition von zu berücksichtigenden Testmethoden

In dieser Sektion muss abgeleitet werden, mit welchen Testmethoden die definierten Testziele und Testabdeckungskriterien systematisch und effizient erreicht werden können. Ein Abdeckungsgrad eines Testabdeckungskriteriums wird immer mit der gezielten Einführung von neuen Testfällen erhöht, die jeweils einen gewissen Abschnitt des Testobjektes zusätzlich abdecken. Für die Identifikation der Abschnitte die durch weitere Testfälle abgedeckt werden müssen, dienen die definierten Testziele und Testabdeckungskriterien. Wie die Ableitung der eigentlichen Testfälle zu erfolgen hat, ist durch eine systematische Vorgabe vorzuschreiben.

In dieser Sektion wird dafür zunächst die nach ISO 26262 gegebene Gesamtzahl an zu berücksichtigenden Testmethoden analysiert und daraus ermittelt, welche dieser Methoden in welcher Kombination in Bezug auf das E/E-Umfeld sinnvoll anwendbar sind (siehe Sektion 5.2). Nach der ISO 26262 bildet hierbei das Kreuzprodukt der Testmethoden (siehe Sektion 3.4.3.1) den zu betrachtenden mathematischen Raum an Möglichkeiten, welche für die Absicherung eines Produkts zu betrachten sind. Bevor die Analyse begonnen wird, soll eine Unterscheidung dieser vorgenommen werden:

> **Definition 35** (Testverfahren). *Der Begriff Testverfahren beschreibt die Art des Tests. Das Testverfahren gibt an, nach welchem grundlegenden, methodischen Verfahren ein Testfall abgeleitet worden ist. Testverfahren werden aus den „Testmethoden"-Tabellen abgeleitet (z.B. Band 6, Tabelle 12 und 15; oder Band 4 Tabelle 5). Ein Testverfahren ist unter anderem der Fehlerinjektionstest sowie der Performance Test.*

Definition 36 (Testfallermittlungsverfahren). *Der Begriff Testfallermittlungsverfahren beschreibt Analyseverfahren die zur Ableitung eines Testfalls nach einem bestimmten Testverfahren verwendet werden können. Unter Testfallermittlungsverfahren fallen die als „Testmethoden zur Ableitung von Testfällen" genannten Testmethoden, z.B. die Äquivalenzklassenanalyse. Grundlage sind die Vorgaben z.B. aus Band 6 die Tabellen 11 und 14 sowie aus Band 4 die Tabelle 4.*

Diese Trennung ist methodisch eine wichtige Schlussfolgerung, welche die gesamte Vorgehensweise beeinflusst. So werden Testverfahren (TV) direkt einem oder mehreren Testzielen zugewiesen. Das bedeutet, dass die Anwendung bestimmter Testarten zur Erfüllung der verschiedenen Testziele notwendig ist. Testfallermittlungsverfahren (TFEV) dagegen, geben abhängig davon an, wie ein Testfall in Bezug auf ein gewisses Testziel und Testverfahren am sinnvollsten und effizientesten abgeleitet werden kann. Somit handelt es sich bei den Testmethoden, nach den Testzielen und Testabdeckungskriterien, um eine separierbare 3. und 4. Informationsebene.

5.6.2.1 Herleitung der Testverfahren und Testfallermittlungsverfahren

Das Ergebnis der Herleitung der Testverfahren wird anhand des Beispiels „Funktionaler Test" gezeigt (siehe Abbildung 50). Das Vorgehen ist im Gegensatz zur Herleitung der Testziele nicht so komplex, da im Wesentlichen nur die ISO 26262 adressiert werden muss, da diese als einzige Norm diesbezüglich Vorschläge unterbreitet. Das zweite zu analysierende Dokument ist der interne Qualitätsstandard, der jedoch im Konfliktfall dem Bestreben der ISO 26262 untergeordnet wird. Die Herleitung des Beispiels ist anhand der folgenden Referenztabelle nachzuvollziehen.

Im Fall der Testverfahren und Testfallermittlungsverfahren darf nicht angenommen werden, dass sämtliche Verfahren 1:1 aus der ISO 26262 übernommen werden können. Gerade an dieser Stelle sind oft die Interpretationsfreiheit der Selektion und Kombination zu wählen und zu argumentieren, warum bestimmte Testverfahren (siehe back-to-back) nicht übernommen werden beziehungsweise warum diese durch eine Kombination von mehreren anderen bereits erfüllt sind.

Aus der Analyse ergeben sich die folgenden fünf Testverfahren:

> **Testverfahren 1** (Funktionaler Test). *Synonym zum anforderungsbasierten Test. Intern ist der Begriff „Funktionaler Test" üblich.*
>
> **Testverfahren 2** (Leistungstest). *Der Leistungstest überprüft den Ressourcenverbrauch, die Robustheit oder die Resistenz.*

| Daimler | ISO 26262 | | Begründung der Gleichwertigkeit |
Name	Testverfahren (ISO)	Referenz	
Funktionaler Test	Anforderungs-basierter Test / Requirement-based Test	4-Table 5 4-Table 10 4-Table 15 6-Table 10 6-Table 13	Begriffe sind synonym. Die Verfahrensschritte sind in der Anleitungsdokumentation beschrieben. Intern (z.B. QM-Handbuch) ist der Begriff "Funktionaler Test" üblich. Auch in der Fachliteratur zum Thema Test gibt es diesbzgl. keine einheitliche Begriffsverwendung.
	Funktionaler Test / Functional testing	5-Table 11	HW: nicht im Fokus; Aufgabe übernimmt i.d.R. der Zulieferer
	Erprobungstest / User test under real-life conditions	4-Table 15 4-Table 16	Verfahren in der Anleitung Anforderungsbasierter Test ergänzen! Unter realen Betriebsbedingungen kann entweder ein **Funktionstest, Leistungstest** oder ein **Benutzbarkeitstest** durchgeführt werden. Dieses ISO-Testverfahren unterscheidet sich nur durch Modifikation der Testumgebungsbedingungen vom Funktions- oder Benutzbarkeitstest. In dieser Tabelle werden nur die "atomaren" Testverfahren zugeordnet. Die Empfehlungen für Testumgebungsbedingungen werden in einer separaten Darstellung verwaltet.
	Langzeittest, Dauertest, Ausdauertest / Long term test	4-Table 15 4-Table 16 4-Table 19	Der "Long Term Test" ist entweder ein Leistungstest oder aber **ein Funktionstest** der über einen längeren Zeitraum läuft und damit z.B. auch Verschleißeffekte mit berücksichtigt. Dieser Aspekt ist in der Verfahrensbeschreibung bzw. durch Empfehlungen für

Abbildung 50: Referenztabelle des Testverfahrens „Funktionaler Test".

Testverfahren 3 (Fehlerinjektionstest). *Der Fehlerinjektionstest beschreibt ein Verfahren zur Überprüfung einer Eigenschaft des Testobjektes durch eine gezielte Injektion eines Fehlers/einer Änderung in das Testobjekt oder dessen Umgebung.*

Testverfahren 4 (Schnittstellentest). *Der Schnittstellentest überprüft externe als auch interne Schnittstellen. Dazu gehört die Überprüfung der Interaktion bzw. Kommunikation von Schnittstellen.*

Testverfahren 5 (Benutzbarkeitstest). *Der Benutzbarkeitstest ist ein Testverfahren, das insbesondere die generelle Benutzbarkeit eines Fahrzeugsystems aus Qualitätssicht bzw. und dessen Beherrschbarkeit im Fehlerfall aus Funktionssicherheitssicht (z.B. im Rahmen der Safety Validation) bewertet.*

Da Testverfahren die Art des Tests beschreiben, sind sie in ihren verschiedenen Ausprägungen teststufenübergreifend einsetzbar. Daher resultiert auch ihre direkte Zuordnung zu den Testzielen (siehe Sektion 5.7). Die Methode wie Testfälle eines bestimmten Verfahrens abzuleiten sind, ist durch die Testfallermittlungsverfahren gegeben. Die Vorgehensweise für die Herleitung von Testfallermittlungsverfahren ist dabei analog zu den Testverfahren gewählt, da identische Voraussetzungen gegeben sind. Diese Vorgehensweise ist in Tabelle 51 dargestellt.

Das Ergebnis der Analyse sind sieben Testfallermittlungsverfahren zur Ableitung der Testfälle (nach bestimmten Testverfahren). Das Ergebnis ist in den folgenden Definitionen zusammengetragen.

| Daimler | ISO 26262 | | Begründung der Gleichwertigkeit |
Name	Testverfahren	Quelle	
Anforderungsüberdeckung		4-8.4.1.4 6-9.4.5 6-10.4.5	Begriffe sind synonym. Die Testüberdeckung wird in der Anleitungsdokumentation der jeweiligen TV bzw. Basismethoden beschrieben. Nachweis der Vollständigkeit (von TF) durch Abdeckung.

Abbildung 51: Referenztabelle des Testfallermittlungsverfahrens „Anforderungsanalyse".

Testfallermittlungsverfahren 1 (Anforderungsanalyse). *Bei der Anforderungsanalyse erfolgt die Testfallermittlung auf Basis von Anforderungsspezifikationen (z.B. Lasten- und Pflichtenheft, Entwurfs- und Feinspezifikation usw.). Hierbei werden die Anforderungen hinsichtlich Normalbetriebsfällen, Grenzsituationsfällen und Fehlbetriebsfällen analysiert und Testfälle abgeleitet, die das spezifizierte Verhalten (Anforderungen) des Testobjektes überprüfen.*

Testfallermittlungsverfahren 2 (Schnittstellenanalyse). *Bei der Schnittstellenanalyse erfolgt die Testfallermittlung auf Basis der externen Schnittstellenspezifikationen (z.B. Modellmodulschnittstelle) oder der internen (z.B. HW/SW-Schnittstelle).*

Testfallermittlungsverfahren 3 (Äquivalenzklassenanalyse/ Grenzwertanalyse). *Die Äquivalenzklassenanalyse ist ein Verfahren zur Ableitung von Testfällen auf Basis von Anforderungen, z. B. aus dem Lastenheft, der Funktionsspezifikation oder anderen Spezifikationsdokumenten. Dabei werden die Definitionsbereiche der Eingabedaten und die Wertebereiche der Ausgabedaten in Äquivalenzklassen aufgeteilt und ein Repräsentant aus jeder Äquivalenzklasse zur Testfallableitung ausgewählt.*

Testfallermittlungsverfahren 4 (Fehler- Fehlerauswirkungs- Fehlerbedingungsanalyse). *Bei dieser Analyse werden unterschiedliche Informationsquellen zur Testfallermittlung genutzt. Hierbei sind Fehlerursachen, Ausfälle, Versagen, Anomalien, Gefahren zu identifizieren, die im System tatsächlich auftreten könnten. Zur Umsetzung des Testfalls ist die Methode zur Fehlerinjektion festzulegen.*

Testfallermittlungsverfahren 5 (Analyse von Anwendungsfällen und -szenarien). *Bei der Analyse von Anwendungsfällen und -szenarien erfolgt die Testfallermittlung auf Basis von Anwendungsfällen und deren Szenarien. Mit Hilfe von Anwendungsfällen werden Interaktionen zwischen einem Anwender / einer Anwendung (Akteur) und dem Testobjekt/System beschrieben, z.B. in einem Interaktions- bzw. Transaktionsdiagramm. Ein Anwendungsfall beschreibt hierbei mehrere Szenarien, die ähnliche oder gleiche Abläufe (aber mit jeweils anderen Daten).*

Testfallermittlungsverfahren 6 (Analyse von Umgebungsbedingungen). *Bei der Analyse von Umgebungsbedingungen erfolgt die Testfallermittlung auf Basis von Informationsquellen, die insbesondere Anforderungen an die Umgebung stellen. Dabei stehen die Bedingungen im Vordergrund, die zum Auftreten von Fehlern oder zu Extremsituationen beitragen können.*

Testfallermittlungsverfahren 7 (Analyse von Erfahrungswerten). *Bei der Analyse von Erfahrungswerten erfolgt die Testfallermittlung auf Basis des Erfahrungswissens der (Test-)Entwickler selbst, aber auch existierende Dokumente zu Fehlern in der Vergangenheit. Dabei werden aus der Erfahrung Testfälle abgeleitet, die mit hoher Wahrscheinlichkeit Fehler aufdecken werden, da in der Vergangenheit solche oder ähnliche Fehler im aktuellen oder in anderen Entwicklungsprojekten bereits aufgetreten sind*

Die Testfallermittlungsverfahren werden, wie bereits gesagt, eingesetzt, um einen Testfall eines bestimmten Verfahrens abzuleiten. Daher ergibt sich eine Zuordnung von Testfallermittlungsverfahren zu Testverfahren. Anders als die Testziele und Testverfahren sind die Testfallermittlungsverfahren jedoch nicht teststufenunabhängig. Bei Testfallermittlungsverfahren handelt es sich um Analyseverfahren die abhängig von gegebenen Testreferenzen eingesetzt werden müssen. Am Beispiel der Schnittstellen ist zu erkennen, dass der Typ der Schnittstelle und die Art der Informationsübertragung von der Modell- bis zu Systemebene unterschiedlich sind.

Auf eine explizite Beschreibung der Testfallermittlungsverfahren und deren Anwendung pro Teststufe wird verzichtet, da dies keinen Beitrag zur methodischen Vorgehensweise liefert.

Die in diesem Kapitel abgeleiteten Testabdeckungskriterien, Testverfahren und Testfallermittlungsverfahren sind definiert, erläutert und in Zusammenhang gesetzt. Nun müssen noch die Abhängigkeiten der einzelnen Elemente miteinander definiert werden, welches der anzuwendenden Kombinatorik entspricht. Die Kombinatorik ist zusätzlich in Abhängigkeit der verschiedenen ASIL-Einstufungen zu sehen.

5.7 Zusammenführung und Strukturierung der Teststrategie

In dieser Sektion ist die Kombinatorik der bereits identifizierten Abhängigkeiten von

- Testzielen und Testverfahren,
- Testverfahren zu Testfallermittlungsverfahren und
- Testzielen zu Testabdeckungskriterien

zu definieren. Die Nachvollziehbarkeit und Begründung für die Kombinatorik wird anhand eines Beispiels pro Typ von Abhängigkeit für den Fall ASIL D erläutert.

5.7.1 Verknüpfung von Testzielen und Testverfahren

Für die Verknüpfung von Testzielen und Testverfahren bestehen acht bzw. fünf Elemente zu Verfügung. Durch die gegebene Anzahl beider Elemente ist ersichtlich, dass es, wie auch in der ISO 26262, zu Mehrfachzuordnungen von Testverfahren zu Testzielen kommen kann.

Für das Testziel 1 „Funktionalität" ist eine Zuordnung der Testverfahren „Funktionaler Test" und „Leistungstest" vorgenommen worden, welche in Tabelle 13 begründet wird.

Testverfahren	Begründung für die Auswahl
Funktionaler Test	Entspricht dem ISO 26262 Testverfahren *Requirement-based Test* (ISO 26262-4, -6) und ist gängige Praxis zum Nachweis von Anforderungen; anzuwenden ab ASIL A und anwendbar in jeder Entwicklungsstufe/Teststufe.)
Leistungstest	Entspricht dem ISO 26262 Testverfahren *User test under real-life conditions* (ISO 26262-4) zur Prüfung der funktionalen Sicherheitsanforderungen im Feld; anzuwenden ab ASIL A und in der Teststufe Fahrzeugebene

Tabelle 13: Begründung für die Zuordnung von Testverfahren zum Testziel 1 „Funktionalität".

Das Testverfahren „Fehlerinjektionstest" kommt nicht zum Einsatz, da sich die Betrachtung auf spezifizierte Wertebereiche beschränkt. Das Testverfahren „Schnittstellentest" entfällt, da dieses Verfahren ausschließlich für Testziel 5 „Schnittstellen" vorgesehen ist. Eine analoge Begründung gilt für das Testverfahren „Benutzbarkeitstest".

5.7.2 Verknüpfung von Testverfahren zu Testfallermittlungsverfahren

Die Zuordnung von Testfallermittlungsverfahren zu Testverfahren ist immer in Bezug auf das zu erfüllende Testziel zu sehen, so dass bei einer Mehrfachzuordnung jeweils verschiedene Testfallermittlungsverfahren zugeordnet sein können. In Bezug auf das Testziel 1 „Funktionalität" ergibt sich die in Tabelle 15 dargelegte Begründung. Analog dazu erfolgt die Begründung für die Zuordnung der Testfallermittlungsverfahren zum Testverfahren Leistungstest in Bezug auf das Testziel 1 „Funktionalität" (siehe Tabelle 15).

TFEV	Begründung für die Auswahl
Anforderungsanalyse	Entspricht dem ISO 26262 Testfallermittlungsverfahren AoReq und AoFD; sie ist die originäre Analysemethode zur Ableitung von Testfällen in einem Funktionalen Test; anzuwenden ab ASIL A. Testabdeckungskriterien: originäres Kriterium ist die Anforderungsabdeckung; zusätzlich sind für die Teststufen I und II ab ASIL A SW-Strukturüberdeckungen zu erfüllen. Bei Testobjekten mit Gedächtnis ist zusätzlich die Zustandsabdeckung zu erfüllen. Werden SW-Konfigurationen und Kalibrierungsdaten verwendet ist zusätzlich die Variantenabdeckung zu erfüllen.
Äquivalenzklassen- und Grenzwertanalyse	Weiterführende Methodik zur Analyse von Anforderungen mit aufteilbaren Ein- und Ausgaben (-datenräumen) zur Systematisierung der Testfallermittlung unter Einbeziehung von Grenzwerten; anzuwenden ab ASIL B. Testabdeckungskriterien: originäres Kriterium sind Werte aus der Äquivalenzklasse (Anforderungsabdeckung). Weitere Testabdeckungskriterien wie bei Anforderungsanalyse.
Auswahl Analyse von Erfahrungswerten	Ergänzende Methodik; anzuwenden ab ASIL B. Testabdeckungskriterien: kein originäres Kriterium zur Testabdeckung vorhanden. Kann zum Erfüllungsgrad bereits genannter Testabdeckungskriterien beitragen.

Tabelle 14: Begründung für die Zuordnung von Testfallermittlungsverfahren (TFEV) zum Testverfahren „Funktionaler Test" in Bezug auf Testziel 1 „Funktionalität".

5.7.3 Verknüpfung von Testzielen zu Testabdeckungskriterien

Die Zuordnung der Testziele zu den Testabdeckungskriterien wird in der Ergebnisdarstellung nicht explizit aufgeführt und getrennt betrachtet, um die Komplexität der Darstellung zu reduzieren. Grundsätzlich ist für die Erfüllung der Testziele eine Bewertung aller definierten Testabdeckungskriterien vorzunehmen. Sind die festgelegten Abdeckungsgrade erreicht, so sind die Testziele erfüllt.

Eine präzise Zuordnung von Abdeckungskriterien zu Testzielen ist im Rahmen der Testkonzeption nicht vorgesehen, da nicht explizit genannt werden kann, welches Abdeckungskriterium für welches Testziel ausschließlich einen Beitrag liefert. In Abbildung 52 (am Kapitelende) ist jedoch eine generelle Zuordnung dargestellt, die zeigt, welches Kriterium primär zu welchem Testziel einen Beitrag liefert. Anhand der Tabelle kann zudem schnell identifiziert werden, welche Testfälle weiterhin benötigt werden, um ein Testziel zu erfüllen. Die Bewertung der Testabdeckung kann zunächst pro Testobjekt durchgeführt werden, um dann nach und nach integrativ eine Aussage über die Erreichung der Testziele für das Produkt zu bekommen.

TFEV	Begründung für die Auswahl
Anforderungsanalyse	Entspricht dem ISO 26262 Testfallermittlungsverfahren AoReq und AoFD; sie ist die originäre Analysemethode zur Ableitung von Testfällen von spezifizierten Leistungsmerkmalen; anzuwenden ab ASIL A. Nicht-funktionale Anforderungen sind durch AoO (Analyse von Anwendungsfälle / -szenarien) abgedeckt. Testabdeckungskriterien: originäres Kriterium ist die Anforderungsabdeckung.
Fehler-Fehlerauswirkungs-Fehlerbedingungs-analyse	Analysemethode zur Identifikation von Fehlerursachen, Ausfällen, usw. zur Ableitung von Fehlersituationen, die im Feld zu testen sind; anzuwenden ab ASIL C. Testabdeckungskriterium: originäres Kriterium ist die Abdeckung von Sicherheitsmechanismen und Fehlererkennung / -behandlung. ab ASIL C wird die Stufe 2 der Testabdeckung empfohlen. Fehlerfälle sind auch bei der Analysemethode Anwendungsfälle und -szenarien zu betrachten, was im Feldtest realisierbar ist.
Analyse von Anwendungsfällen und -szenarien	Analysemethode zur Ableitung von Anwendungsfällen und -szenarien, die im Feld zu testen sind; anzuwenden ab ASIL B. Testabdeckungskriterium: originäres Kriterium ist die Anwendungsfallabdeckung; anzuwenden ab ASIL B.
Analyse von Umgebungsbedingungen	Analysemethode zur Ableitung von Umgebungsbedingungen, die im Feld zu testen sind; anzuwenden ab ASIL B. Testabdeckungskriterium: Anforderungsabdeckung der festgelegten Umgebungsbedingungen; anzuwenden ab ASIL B.
Analyse von Erfahrungswerten	Ergänzende Methodik; anzuwenden ab ASIL B. Testabdeckungskriterien: kein originäres Kriterium zur Testabdeckung vorhanden. Kann zum Erfüllungsgrad des Testabdeckungskriteriums Anwendungsfallabdeckung genutzt werden.

Tabelle 15: Begründung für die Zuordnung von Testfallermittlungsverfahren (TFEV) zum Testverfahren „Leistungstest" in Bezug auf Testziel 1 „Funktionalität".

Testabdeckungskriterium	Nachweis der korrekten Funktionalitätserbringung	Nachweis der korrekten Funktionalitäts-erbringung von Sicherheitsmechanismen sowie von Mechanismen zur Fehlererkennung und -behandlung.	Nachweis der korrekten Reaktion auf Konfigurationsdaten	Nachweis der korrekten Diagnose-Funktionalitätserbringung (z.B. für OBD, Werkstatt)	Nachweis der korrekten Interaktion an Schnittstellen	Nachweis der Zuverlässigkeit / Robustheit	Nachweis der Effizienz / Leistungsfähigkeit	Nachweis der Benutzbarkeit
Anforderungsabdeckung	✓	✓	✓	✓	✓	✓	✓	✓
Zusatndsabdeckung	✓	✓						
Abdeckung Sicherheitsmechanismen und Fehlererkennung/-behandlung	✓	✓	✓			✓	✓	
SW-Struktur-überdeckung	✓	✓	✓	✓	✓			
Variantenabdeckung	✓		✓					
Anwendungsfallabdeckung			✓			✓	✓	✓
Schnittstellen-überdeckung					✓			

Abbildung 52: Zuordnung von Testabdeckungskriterien zu Testzielen zum Nachweis von deren Erfüllung.

5.7.4 Darstellung der Ergebnisse

Die genannte Herleitung und Zuordnung sind für alle Elemente der Teststrategie vorzunehmen, so dass alle Teilaspekte der Verifikation durch den Test betrachtet sind. Hierbei ist zum einen die Auslegung der Vorgehensweise wichtig, jedoch auch die Einhaltung der Dokumentationspflicht zur Nachvollziehbarkeit.

Die in Abbildung 53 dargestellte *Traceability*-Tabelle stellt sämtliche der beschriebenen Interpretationen, Selektionen und Kombinationen bei der Auswahl und Zuordnung der in Sektion 5.1.2 gezeigten Elemente der Teststrategie dar. In der Darstellung herausgehoben sind zum einen die verschiedenen als „Vektoren" gekennzeichneten Elemente in Bezug auf die ISO 26262 (graue Fläche) sowie in Bezug auf die Ableitung auf die Organisation Daimler AG (blau). Im Umfang der Abbildung ist gut zu sehen, dass das ISO 26262 Testziel *„Functionality"* in die Daimler-Testziele „Funktionalität" (und Funktionaler Test) und „Sicherheitsmechanismen" (und Fehlerinjektionstest) zerlegt wird.

Jede Art der Abbildung (Interpretation, Selektion und Kombination), insbesondere derjenigen im Lösungsraum, ist durch die abgeleitete Methodik hergeleitet und begründet. Die Zuordnung der Testfallermittlungsverfahren zum Testverfahren „Funktionaler Test" für das (Daimler-)Testziel „Funktionalität" ist beispielsweise durch Tabelle 15 gegeben. Die Ziffern im Lösungsraum geben die Teststufen an, auf welchen das Testziel inklusive der Methoden und in Abhängigkeit der ASIL-Einstufung zum Einsatz kommen sollen. Die Information der Teststufe wird für die zusammenfassende Ergebnisdarstellung, die im folgenden beschrieben wird, ausgegliedert.

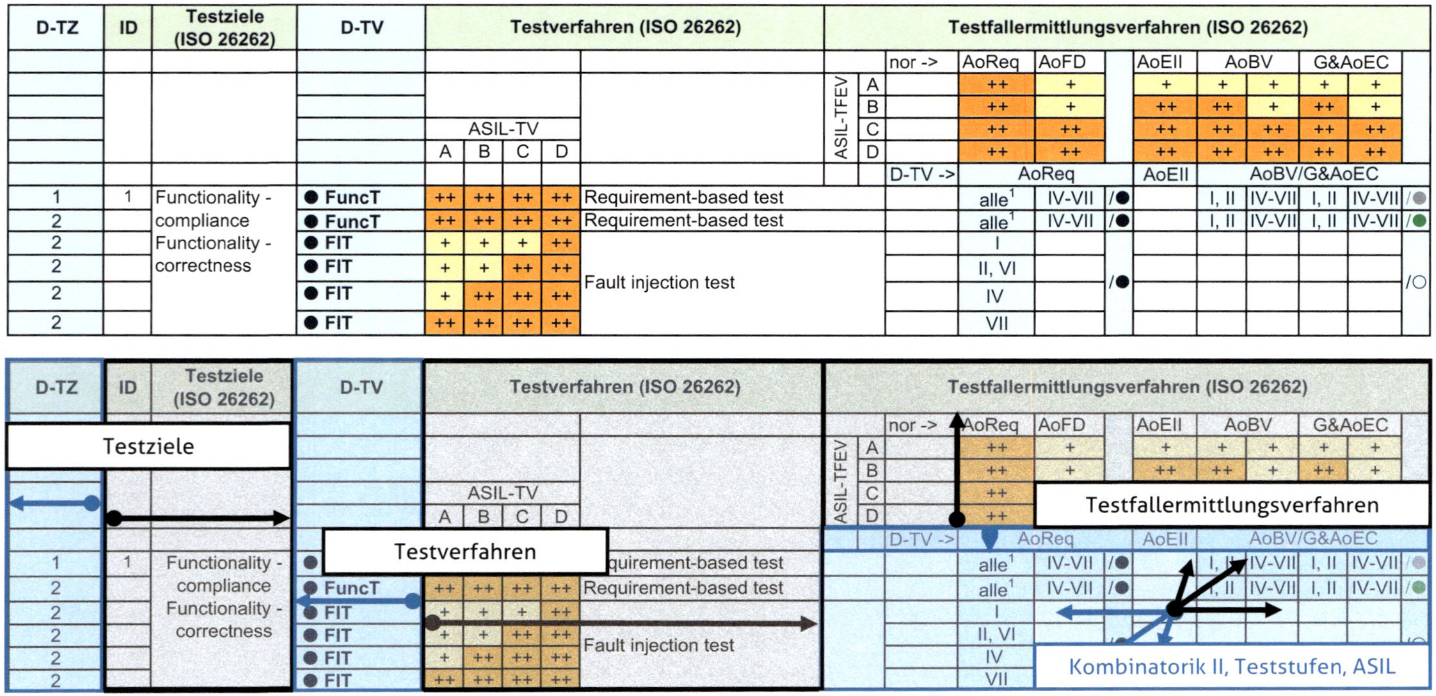

Abbildung 53: *Traceability*-Tabelle für die den Nachweis der Herleitung, Nachvollziehbarkeit und Normenkonformität der Teststrategie. Zu sehen ist die Tabelle an sich (oben) sowie die Überlagerung der Tabelle durch die in Sektion 5.1.2 definierten Verifikationselemente und Interpretationsarten (unten)[a].

[a] schwarz hinterlegt: Anforderungen ISO 26262; blau hinterlegt: Abbildung Daimler AG; römische Ziffern: Teststufen; farbige Kreise: ASIL-Einstufungen A bis D (schwarz, grau, grün, moosgrün)

Das Ergebnis der Teststrategie ist in einer Tabelle mit dem Namen *TFEV-Auswahltabelle* (siehe Abbildung 54 für ASIL D; am Kapitelende) zusammengefasst. Die Zuordnung der Elemente erfolgt über die Zugehörigkeit von Spalten und Zeilen bzw. im Fall der Testverfahren und Testfallermittlungsverfahren durch das bereits verwendetete „ausgefüllter Kreis" sowie „nicht-ausgefüllter Kreis"-Prinzip. Für die verschiedenen (Sicherheits-)Einstufungen QMH-Standard, ASIL A, ASIL B, ASIL C und ASIL D variiert die Zuordnung des Kreuzproduktes der Testverfahren und Testfallermittlungsverfahren sowie die zu erreichenden Grade der Testabdeckungskriterien. Die Gewichtung muss somit mehrmals und mit Rücksicht auf die Empfehlungen der ISO 26262 durchgeführt werden.

Aus strategischen Gründen wird für die Teststrategie ein 3-stufiges Modell gewählt, so dass die *TFEV-Auswahltabelle* in den Abstufungen <QMH-Standard>, <ASIL A und ASIL B> und <ASIL C und D> erstellt wird. Das Ergebnis für letztere Tabelle ist in Abbildung 54 (am Kapitelende) dargestellt.

Die in Form der *TFEV-Auswahltabelle* dargestellte Form der Teststrategie, hier hauptsächlich in Bezug auf die Testfallermittlung bezogen gesehen, gewährleistet die Erfüllung der zuvor genannten Testziele. Dieser eigentliche Kern der Testkonzeption beschreibt die konkrete Umsetzung der Nachweisführung, dass für gegebene Testobjekte die Testziele erreicht werden.

Ein weiterer Punkt ist die Bewertung fester Testabdeckungskriterien, die letztendlich den Erfüllungsgrad der Testziele widerspiegelt und somit ausschlaggebend für die Bewertung der Vollständigkeit der Testspezifikation (siehe Definition 25) ist. Gleichzeitig wird beschrieben, wie anhand der gezielten Verwendung von Testverfahren und Testfallermittlungsverfahren gegebene Testabdeckungskriterien (und somit Testziele) effizient und effektiv erfüllt werden können.

Zu der Ergebnisdarstellung gehört natürlich zusätzlich auch die Dimension der Teststufe, die jedoch bereits in Sektion 5.5 und Abbildung 48 final dargestellt ist. Mit dieser Zusammenführung und Begründung sämtlicher Verknüpfungen aus Abbildung 49 ist die Entwicklung der Teststrategie fertig gestellt.

> **Fazit:** Mit diesem Ansatz der durchgängigen, teststufenübergreifenden Testkonzeption wird ein neues Level der Standardisierung und dadurch Nachvollziehbarkeit und Transparenz bei der Testfallermittlung erreicht, welches erstmals die Anwendung einer effizienten und normenkonformen Regressionstestmethodik auf E/E-Systemebene ermöglicht.

ID	Testziele	Testverfahren	Anforderungsanalyse	Schnittstellenanalyse	Äquivalenzklassenanalyse/Grenzwertanalyse	Fehler-/Fehlerauswirkungs-/Fehlerbedingungsanalyse	Analyse von Anwendungsfällen und -szenarien	Analyse von Umgebungsbedingungen	Analyse von Erfahrungswerten	Anforderungsabdeckung	Zustandsabdeckung	Abdeckung Sicherheitsmechanismen und Fehlererkennung/-behandlung	SW-Strukturüberdeckung	Variantenabdeckung	Anwendungsfallabdeckung	Schnittstellenüberdeckung
	Relevante Testziele:															
1	Nachweis der korrekten Funktionalitätserbringung	● Funktionaler Test	●		●				●							
1		● Leistungstest	●			●	●	●	●							
2	Nachweis der korrekten Funktionalitäterbringung von Sicherheitsmechanismen sowie von Mechanismen zur Fehlererkennung und -behandlung.	● Fehlerinjektionstest	●		○	●	●	●	○							
2		● Funktionaler Test	●		●	○	○	○	●							
3	Nachweis der korrekten Reaktion auf Konfigurationsdaten	● Funktionaler Test	●		●				○							
3		● Fehlerinjektionstest	●			●	●	●								
3		○ Leistungstest	●			○	●	●	○	●	❷	❷	❷	●	●	❷
4	Nachweis der korrekten Diagnose-Funktionalitätserbringung (z.B. für OBD, Werkstatt)	● Funktionaler Test	●			○	○	○								
5	Nachweis der korrekten Interaktion an Schnittstellen	● Schnittstellentest	●	●	●				●							
6	Nachweis der Zuverlässigkeit / Robustheit	● Leistungstest	●			●	○	●	●							
6		○ Fehlerinjektionstest	●		○	○	○	○	○							
7	Nachweis der Effizienz / Leistungsfähigkeit	● Leistungstest	●			●	●	●	●							
7		● Funktionaler Test	●				○	○	○							
8	Nachweis der Benutzbarkeit	● Benutzbarkeitstest	●				●		●							

Abbildung 54: Ergebnis der Teststrategie in Form der TFEV-Auswahltabelle für die Sicherheitseinstufungen ASIL C und D.

6 | ANFORDERUNGEN AN DIE SYSTEMDARSTELLUNG

Die Entwicklung einer Systemdarstellung ist eine Grundvoraussetzung für die Anwendung einer Regressionstestmethodik. Unter einer Systemdarstellung ist eine Darstellung des Systems auf Basis von festen Strukturen gemeint, die eine Auswirkungsanalyse zur Verfolgung potentieller Auswirkungen einer Änderung ermöglicht (siehe Tabelle 55). Für die Entwicklung einer geeigneten Systemdarstellung sind die fundamentalen Rahmenbedingungen durch die in der Sektion 4.2.2.1 abgeleiteten Anforderungen gegeben.

Bei den im Stand der Technik diskutierten *white-box*-Regressionstestmethodiken in Sektion 4.1.1 stechen als geeignete Systemdarstellung vor allem das Kontroll-flussdiagramm (CFG) sowie das Aktivitätsdiagramm hervor. In den diskutierten, spezifikationsbasierten Verfahren ist die Systemdarstellung dabei jeweils separat zu den bereits existierenden Spezifikation des (Software-)Systems zu Erstellen. Chittimalli [30] benötigt für den Algorithmus seiner Auswirkungsanalyse besagte CFGs, stellt jedoch den Bezug zu den Anforderungen und somit Testfällen über eine Instrumentierung des Source Codes dar. Die Vorgehensweise von Chen [29] [28] entspricht einem analogen Weg, nur wird hier das Aktivitäts-diagramm manuell aus der Spezifikation abgeleitet. Beide Vorgehensweisen eigenen sich jedoch aufgrund ihrer Skalierbarkeit sowie des Kriteriums der *Generalität* nicht als Basis für eine E/E-Systemdarstellung (siehe Sektion 4.1.3), weshalb ein komplett neuer Weg eingeschlagen werden soll (siehe Abbildung 55).

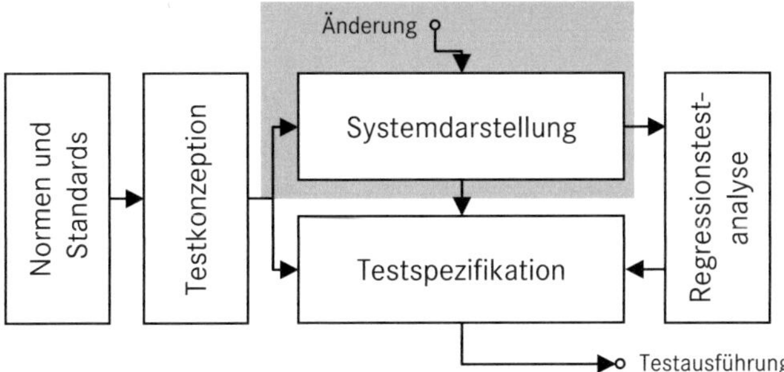

Abbildung 55: Schematische Darstellung des methodischen Konzeptes dieser Arbeit. In diesem Kapitel wird eine geeignete Struktur der Systemrepräsentation ermittelt um eine Regressionstestanalyse zu ermöglichen.

6.1 Grundidee für eine geeignete Systemdarstellung

Die gewählte Form der Entwicklung einer Systemdarstellung für den E/E-Regressionstest unterscheidet sich elementar von den für *white-box*-Methodiken typischen Ansätzen. Der primäre Fokus liegt nicht auf einem *bottom-up*-Ansatz zur Erstellung einer für die Regressionstestmethodik möglichst präzise und kompatible Darstellung. Vielmehr wird ein *top-down* Ansatz gewählt, bei dem eine möglichst abstrakte, von der Implementierung unabhängige Systemdarstellung verwendet wird. Diese Vorgehensweise soll, wie in Sektion 4.2 evaluiert, eine höhere *Effizienz* und *Generalität* der zu entwickelnden Regressionstestmethodik bewirken.

Dazu soll im Prinzip eine Kombination von ersten, unabhängigen Überlegungen von Paul [102] und Gallagher [43] dienen.

Paul diskutiert, und das zunächst unabhängig von einem Regressionstest, inwiefern einzelne Testfälle in sogenannten Szenarien zusammengefasst werden können, die sich an kundenerlebbaren Nutzungsszenarien orientieren (siehe Sektion 4.1.2.7). Gallagher richtet, und das im Gegensatz zu sämtlichen anderen Betrachtungen, seine Regressionstestmethodik grundsätzlich an dem Kriterium *Effizienz* aus. Dazu führt er für das Kriterium *Inklusivität* das ersetzende Kriterium *Exklusivität* ein. Ziel der Methodik ist es, auf Basis der Unabhängigkeit von zu testenden Umfängen und durch Weglassen von (definitiv) nicht benötigten Testfällen die Anzahl an Testfällen zu reduzieren. Die Effektivität der Methodik resultiert daraus, dass in Kauf genommen wird, dass im Gegensatz zu *inklusiven* Methodiken die Anzahl selektierter Testfälle zwar höher ist, deren zusätzliche Ausführungszeit jedoch durch den minimierten Aufwand der Identifikation nicht benötigter Testfälle mehr als kompensiert wird.

Zunächst soll der von Paul genannte Gedankengang umgesetzt werden, die Verwendung von *thin threads* (siehe Sektion 4.1.2.7). Diese sollen jedoch nicht zur Definition von Testszenarien oder Strukturen in der Testspezifikation verwendet werden, sondern zur Strukturierung der Spezifikation an sich. Die Systemspezifikation ist somit gleichzeitig die Systemdarstellung. Dieses Vorgehen hat den absoluten Vorteil, dass die Systemdarstellung im Rahmen der ohnehin notwendigerweise durchzuführenden Arbeitsschritte mit erstellt wird. Es ist also nicht erforderlich, eine separate Repräsentation des Systems zu erzeugen. Als Basis für die Strukturierung wird die in Sektion 3.2.2 diskutierte Funktionsorientierung (FO) sowie die in Sektion 5.3 erarbeiten Erkenntnisse über die Abgrenzung von Testobjekten verwendet.

Die im folgenden Kapitel vorgestellte Auswirkungsanalyse ist ein Hybrid aus einer *inklusiven* und *exklusiven* Methodik. Das resultiert daraus, dass die abstrakte Darstellung des Systems über die Spezifikation vom eigentlichen Verständnis her keine *inklusive* Regressionstestmethodik zulässt, da nicht explizit nachgewiesen werden kann werden, ob ein Testfall potentiell eine Änderung durchläuft oder nicht. Im Rahmen der Systemdarstellung wird es jedoch möglich sein, implementierte Änderungen zu identifizieren und zu verfolgen. Die in der Systemspezifikation als möglicherweise betroffen identifizierten Teile des Systems können nur weitergehend analysiert werden, indem die aus der Teststrategie resultierenden Informationen verwendet werden. Diese Informationen, die Testplattform und das Testziel, sollen die Anzahl der selektierten Testfälle für die betroffenen Teile des Systems weiter minimieren. Dies beschreibt den *inklusiven* Anteil der Methodik. Der *exklusive* Anteil der Methodik ist dadurch gegeben, dass ähnlich wie bei Gallagher, die Information über die betroffenen Teile des Systems daraus resultiert, dass Abhängigkeiten (bei Gallagher: Gemeinsamkeiten) zwischen den Teilen des Systems ausgewertet werden. Sämtliche Bestandteile, die nicht in dieses Suchraster fallen, werden nicht berücksichtigt und deren korrespondierenden Testfälle ausgelassen.

6.2 Herausforderungen und Ziele

Das Vorgehen die Systemspezifikation als Systemdarstellung zu verwenden, birgt einige Herausforderungen, die in diesem Kapitel betrachtet werden müssen. Durch die Funktionsorientierung sowie die im vorausgegangenen Kapitel 5 erarbeitete Testkonzeption sind bereits die Grundlagen dafür geschaffen worden. Im Rahmen der folgenden Betrachtung sollen die in dem Konzept identifizierten und oben genannten Ziele in konkrete Aufgabenstellungen detailliert werden:

a) Analyse von bestehenden Spezifikation und Ausarbeitung einer mit einer Regressionstestmethodik konformen Struktur des funktionsorientierten Ansatzes;

b) Darstellung von Abhängigkeiten zwischen Systemelementen;

c) Definition eines Dokumentationsframeworks für die Spezifikationen

Die erste Aufgabenstellung a) ist bereits teilweise mit den Darstellungen der Lastenhefthierachie und -strukturen im Stand der Technik (3.2) abgehandelt worden. Das Resultat der Analyse beschreibt die grundsätzliche Eignung der funktionsorientierten Dokumentation einer Spezifikation als Voraussetzung für den Regressionstest. Dieser ist in seinen Grundzügen in Sektion 3.2.2 beschrieben. Der zweite, weitaus umfangreiche Teil der Analyse, ist der Vergleich verschiedener existierender Systemspezifikation, die den Ansatz der FO und des Komponentenmappings als Fundament verwenden. Die Notwendigkeit eines solchen Vergleichs ergibt sich dadurch, dass die FO in ihrem Wesen keine explizite Vorgabe darstellt, nach der eine Spezifikation zu definieren ist. Sie ist als eine *best practice* zu verstehen, die ein gutes Rahmenwerk zur Spezifikation von Funktionen definiert. Dieses ist, in Bezug auf das gegebene System, individuell auszugestalten, was automatisch zu verschiedenen Ausprägungen führt.

Die Erkenntnisse dieser kontinuierlichen Untersuchung werden nicht explizit aufgeführt, fließen jedoch direkt in das Ergebnis der Aufgabenstellung b) ein.

Der Inhalt der Aufgabenstellung b), die Definition eines Dokumentationsframeworks, beschreibt im Wesentlichen und unter Berücksichtigung der Ergebnisse der Aufgabenstellung a), wie die Struktur der Dokumentation von Systemfunktion, Komponentenbeiträgen und Komponentenfunktionen ausgelegt werden muss, um für eine Regressionstestmethodik geeignet zu sein. Im Fokus steht also eine Auslegung der FO, die den Aspekt des Regressionstest mitberücksichtigt, gleichzeitig jedoch weiterhin die RE-Anforderungen erfüllt. Die strukturelle Betrachtung bezieht sich vor allem darauf, welche Informationen wie integriert werden können, um die in Aufgabenstellung c) erforderlichen Abhängigkeiten zwischen Systemelementen darstellen zu können. Dazu gehört primär die Integration von Signalen, welche die Kommunikation zwischen den Komponenten realisieren, und Parametern, welche die Umsetzung der Funktion steuern.

Der wichtigste Bestandteil des Kapitels ist jedoch durch die Integration von definierten Abhängigkeiten c) in die FO gegeben. Die Implementierung der Abhängigkeiten muss in einer eindeutigen Art und Weise die in Sektion 5.3 definierten Testobjekte miteinander in Beziehung setzen. Bisweilen sind durch das Komponentenmapping lediglich Abhängigkeiten zwischen Systemfunktionen und beitragenden Komponenten integriert, die zwar ihren Zweck aus RE-Sicht erfüllen, sich jedoch nicht besonders für die Verwendung in einer Regressionstestmethodik eignen. Zur Darstellung von Abhängigkeiten gehört das in Beziehung Setzen einzelner Elemente und Testobjekte in einer Systemspezifikation, sowie das geeignete Verknüpfen von Software-, Komponenten-, und Systemlastenheften. Die definierten Abhängigkeiten bilden die Grundlage für die Verfolgung einer potentiellen Auswirkung einer Änderung durch das System. Die Interpretation der Abhängigkeiten und wie diese von der Auswirkungsanalyse verwendet werden, ist im nachfolgenden Kapitel beschrieben.

Im Folgenden werden diese für die Realisierung einer E/E-Regressionstestmethodik erforderlichen Arbeitspakete diskutiert.

6.3 Darstellung von Abhängigkeiten zwischen Testobjekten

Diese Sektion beschäftigt sich mit der Herausforderung, die in Sektion 5.3 identifizierten Bestandteile eines Systems miteinander in Beziehung zu setzen. Zu den Bestandteilen des Systems gehören bei der Betrachtung der funktionalen Verifikation von E/E-Systemen die Softwaremodule, die Software, die Komponente, die Systemfunktion sowie beitragende Komponentenfunktionen, genauer gesagt deren eigentlicher Funktionsbeitrag. Die hierarchischen (vertikale) Abhängigkeiten der Bestandteile sind durch deren Ableitung bereits gegeben. Definiert werden muss jedoch noch, wie diese Abhängigkeit dargestellt werden kann sowie wie eine Abhängigkeit zwischen hierarchisch gleichen Bestandteilen realisiert werden kann.

6.3.1 Definition von Verknüpfungselementen

Als Randbedingung für die Darstellung der Abhängigkeiten soll zunächst evaluiert werden, welche Typen von Abhängigkeiten innerhalb der Systemdarstellung verwendet werden können und auch von gängigen Anforderungsmanagementtools unterstützt werden. Als offensichtliche Möglichkeit bieten sich dabei zunächst *Links* an:

> **Definition 37** (Links). *Links sind gerichtete Verknüpfungen (hinführend; wegführend) zwischen zwei Elementen einer Spezifikation, bzw. eine Verknüpfung zwischen je einem Element aus zwei verschiedenen Spezifikationen. Links müssen manuell von dem Entwickler gesetzt werden und repräsentieren somit Verknüpfungen die auf externem Know-How aufbauen.*

Links dienen demnach einem einfachen in Bezug Setzen von zwei Elementen, ohne nachvollziehbar darzustellen, warum dieser Bezug besteht. Dies ist meist nur durch ein Review reproduzierbar aufzulösen. Links werden vor allem zur Verlinkung von Testfällen mit (in Richtung) Anforderungen in der Spezifikation verwendet. Bei Analysen von Spezifikationen sind jedoch auch häufig Verlinkungen zwischen zwei Anforderungen gefunden worden, teilweise sogar Spezifikationen-übergreifend. Wenn dieser Typ an Abhängigkeit für den Regressionstest verwendet werden soll, müssen klare Regeln erstellt werden, wann und wie diese Verknüpfung verwendet werden darf.

Aus diesem Grund wird der nächste Typ an Verknüpfung eingeführt, der hauptsächlich im Systemlastenheft zur Verknüpfung von Systemfunktionen und Funktionsbeiträgen verwendet werden soll.

> **Definition 38** (Signale). *Signale beschreiben den Kommunikationsaustausch zwischen zwei oder mehreren Komponenten. Ein Signal besitzt einen Namen und einen zugeordneten Wert. Aus Sicht des betrachteten Systems wird ein Signal entweder „empfangen" oder „versendet". Ein Signal kann als Element einer Spezifikation beschrieben werden und steht in Beziehung mit einem Funktionsstrukurelement oder einer Anforderung.*

Die Vorteile an der Dokumentation von Signalen sind die Nachvollziehbarkeit und Überprüfbarkeit der Abhängigkeit sowie die übersichtlichere Darstellung der Information. Signale eignen sich insbesondere für die Verknüpfung von Systemfunktionen und Komponentenbeiträgen und werden somit nur in der Systemspezifikation beschrieben. Durch die Verwendung von Signalen lassen sich zudem bequem Auswirkungen einer Änderung dieser auf Teile des Systems nachvollziehen.

Diese beiden Typen reichen prinzipiell aus, um die in Kapitel 5 definierten Testobjekte miteinander zu verknüpfen. Eine weitere Form von Abhängigkeit zwischen Funktionen kann jedoch über Parameter gegeben sein. In diesem Fall stützt sich die Realisierung der Funktion auf einen gleichen Eingabewert.

> **Definition 39** (Parameter). *Ein Parameter beschreibt eine Vorgabe eines parametrisierten Wertes zur Steuerung der Funktionalität. Parameter besitzen einen Namen und einen zugeordneten Wertebereich und sind auf einem Speicher in der Komponente mit der Funktionslogik /Systemfunktion abgelegt.*

Die Integration dieser Abhängigkeit in die Spezifikation ist von Nutzen, wenn z.B. ein solcher Parameter geändert wird. Für die Regressionstestanalyse wird dieser Typ nur dazu verwendet die Änderung auf eine Funktion abzubilden.

Wie diese Verknüpfungselemente in die Spezifikation integriert werden, um den Anforderungen einer Regressionstestmethodik genüge zu tun, ist in der folgenden Sektion dargestellt. Es handelt sich dabei um eine Form der Integration, die für die Anwendung einer Auswirkungsanalyse als sinnvoll erachtet wird.

6.3.2 Integration der Verknüpfungselemente

Das Verknüpfungselement Link ist abhängig von dem jeweiligen Anforderungsmanagementtool, das verwendet wird, gehört jedoch immer mit zu deren Standardrepertoire. Ein Link ist immer Bestandteil von zwei Elementen und ist somit auch auf genau einen Ausgangspunkt und einen Zielpunkt rückführbar. Auf eine Darstellungsform wird an dieser Stelle aufgrund der Trivialität verzichtet.

Signale sind ein eigenständiges Element der Funktionsorientierung und somit auch als solches in der Systemspezifikation zu dokumentieren. Wie in Tabelle 16 zu erkennen ist, können Signale auf zwei verschiedenen Hierarchieebenen integriert werden. Entweder sind sie der Ebene einer Anforderung untergeordnet oder auf gleicher Ebene wie diese. Der Vorteil der ersteren Vorgehensweise liegt darin, dass sich eine potentielle über ein Signal ausbreitende Änderung sich auf eine Anforderung abbilden lässt. Im zweiten Fall ist es lediglich möglich die Änderung auf die Ebene der Funktionsstrukturelemente zu verfolgen. Für den umgekehrten Fall, dem des Sendens eines Signals, ist die Unterscheidung nicht relevant, da die Auswirkung auf eine andere Instanz abgebildet wird.

Um eine Abhängigkeit zwischen einer Systemfunktion und einem Komponentenbeitrag herzustellen, muss das Signal zweimal dokumentiert werden. Im Fall eines an die Hauptkomponente gesendeten Signals wird dieses in der entsprechenden Systemfunktion als „*s-receive*/empfangen" dokumentiert. In der Komponentenfunktion ist das Signal dagegen als „*s-send*/senden" zu dokumentieren. Diese gegenläufige Dokumentation ist plausibel, da es sich bei den Anforderungen an die Komponentenfunktion um Anforderungen an eine andere Komponente handelt. Diese sendet letztendlich das Signal.

Der große Vorteil an dieser Dokumentationsweise ist, dass auf eine sehr einfache Art und Weise *m:1* Abhängigkeiten von Systemfunktionen zu einer Komponentenfunktion dargestellt werden kann. Ein gutes Beispiel hierfür ist z.B. die Komponentenfunktion „Senden des Klemmenstatus". Die beschriebene Vorgehensweise zur Dokumentation von Signalen, wie sie für die Regressionstestanalyse verwendet wird, ist in Abbildung 16 zu sehen.

Ebene	FO-Typ	Objekttyp	Objekttext
x	Überschrift	Funktion	Systemfunktion m
	..		
x+2	Funktionsbeitrag	Anforderung	Anforderungstext
x+2	Funktionsbeitrag	s-reveive	Signalname = Wert
..	..	..	
x	Überschrift	Funktion	K-Beitrag n
	..		
x+2	Funktionsbeitrag	Anforderung	Anforderungstext
x	Funktionsbeitrag	Anforderung	Anforderungstext
x	Funktionsbeitrag	s-send	Signalname = Wert

Tabelle 16: Schematische Darstellung der Signaltypen in der Funktionsstruktur.

Die Abbildung der Anforderungen und Signale auf eine Komponente, wie sie mit Hilfe des FO-Typ „Funktionsbeitrag" anhand des Komponentenmappings realisiert wird, ist für die Regressionstestanalyse nicht relevant. Für diese wird lediglich die Information darüber verwendet wie das Signal heißt und ob es gesendet oder empfangen wird. Diese Vorgehensweise resultiert aus der Analyse von bestehenden FO-Lastenheften sowie dem genannten Ziel, eine Abhängigkeit nicht nur auf eine Komponente, sondern auf eine Komponentenfunktion abbilden zu können. Dies ist notwendig, um potentielle Auswirkungen so feingranular verfolgen zu können, dass die Anzahl der Testfälle minimal gehalten werden kann.

Eine zu den Signalen analoge Integration von Parametern in die Spezifikation ist zwar möglich, jedoch aufgrund von deren Anzahl und aus Gründen der Übersichtlichkeit oft nicht praktikabel. Daher bietet es sich an, diese in einem separaten (DOORS) Modul zu dokumentieren. Die Dokumentationsstruktur sollte so gewählt werden, dass die Signale hierarchisch so strukturiert sind, dass sie sich entweder übergreifend dem System bzw. einer oder mehreren Funktionen zuordnen lassen. Pro Systemfunktion wird dann an geeigneter

Position in der Spezifikation auf das die Signale enthaltende Hierarchieelement des separaten Moduls verlinkt (siehe Tabelle 17).

Ebene	FO-Typ	Objekttyp	Objekttext
x	Funktion	Überschrift	Funktion Blinker
x+1	Beschreibung	Information	Verwendete Parameter. ▸

Tabelle 17: Schematische Darstellung der Integration von Parametern in der Funktionsstruktur (das rote Dreieck symbolisiert eine wegführende Abhängigkeit vom Typ „Link").

Die Integration von Parametern in die Spezifikation ist wichtig, da eine Parameteränderung eine direkte Auswirkung auf die Systemfunktionen haben kann. Die Betrachtungen werden in dieser Arbeit nur in ihren Grundlagen durchgeführt, da diese schnell in tiefgreifende Analysen innerhalb des Variantenmanagements übergehen und dies ein komplett, wenn auch ergänzendes, eigenständiges Themengebiet darstellt. Eine weiterführende, interessante Analyse wäre beispielsweise inwiefern Parameteränderungen sich nur auf bestimmte Baureihen oder Länderkodierungen auswirken. In einem ersten Ansatz würde eine solche Analyse jedoch wahrscheinlich die Abbildung von Parametern auf einzelne Anforderungen erfordern, da nur diese mit Konfigurationen in Beziehung stehen.

Im Folgenden soll nun erst die Struktur einer Systemfunktion und deren Abhängigkeiten zu Funktionsbeiträgen und Komponentenfunktionen diskutiert werden.

6.4 Darstellung und Vernetzung von Testobjekten

Die grundlegende, bereits in der Testkonzeption abgeleitete, Idee der Vernetzung von Testobjekten und Testfällen ist in Abbildung 56 dargestellt. Farblich eingefärbte Pfeile stellen dabei die verschiedenen Formen der Abhängigkeiten zwischen den Elementen dar. Ausgelassen sind hierbei die Abhängigkeiten mit Parametern.

Im Folgenden werden die möglichen Beziehungen zwischen Testobjekten identifiziert, welche durch die Regressionstestanalyse berücksichtigt werden sollen. Darauf aufbauend wird erörtert, welche Typen von Abhängigkeiten zur Beschreibung dieser Beziehungen verwendet werden soll.

6.4.1 Integration von Systemfunktionen

Das Framework zur Dokumentation von Funktionen wurde bereits in Sektion 3.2.2 definiert. In dieser Sektion geht es nun darum zu klären, wie dieses

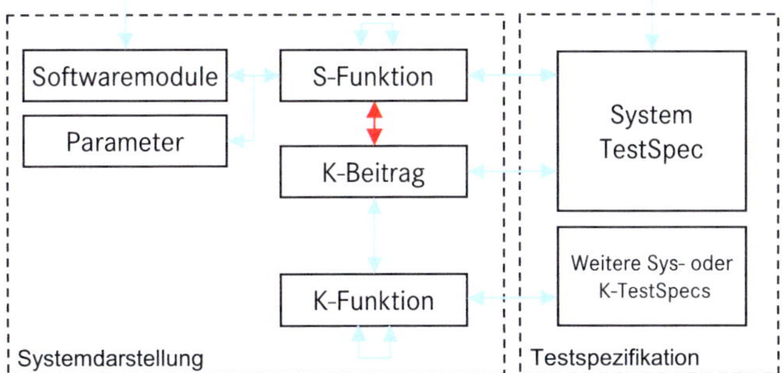

Abbildung 56: Schematische Darstellung der angestrebten Vernetzung von Testobjekten untereinander und mit Testfällen in Testspezifikationen (hellblau = Link, rot = Signal).

Framework ausgelegt sein muss, um einer Auswirkungsanalyse zu genügen. Dabei steht jedoch nicht die gegebene Funktionsstruktur, d.h. die Aufteilung der Funktion in ihre Wirkkette, zur Disposition, sondern die Definition und Implementierung von Abhängigkeiten zwischen den Systemfunktionen, Komponentenbeiträgen und Komponentenfunktionen. Die Grundlage dafür ist durch das Framework der Funktionsorientierung gegeben.

Im Fokus stehen bei der Betrachtung eines Systems vor allem die als Testobjekt identifizierten Systemfunktionen, die in der Spezifikation dokumentiert sind. Die Funktionsstruktur repräsentiert im Wesentlichen den chronologischen Funktionsablauf der Funktion. Diese kann zwar in mehrere Ausführungspfade d.h. Funktionsereignisse (z.B. in Form von verschiedenen Abbruchbedingungen) aufgeteilt dokumentiert werden, jedoch soll dies an dieser Stelle nicht berücksichtigt werden. Zum einen sind die vorliegenden Spezifikationen nicht auf diesem neuesten Stand der FO-Methodik, zum anderen ist die dadurch erreichbare Reduzierung von Testfällen für den Regressionstest nicht wesentlich höher. Dies resultiert daraus, dass die Testfälle z.B. meistens mehrere Abbruchbedingungen innerhalb einer Funktion verifizieren, da lediglich das gleiche Signal von einer anderen Komponente übermittelt wird. Ist also ein Abbruchbedingung potentiell betroffen, werden nach dieser Methodik alle Abbruchbedingungen einer Systemfunktion erneut überprüft. Unter dem Aspekt einer sicheren Selektion von Testfällen ist dieses Vorgehen der Überprüfung aller Instanzen eines FO-Elements vorerst auch zu bevorzugen.

Zunächst ist die Bedeutung einer Abhängigkeit zwischen Systemfunktionen zu klären, da diese nicht, wie es der Name suggeriert, auf Systemebene stattfindet, sondern in der Regel eine auf die Systemebene abgebildete Abhängigkeit innerhalb der auf einem Steuergerät implementierten Funktionssoftware darstellt. Das heißt, dass die Systemfunktionen Information über deren Softwareimplementierung miteinander austauschen, deren Kommunikationskanäle durch die

Softwarearchitektur vorgegeben sind. In anderen Worten spiegelt eine Änderung an einer Systemfunktion eine Änderung der Funktionssoftware wieder, die auf die Systemebene abgebildet wird und anhand der Vernetzung in der Systemspezifikation verfolgt werden soll. Hierbei handelt es sich bewusst um eine vereinfachte Darstellung der Vernetzung, die jedoch für jeden beteiligten Entwickler leicht zu verstehen ist, da sie die Verknüpfung der Systemfunktionen aus Kundensicht darstellt.

Die grundlegende Frage die sich bei der Betrachtung von Systemfunktionen stellt, ist, wie diese in Abhängigkeit gesetzt werden können. Die Abhängigkeiten sind, sofern vorhanden, meistens in Form von einem Zustandsautomaten beschrieben, der Teil einer oder mehrerer Anforderung in der Spezifikation ist. Eine weitere Bezugsmöglichkeit der Informationen besteht darin, sofern zugänglich, in der Auswertung der bereits angesprochenen Softwarespezifikation und der Softwarearchitektur. Beide Informationsquellen sind jedoch nur für Experten leicht identifizierbar und extrahierbar und zudem ist die höchstwahrscheinlich von Fall zu Fall variierende Dokumentation nicht für eine automatisierbare Auswirkungsanalyse verwendbar. Für die Regressionstestmethodik muss deshalb eine andere Bezugsmöglichkeit für diese Information geschaffen werden.

Für die Vernetzung von Systemfunktionen ist daher die Verlinkung von Strukturelementen der Funktionsorientierung zu wählen. Die Information ist vom für die Spezifikation verantwortlichen Entwickler auf Basis seines *Know-Hows* über die Softwarespezifikation, die Softwarearchitektur oder die angesprochenen Zustandsautomaten manuell zu integrieren. Ein Beispiel, dass eine solche Abhängigkeit zwischen zwei Systemfunktionen zeigt, ist in Tabelle 18 dargestellt. Hier beschreibt die Auslösung einer Systemfunktion 1 den Abbruch einer Systemfunktion 2. Diese Form der funktionalen Abhängigkeit ist sehr einfach und ohne großen Aufwand in die Systemspezifikation implementierbar und sollte zudem jederzeit verfügbar sein.

Ebene	FO-Typ	Objekttyp	Textfeld	
x	Funktion	Überschrift	Systemfunktion 1	
x+1	Überschrift	Überschrift	Auslöser	
x+2	Auslöser 1	Überschrift	Auslöser 1	▸
x+2	Auslöser 2	Überschrift	Auslöser 2	
..	..		..	
x	Funktion	Überschrift	Systemfunktion 2	
x+1	Überschrift	Überschrift	Abbruchbedingung	
x+2	Abbruchbed.	Überschrift	Abbruchbedingung 1	◂

Tabelle 18: Schematische Darstellung der Vernetzung von Systemfunktionen im Rahmen ihrer Funktionsstruktur (das rote Dreieck symbolisiert eine wegführende, das orangene eine hinführende Abhängigkeit vom Typ „Link").

Diese Vorgehensweise zur Verlinkung der Strukturelemente der FO bringt keine weiteren Einschränkungen mit sich, da diese weiterhin mit anderen Elementen (Anforderungen, Informationen, ...) verlinkt werden können. Die Erkennung des Typs von Start- und Zielelement ist auswertbar und kann mitberücksichtigt werden. Für die Anwendung der Regressionstestmethodik muss die Vernetzung von Systemfunktionen jedoch gewissenhaft und vollständig durchgeführt werden.

Die Vernetzung der Systemfunktionen untereinander kann durch die beschriebene Systematik vollständig abgebildet werden. Die Vernetzung der Systemfunktionen mit den beitragenden Komponentenfunktionen, welche dem Informationsaustausch auf Systemebene entspricht, wird über die Komponentenbeiträge dargestellt und über die Integration der Signalverknüpfung realisiert. Dies wird in der folgenden Sektion 6.4.2 beschrieben.

6.4.1.1 Verknüpfung von Systemfunktionen mit der Softwareebene

Wie bereits diskutiert, spezifizieren die Systemfunktionen, wenn auch auf abstrakte Weise, im Wesentlichen die Logik der Funktionssoftware. Es liegt also nahe, dass eine Methode gefunden werden muss, wie die Softwareebene mit der Systemspezifikation vernetzt werden kann. Gerade in Bezug auf eine Änderung in einem Softwaremodul stellt sich die Frage, welche Systemfunktion nun davon letztendlich betroffen ist.

Hierfür wird ein analoges Vorgehen wie zur Dokumentation von Parametern vorgeschlagen: Die Bezeichner der vorhandenen Softwaremodule werden analog zu den Parametern in einer separaten Liste hinterlegt. Als Attribut ist jedem Bezeichner eine Versionsnummer mitzugeben. Liegt eine Softwarespezifikation vor, so ist der Bezeichner als Hierarchieebene „Softwaremodul" zu verstehen, dem die Anforderungen an das Modul untergeordnet sind.

Eine Änderung in der Software lässt sich dadurch einfach auf entweder eine Softwareanforderung oder, sofern diese nicht vorhanden sind (da nur durch Zulieferer zugänglich), auf ein Softwaremodul abbilden. Letzteres ist im Allgemeinen als der häufigste Anwendungsfall zu betrachten, weshalb dieses Vorgehen auch vorgeschlagen wird. Bei der durch den Zulieferer zu leistenden Aushändigung der Release-Informationen für einzelne Testobjekte kann eine Änderung in einem Softwaremodul jederzeit über die Anpassung von der Versionsnummer in der dafür vorgesehenen Liste abgebildet werden.

Für sicherheitsrelevante Systeme nach ASIL bietet es sich theoretisch an, die seitens des RE zu implementierende Verknüpfungskette von funktionalen Sicherheitsanforderungen zu Softwaresicherheitsanforderungen zu nutzen, jedoch ist diese zum einen bei Systemen ohne Sicherheitsrelevanz nicht vorhanden, zum anderen kann durch die ASIL-Dekomposition die Verknüpfungskette unterbrochen werden, wenn sämtliche Systemanforderungen bereits eine QMH-Einstufung besitzen.

Zum Zeitpunkt dieser Arbeit liegt zudem kein Pilotprojekt vor, welches sämtliche Voraussetzungen für die Betrachtung einer Regressionstestmethodik benötigt und zudem ein zugängliches Softwarelastenheft umfasst.

6.4.2 Integration von Komponentenbeiträgen

Die Vernetzung von Systemfunktionen mit Komponentenbeiträgen entspricht aus funktionaler Sicht der Systemebene, d.h. dem Austausch von Informationen zwischen Komponenten. Konsequenterweise ist der Komponentenbeitrag deshalb mit den Systemfunktionen und den Komponentenfunktionen zu vernetzen. Da es sich bei einem Komponentenbeitrag um die Beschreibung eines Informationsaustausches und dessen Rahmenbedingungen zwischen zwei Komponenten handelt, der entweder stattfindet oder nicht, kann bei der Dokumentation von Komponentenbeiträgen auf die FO-Struktur verzichtet werden (siehe Abbildung 19). Die Anforderungen an einen Komponentenbeitrag werden also lediglich dem Komponentenbeitrag an sich zugeordnet und somit immer vollständig getestet.

Ebene	FO-Typ	Objekttyp	Textfeld
x	Überschrift	Überschrift	Anforderungen an Komponente A
x+1	Funktion	Überschrift	Komponentenbeitrag 1 ▶
x+2	Funktionsbeitrag	Anforderung	Anforderung 1
..	..		..
x+2	Überschrift	Überschrift	Kommunikation
x+3	Überschrift	Überschrift	Gesendete Signale
x+4	-	s-send	Signalname = Signalwert
x+2	Überschrift	Überschrift	Empfangene Signale
x+3	-	s-receive	Signalname = Signalwert

Tabelle 19: Schematische Darstellung von Komponentenbeiträgen im Systemlastenheft (das rote Dreieck symbolisiert eine wegführende Abhängigkeit vom Typ „Link").

Für die Vernetzung von Komponentenbeiträgen mit Systemfunktionen werden jedem Komponentenbeitrag die verwendeten Signale in Form einer zusammenfassenden Liste angefügt. Dies ist im Gegensatz zur vorliegenden RE-Methodik eine Änderung, da dort die Liste pro Komponente angelegt wird. Im Sinne der RE ist diese Veränderungen jedoch irrelevant, da sämtliche Informationen weiterhin und sogar detailliert vorliegen. Ein höherer Aufwand bei der Dokumentation ist durch diese Änderung nicht gegeben.

Diese Verbesserung bietet für die Vernetzung von Funktionen einen erheblichen Vorteil, da nun über das Framework und die Dokumentation der Signale automatisch - und ohne Integration einer manuellen Verlinkung - sämtliche

Systemfunktionen mit ihren korrespondierenden Komponentenbeiträgen verbunden sind. Unterliegt ein Komponentenbeitrag einer potentiellen Auswirkung einer Änderung kann über die Auswertung eines einem Komponentenbeitrag zugeordneten Signals mit einem festen Typ (gesendet/empfangen) und Namen die Verbindung zu einem identischen, in einer Systemfunktion integrierten Signal hergestellt werden. Im Rahmen der Regressionstestmethodik ist es dann möglich, die Änderung auf die Funktionsstrukur abzubilden (z.B. Funktionsrealisierung). Die Vernetzung funktioniert auch im umgekehrten Fall.

Die Vernetzung der Komponentenbeiträge mit den zugehörigen Komponentenfunktionen in den jeweiligen Komponentenlastenheften erfolgt über einen ausgehenden Link des Komponentenbeitrags (Überschrift) mit der Komponentenfunktion (Überschrift). Ein Komponentenbeitrag kann nur mit einer Komponentenfunktion verlinkt werden. Eine Komponentenfunktion kann dagegen mit mehreren Komponentenbeiträgen verlinkt sein, da die Nutzung der Komponentenfunktion in Form ihres Beitrags durch mehrere Systeme möglich ist. Die Vorgehensweise der Verlinkung hat zudem noch den methodischen Vorteil, dass die Information an welchen Systemen eine Komponentenfunktion beteiligt ist, automatisch und auswertbar in der Komponentenspezifikation verfügbar ist.

Aus Sicht der Systemspezifikation hat die Vorgehensweise den Vorteil, dass über eine Analyse der Verlinkung in das Komponentenlastenheft festgestellt werden kann, ob die Anforderungen der Komponentenfunktion oder deren über eine weitere Abhängigkeit in Beziehung stehende Anforderung einer Änderung unterlagen. Dies ist realisierbar, da sich die Änderung an einem Element, in diesem Fall einer Anforderung, auf darüber liegende Hierarchieelemente abbilden lässt.

Die Integration der Signalinformation in Systemfunktion und Komponentenbeitrag ermöglicht zusätzlich eine Aussage über die Auswirkung einer Änderung eines Signals auf der Ebene der Funktionen, was die Auswahl der Regressionstestfälle erheblich reduziert.

6.4.3 Integration von Komponentenfunktionen

Bei der Betrachtung von Komponentenfunktionen handelt es sich ausschließlich um die Realisierung der Komponentenlogik, welche ohne die Berücksichtigung von Systemabhängigkeiten gegeben ist. Da im Regelfall die Entwicklung und Verifikation der einzelnen Komponenten - und das umfasst die Komponentenspezifikation sowie größtenteils die Ableitung von Komponententestfällen - organisatorisch getrennt sind, besteht aus Sicht eines Systemverantwortlichen meistens kaum eine bis keine Einflussmöglichkeit auf die Ausgestaltung der Komponentenspezifikation. Die einzige Vorgabe besteht aus dem Template für eine Komponentenspezifikation, welche definiert, dass die Komponentenfunktionen beschrieben werden müssen. Aus diesem Grund wird der Komponentenbeitrag aus Sicht eines Systems mit der Hierarchieebene Komponentenfunktion verlinkt.

Wie auch in der Evaluierung zu sehen ist, bietet sich jedoch für Komponentenfunktionen eine identische Dokumentation und Vernetzungsstruktur wie bei den Systemfunktionen an. So können dann z.B. auch Auswirkungen von Änderungen eines Parameters auf einer Komponente auf alle beteiligten Systeme analysiert werden.

Dies hat den Vorteil, dass die Änderungen an einer Komponentenfunktionen die nicht direkt zu dem betrachteten System beitragen von der Auswirkungsanalyse erfasst werden und deren indirekte Auswirkung auf das System über eine vernetzte, zweite Komponentenfunktion bewertet werden kann.

6.4.4 Sekundäre Verknüpfungselemente

In den bisherigen Sektionen wurden ausschließlich verknüpfende Elemente diskutiert, die direkte Abhängigkeiten zwischen den Testobjekten darstellen. Im Rahmen der Dokumentation Spezifikation und Testspezifikation ergeben sich jedoch auch sogenannte sekundäre Verknüpfungen die für die Auswirkungsanalyse genutzt werden können. Der Begriff „sekundär" resultiert daher, dass diese Verknüpfungen zwar logisch begründet sind, jedoch nur indirekt aus der Architektur des System abzuleiten sind.

Der erste Typ dieser Abhängigkeit ist die Verlinkung von Anforderungen mit korrespondierenden Testfällen. Ein Testfall ist generell immer einer bestimmten Funktion zuzuordnen, da die Testspezifikation die Unterteilung der Funktionen auch vollzieht. Er kann jedoch mit Anforderungen von verschiedenen Systemfunktionen, Komponentenbeiträgen und Komponentenfunktionen verlinkt sein. Hieraus lässt sich ein funktionaler Zusammenhang der verschiedenen Testobjekte ableiten, der in Bezug zu den verlinkten Anforderungen steht.

Ist nun eine Systemfunktion als potentiell betroffen identifiziert, ist es zunächst eindeutig, dass zu der Funktion korrespondierende, verlinkte Testfälle aus der Testspezifikation ausgewählt werden müssen. Im Sinne einer vollständigen Testabdeckung einer Funktion macht es auch Sinn diese sekundäre Verknüpfung zu den weiteren Testfällen auszuwerten und diese zusätzlich zu selektieren. Inwieweit dies bei allen Schritten der Regressionstestanalyse notwendig ist, bleibt auszuwerten. Die Verlinkung über einen Testfall, die eine Beziehung zwischen zwei Testobjekten herstellt, wird jedoch von der Regressionstestanalyse nicht ausgewertet. Für einen Entwickler / Tester ist diese Beziehung zum einen jedoch wegen fehlender Übersicht nicht transparent darstellbar, zum anderen ist es auch sinnvoll sämtliche Elemente zur Darstellung von Abhängigkeiten innerhalb des Lastenhefts zu belassen. Daher ist diese Verknüpfung lediglich als Kontrollmechanismus zu bewerten, der auf fehlende Verknüpfungen im diskutierten Framework hinweisen kann.

Eine weitere Möglichkeit ist die Verlinkung von Anforderungen mit Anforderungen. Diese können auch testobjektübergreifend existieren. Da dies jedoch weder seitens des RE empfohlen wird noch seitens des Testens einen Mehrwert bietet, wird diese Art von Verknüpfung nicht berücksichtigt. Gleiches gilt für die Verlinkung von weiteren Objekttypen wie z.B. Informationen.

6.5 Abbildung von Änderungen auf die Spezifikation

Eine Änderung kann auf jedes der diskutierten Elemente der Systemdarstellung (Systemspezifikation, der Komponentenspezifikation sowie der (DOORS)-Module für Softwaremodule und Parameter) abgebildet werden. Hierbei gibt es grundsätzlich zwei Möglichkeiten:

1) Während einer Entwicklungsperiode werden automatisch Anforderungen oder andere Elemente der Systemdarstellung geändert. Die Änderung kann über das Änderungsmanagement des verwendeten Tools von der Regressions-testmethodik jederzeit ausgelesen und als Startpunkt für die Analyse verwendet werden.

2) Ein Startpunkt kann manuell gesetzt werden, in dem die ID eines Elements in der Systemdarstellung an die Regressionstestmethodik übergeben wird. Dies dient jedoch lediglich der manuellen Erweiterung des Betrachtungsumfangs für den Regressionstest, da selbst *bug-fixing* Änderungen auf ein Element des Moduls für Softwaremodule rückführbar sein muss.

Im Folgenden ist eine Auflistung über alle Abbildungsmöglichkeiten einer Änderung gezeigt:

- (Gesamt-)Software
- Softwaremodule
- Anforderung (alle Ebenen)
- System
- Systemfunktionen

- FO-Struktur (Voraussetzung, ...)
- Signale
- Parameter
- Komponente
- Komponentenbeiträge/-funktion

Diese Liste schöpft sämtliche Potentiale in Bezug auf verfügbare Informationen aus und ist für die Entwicklung einer Regressionstestanalyse mehr als ausreichend. In Abbildung 57 sind sämtliche Inhalte der Auflistung schematisch und in ihrer Struktur dargestellt.

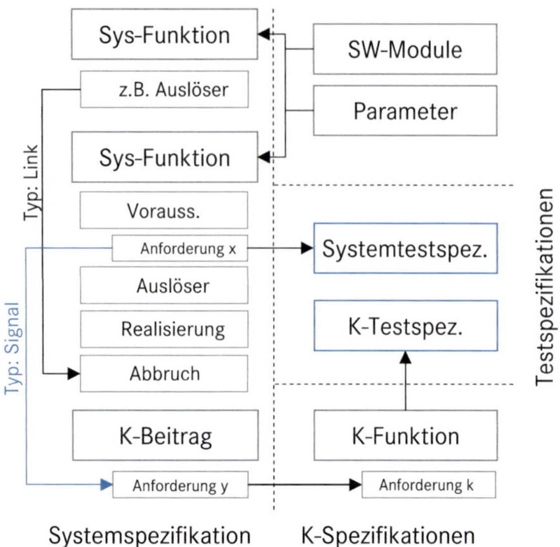

Abbildung 57: Schematische Darstellung der für die Regressionstestmethodik notwendigen und zu verwendeten Systemdarstellung.

6.6 Anforderung an die Testspezifikation

Neben den genannten Anforderungen an die Spezifikation eines Systems soll zum Abschluss des Kapitels noch betrachtet werden, welche Anforderungen an die Dokumentation der Testspezifikation existieren.

Im Rahmen von Kapitel 5 wurde bereits sichergestellt, dass die Testspezifikation hinsichtlich ihrer Vollständigkeit (siehe Definition 25) und Effizienz optimiert ist. Durch die obligatorische Verlinkung von Anforderungen mit Testfällen ist gesorgt, dass die Testfälle einen Bezug zu mindestens einer Anforderung haben. Prinzipiell unterliegt die Dokumentationsweise der Testfälle somit eigentlich keinen Rahmenbedingungen.

Es gibt jedoch Fälle in der Testfallermittlung, wie zum Beispiel die Ableitung von erfahrungsbasierten Tests, die nicht zwangsläufig einen Bezug zu einer bestimmten Anforderung haben. Ein Bezug zu einer (kundenerlebbaren) Systemfunktion ist jedoch möglich. Gleiches gilt für z.B. Softwaretestfälle die vom Hersteller zur Kontrolle des Zulieferers durchgeführt werden. Diese können im Regelfall nicht auf die nur dem Zulieferer vorliegenden Softwarelastenhefte abgebildet werden, sondern auch nur einer Systemfunktion zugeordnet werden.

Aus diesem Grund sind alle Testfälle - damit sind die Testfälle über alle Integrationsstufen gemeint - in einer Testspezifikation zu dokumentieren (siehe Tabelle

20). Das Framework der Dokumentation sollte sich dabei an der FO-Struktur der Systemfunktionen des Systemlastenheftes orientieren. Neben den Systemfunktionen bilden zusätzlich alle am System beteiligten Komponenten und Komponentenfunktionen eine Hierarchieebene, um Testfälle zu gruppieren.

Ebene	Objekttyp	Objekttext		Testziel	Teststufe
x	Überschrift	Funktion 1			
x+1	Testfall	Testfall 1	▸	Funktionalität	S-HiL
				Robustheit	Fahrzeug
x+1	Testfall	Testfall 2	▸	Benutzbarkeit	K-HiL
x+1	Testfall	Testfall 3	▸	Diagnose	SW-Modul

Tabelle 20: Schematische Darstellung der Struktur einer Testspezifikation in Bezug auf eine Funktion.

Die Testfälle zur Verifikation der Systemfunktionalität werden idealerweise jeweils in einer den Systemfunktionen korrespondierenden Verzeichnisstruktur dokumentiert. Hierin befindet sich der Hauptteil aller Testfälle für das System auf Systemebene und Softwareebene. Hierbei sind Systemtestfälle mit Anforderungen der Systemspezifikation verlinkt, Softwaretests mit dem separaten Modul der Softwarespezifikation/Auflistung der Software und Softwaremodule (siehe Sektion 6.4.1).

Sehr wichtig ist die pro Testfall anzugebende Information über dessen Testziele und auf welcher Teststufe bzw. Testplattform dieser angewendet werden soll. Beide Information werden von der Regressionstestmethodik ausgewertet.

Mit dieser Abhandlung sind sämtliche Anforderungen an die Systemspezifikation und die Testspezifikation beschrieben deren Umsetzung die Implementierung einer Regressionstestanalyse ermöglicht. Die Auslegung dieser wird im nächsten Kapitel diskutiert.

7 | REALISIERUNG EINER REGRESSIONSTESTANALYSE

Mit der Testkonzeption und Auslegung einer vernetzten Systemdarstellung sind die Voraussetzung und die Grundlage zur Integration einer Regressionstestanalyse für E/E-Systeme geschaffen worden. Das heißt, die Eignung der Spezifikation und der Testspezifikation in Bezug auf die Anwendung einer Regressionstestanalyse unter diskutierten Rahmenbedingungen ist gegeben. Im Folgenden soll die Methodik beschrieben werden, wie anhand von nachvollziehbaren Prozessschritten eine Selektion von Testfällen getroffen werden kann, die den geänderten Bereich eines Systems testet, sowie des Weiteren systematisch anliegende, potentiell gefährdete Bereiche des Systems überprüft (siehe Abbildung 58).

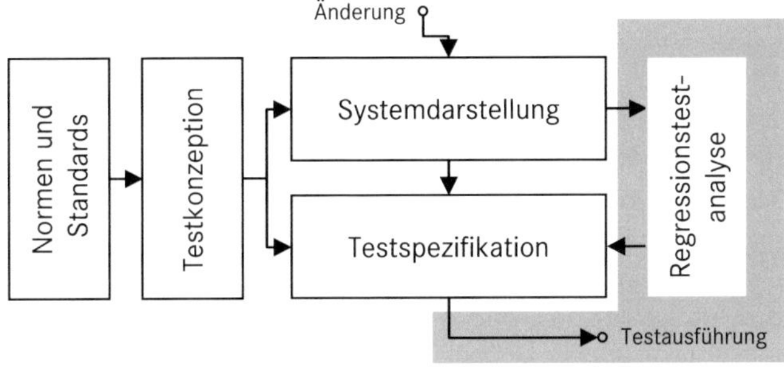

Abbildung 58: Schematische Darstellung der mit der einer Regressionstestanalyse interagierenden Bestandteile der Methodik.

Der Ansatz für den E/E-Regressionstest ist, wie bereits im Konzept diskutiert, nicht identisch mit dem in der Softwaretechnik [99]. Aufgrund der vorliegenden Komplexität und der unterschiedlichen Integrationsebenen kann die Regressionsmethodik lediglich auf eine abstraktere Informationsbasis zurückgreifen. Das definierte Ziel der Regressionstestmethodik ist es, auf Basis einer systematischen Analyse möglichst viele unnötige Testfälle für den Regressionstest auszulassen.

Die Erfüllung eines vollständigen Erreichungsgrad des Bewertungskriteriums *Inklusivität* kann mit der Regressionstestmethodik aufgrund des Abstraktionsniveaus in Form einer formalen Beweisführung nicht gegeben werden. Ziel aus Sicht der Anwendung ist deshalb ein ausreichend großen Umfang, um die Änderung regressiv zu testen und die Unsicherheit eines unentdeckten

Fehlers zu minimieren. Dies wird mit der grundlegenden Vorgehensweise einer Regressionstestanalyse berücksichtigt.

> **Regressionstestanalyse 1.** *Identifikation potentiell gefährdeter Testobjekte (Funktionen) und Selektion aller Testfälle, die aufgrund ihrer Teststufenzuordnung relevant sind.*

Die Regressionstestanalyse, welche prinzipiell eine Art Auswirkungsanalyse ist, selektiert alle Testfälle von Funktionen, die mit der Änderung in einer Beziehung stehen. Die einzige Frage die sich hierbei für die Regressionstestanalyse stellt ist, wie viele Schritte der Selektion von Funktionen ausgehend von der Änderung (mindestens / höchstens) gemacht werden müssen. Die Selektion der Testfälle auf der richtigen Integrationsstufe ist dagegen einfach zu beantworten. Wird beispielsweise ein Softwaremodul von Funktion A geändert, so wird auf Softwaremodulebene nur dieses getestet. Auf Softwareintegrationsebene, Komponentenebene und Systemebene werden alle Testfälle der über die Auswirkungsanalyse als potentiell betroffen bewerteten Funktionen selektiert. Auf Komponentenebene wird dabei nur die Komponente betrachtet, auf der die Software implementiert ist.

In einem zweiten Schritt der Regressionstestmethodik soll versucht werden systematisch weitere unnötige Testfälle aus der bestehende Selektion auszusortieren. Dafür stehen drei voneinander unabhängige, separat anwendbare Regressionstestmechanismen (kurz: Mechanismen) zur Verfügung. Diese sind, unter der Annahme der durchgängigen Verwendung, in einer sinnvollen, methodisch begründeten Reihenfolge dargestellt. Diese sagt jedoch nichts über die generelle Effektivität der Mechanismen aus, da diese abhängig vom Anwendungsfall ist. Eine Reduktion der Testfälle pro Funktion ergibt sich durch die in der Testkonzeption abgeleiteten Testziele, welche den zu testenden Aspekt eines Testfalls beschreiben.

> **Regressionstestmechanismus 1.** *Reduzierung der Testfälle einer Funktion anhand deren Testziele.*

Die Reduzierung der selektierten Testfälle auf Basis der Testziele ist abhängig von der implementierten Änderung und setzt dadurch einen Input des Entwicklers voraus. Dieser muss an dieser Stelle entweder angeben, welche Aspekte er am Testobjekt geändert hat und somit testen möchte, oder kann auch angeben welche Aspekte er erneut testen möchte. Eine zuverlässige Unterstützung für diese Entscheidung ist seitens der Methodik in Hinblick auf das Kriterium *Inklusivität* nicht realisierbar.

Im Rahmen der Auswirkungsanalyse soll die Auswahl an potentiell betroffenen Anforderungen einer spezifizierten Funktion anhand des Funktionsablaufs Abbildung (siehe 18) reduziert werden. Ein Beispiel ist zum Beispiel der Fall, dass die Auslösung einer Systemfunktion den Abbruch einer zweiten Systemfunktion erwirkt. Nach der funktionsorientierten Dokumentationsweise der

Spezifikation ist es somit möglich die potentielle Auswirkung nur auf die Abbruchbedingungen von Systemfunktion 2 abzubilden.

Regressionstestmechanismus 2. *Reduzierung der Testfälle einer Funktion durch Berücksichtigung des Funktionsablaufs (Wirkkette).*

Eine weitere Reduzierung der Testfälle ergibt sich durch die gewählte Testintensität für eine Funktion (nach [23]):

Regressionstestmechanismus 3. *Reduzierung der Testfälle für den Regressionstest anhand der benötigten Testintensität.*

- *Basic: Selektion der Basistestfälle*

- *Coverage: Selektion von Testfällen zur Erreichung einer Anforderungsabdeckung*

- *Extended: Selektion von Testfällen welche den Abdeckungsgrad in Bezug auf das Testobjekt stark erhöhen (Expertenwissen)*

Der BCE-Mechanismus ergibt sich aus der Notwendigkeit, dass es Komponenten wie beispielsweise das Zündschloss gibt, deren Änderung grundsätzlich eine Auswirkung auf fast alle Systeme und deren Systemfunktionen hat. Die Selektion von Testfällen auf Basis von Testzielen ist hier nur begrenzt sinnvoll, da davon auszugehen ist, dass das Testziel Funktionalität einem hohen Prozentsatz an Testfällen zuzuordnen ist.

Die Methodik zu der Auswirkungsanalyse sowie den dazugehörigen Mechanismen zur Reduzierung der Testfälle wird im Folgenden detailliert beschrieben.

7.1 Definition einer Auswirkungsanalyse

Das grundlegende Vorgehen der in dieser Arbeit zu definierenden Auswirkungsanalyse beschreibt, ausgehend von einer auf die Systemdarstellung abgebildete Änderung, die Identifikation von weiteren, potentiell betroffenen Testobjekten auf Basis der gegebenen Abhängigkeiten (siehe Sektion 6.3). Dabei geht es hauptsächlich um die Interpretation der Abhängigkeiten und inwiefern diese innerhalb der Auswirkungsanalyse berücksichtigt werden sollen. Eine zweite zu beantwortende Frage stellt sich in Bezug auf das iterative Fortschreiten bei der Analyse: Wie viele Analyseschritte sind notwendig, um eine potentielle Fehlerauswirkung zu identifizieren?

7.1.1 Auswirkungsanalyse (horizontal)

Der horizontale Teil der Auswirkungsanalyse beschäftigt sich mit der iterativen Vorgehensweise zur Identifikation von in Abhängigkeit mit der Änderungen stehenden Testobjekten. Da die Auswirkungsanalyse auf Systemebene stattfindet, sind mit Testobjekten ausschließlich die Beziehungen zwischen Systemfunktionen, Komponentenbeiträgen und Komponentenfunktionen zu adressieren.

Die drei verschiedenen Testobjekte des Typs Funktion sind, wie im Kapitel 5 definiert, aus Sicht des betrachteten Systems nicht alle als Testobjekt anzusehen. Das resultiert primär aus der Komplexität des einzelnen Elements und einer dementsprechenden organisatorischen Aufteilung der Verantwortlichkeiten. Aus diesem Grund ist aus Sicht des zu betrachteten Systems, welches durch die Systemspezifikation beschrieben wird, die Komponentenspezifikation nicht zugänglich. Auf Elemente der Komponentenspezifikation kann zwar jederzeit und wie unter 6.4 beschrieben in Form eines Links Bezug genommen werden, jedoch steht die Ausgestaltung der Spezifikation sowie die Absicherung der entsprechenden Anforderung unter einer separaten Verantwortung. Dass heißt, dass, bei einer Änderung, die Komponentenfunktion, mehrheitlich in Form von Komponententests, autark verifiziert werden. Die notwendigen Systemtests zur Überprüfung, ob ein gewisser Beitrag einer Komponente weiterhin korrekt erfüllt wird, obliegt den jeweiligen Systemen.

Das bedeutet, dass aus Systemsicht, bei einer Änderung in einer der Komponenten, die Auswirkungsanalyse nur festhält auf welche Komponentenbeiträge diese Änderung direkt oder indirekt eine Auswirkung hat. Aus diesem Grund wird die Betrachtung der Objekte Komponentenfunktion / Komponentenbeitrag zu einem Schritt zusammengefasst (siehe Abbildung 59).

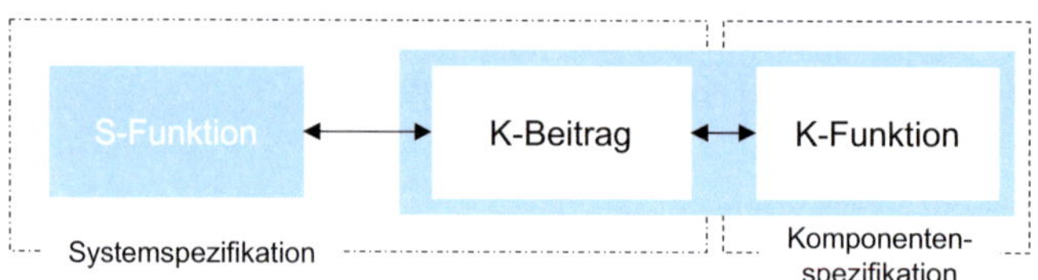

Abbildung 59: Clusterung der Testobjekte Komponentenbeitrag und Komponentenfunktion aus Sicht des zu betrachtenden Systems.

Im Rahmen dieser Clusterung sowie der trivialen Schlussfolgerung, dass eine Abhängigkeit zwischen gleichen Testobjekttypen jederzeit möglich ist, ergibt sich bei einer Änderung an einer Komponente folgendes Bild (siehe Abbildung 60)

In Abbildung 60 ist gut zu sehen, dass sich eine Änderung pro Schritt der Analyse entweder innerhalb einer Komponente (Systemfunktion zu Systemfunktion

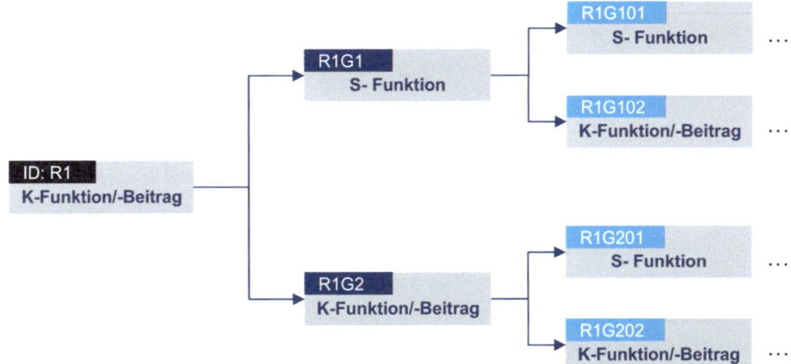

Abbildung 60: Schematische Darstellung der 3-stufigen Auswirkungsanalyse zur Selektion von Testfällen für den Regressionstest. Jedes Element der Darstellung kann mehrere Instanzen repräsentieren.

bzw. Komponentenfunktion zu Komponentenfunktion) oder komponentenübergreifend (Systemfunktion zu Komponentenfunktion; oder umgekehrt) auswirkt. Dabei steht jedes Element nicht nur für eine einzige Instanz von selbigem, sondern für n Instanzen. Die Analyse berücksichtigt somit sämtliche von einer Änderung ausgehenden Beziehungen zu weiteren Testobjekten. Diese Systematik ergibt sich 1:1 aus den in Sektion 5.3 und 6.3 ermittelten Ergebnissen sowie Abbildung 56.

Die Anzahl der Schritte ist im Zuge der Auswirkungsanalyse (theoretisch) unbegrenzt, allerdings durch die zur Verfügung stehenden Abhängigkeiten limitiert. Die Anzahl der Schritte sollte durch die Methodik dennoch sinnvoll begrenzt werden. Zum einen soll ein sicherer Mindestumfang verifiziert werden, zum anderen soll nicht das gesamte System erneut getestet werden. Dies ist auch unter dem Gesichtspunkt zu betrachten, dass die Auftrittswahrscheinlichkeit einer Fehlwirkung mit jedem weiteren Schritt sinkt.

Wie in Abbildung 60 bereits zu erkennen ist, soll die Auswirkungsanalyse in dieser Arbeit nur drei Schritte beinhalten:

Schritt 1: Verifikation der Änderung (R(x))

Schritt 2: Verifikation direkt vernetzter Testobjekte (G(y))

Schritt 3: Verifikation indirekt vernetzter Testobjekte (O(z))

Die Beschränkung der Auswirkungsanalyse auf die gegebenen 3 Schritte lässt sich jedoch gut argumentieren: Zunächst beruht die Interaktion einer Systemfunktion auf dem Informationsaustausch von zwei Komponenten das nach dem Eingabe-Verarbeitung-Ausgabe-Prinzip (EVA) ausgelegt ist. Dass heißt, jeder Funktionsbeitrag kann prinzipiell autark von verschiedenen Systemen / Komponenten / Funktionen angesteuert werden. Dadurch entsteht zwar ein hoher

Vernetzungsgrad zwischen jeweils zwei Systembestandteilen (z.B. Komponentenfunktion zu Systemfunktion), jedoch keine längere und feste Wirkkette von Funktionsabläufen. Aus Sicht der betrachteten Hauptkomponente des Systems ergibt sich ein davon ausgehendes, sternförmiges Netz aus Abhängigkeiten zu beitragenden Komponenten. Daraus resultiert, dass diese Art der Interaktion zwischen zwei Komponenten (erklärt am Beispiel einer Änderung an der Komponente) bereits in den ersten beiden Schritten der Auswirkungsanalyse vollständig abgedeckt ist (R1G1). Eine indirekte Beeinflussung einer Systemfunktion wird über (R1G2) und (R1G2O1) sicherheitshalber überprüft. Zusätzlich wird dazu noch der Beitrag einer weiteren möglicherweise beeinträchtigten Komponentenfunktion überprüft (R1G2O2). Der letzte Fall ist aufgrund der Auftrittswahrscheinlichkeit jedoch als sehr unwahrscheinlich anzusehen. Eine weiterführende Auswirkung der Änderung von (R1G1)auf weitere Komponenten wird anhand von (R1G1O2) überprüft. Hierbei steht der korrekte Informationsaustausch zu dieser Komponente in Form der Überprüfung des K-Beitrages im Fokus, so dass gewährleistet ist, dass eine möglicherweise beeinträchtigte Funktionsausführung keine weiteren Auswirkungen auf andere Komponenten des Systems hat.

Eine Begrenzung der Schritte der Auswirkungsanalyse auf die Zahl ergibt sich aus zwei Gründen: Zum einen gibt es in den späteren Validationsstudien (siehe Kapitel 8) und dem darin betrachteten Systemumfeld des Außenlichts und des intelligenten Lichtsystems aufgrund der Parallelität der meisten Funktionen keine Verkettung, welche die 3 Stufen der Auswirkungsanalyse übersteigt. Auch wurde bei einer Analyse über mehrere Systemspezifikationen keine solche Verkettung gefunden. Zum anderen ergibt sich die Fragestellung inwieweit die Wahrscheinlichkeit für das Auftreten einer Fehlwirkung in weiteren Schritten noch sehr hoch ist, da sämtliche Abhängigkeiten 1. und 2. Grades durch die Betrachtung aus dem vorangegangenen Paragraphen ausführlich abgedeckt sind. Diese Frage wird in dieser Arbeit nicht weitergehend verfolgt, jedoch ist es jederzeit möglich, bei einem entsprechend funktional verketteten System die Auswirkungsanalyse sowie auch die Regressionstestmethodik an sich auf eine höhere Anzahl von Schritten auszulegen. Hierbei muss jedoch beachtet werden, dass die Anzahl an selektierten Testfällen durch diese Mehrbetrachtung überproportional stark steigen wird.

Eine sternförmige Darstellung des Systems und der durch die Auswirkungsanalyse abgedeckten Bestandteile ist in Abbildung 61 zu sehen. Das zentrale, durchgehend umrahmte Rechteck stellt dabei das die Systemlogik beinhaltende Steuergerät dar.

In Fall a) wird eine Änderung in einer der Komponenten angenommen, welcher dem bereits diskutierten Beispiel entspricht. Fall b) entspricht der Änderung einer Systemfunktion (R1) und der Verfolgung der potentiellen Auswirkungen auf weitere Systemfunktionen (R1G1O1), sowie auf weitere Komponenten (R1G1O2) (R1G2) (R1G2O2) sowie wieder zurück auf vernetzte Systemfunktionen (R1G2O1).

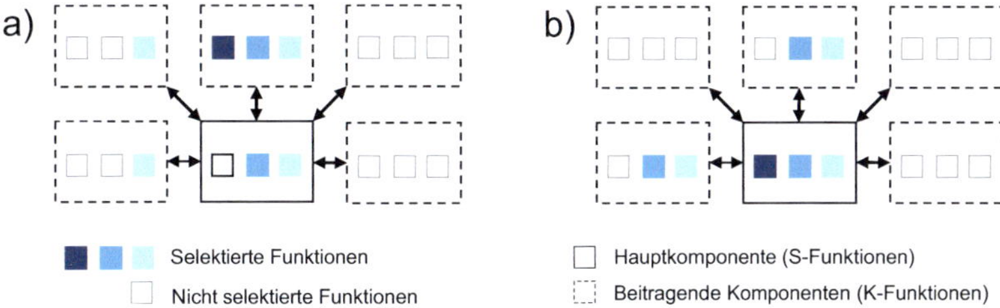

Abbildung 61: Schematische Darstellung der Abhängigkeitsstruktur innerhalb eines Systems. Farblich markiert sind die durch die 3-stufige Auswirkungsanalyse erfassten Teilbereiche des Systems.

Die Analyse der horizontalen deckt, wie begründet, sämtliche der Änderung angrenzende Teile des Systems sowie sicherheitshalber auch nur indirekt angrenzende Teile des Systems ab. Auf Basis des EVA-Prinzips ist eine weitere Auswirkung als sehr gering zu bewerten. Ob ein Fehlerfall weiterhin auftreten kann oder nicht, ist nicht formal beweisbar. Aus diesem Grund ist es notwendig, zu jedem Musterstand des Gesamtsystems einen kompletten Gesamttest durchzuführen. Dies gilt insbesondere für Systeme, die in Fahrzeuge mit Straßenzulassung verbaut werden.

Hiermit ist die theoretische Betrachtung der Auswirkungsanalyse auf horizontaler Ebene in der Systemspezifikation abgeschlossen. Im Folgenden soll nun die Betrachtung der vertikalen Auswirkungsanalyse unternommen werden. Diese definiert, ausgehend von der Entwicklungsebene der Änderung, welche Teststufen für die Verifikation der einzelnen Testobjekte verwendet werden müssen.

7.1.2 Auswirkungsanalyse (vertikal)

Die Betrachtung der vertikalen Auswirkungsanalyse ist im Gegensatz zur Ableitung der horizontalen Schritte relativ einfach, da bereits eine gute Vorarbeit seitens der Testkonzeption vorliegt. In der Testkonzeption wurden bereits die verschiedenen, hierarchischen Abhängigkeiten der Testobjekte festgelegt, die als Basis für die Erstellung einer Systemdarstellung verwendet wurden.

Ein einfach zu treffender Ausschluss von Testobjekten ist durch die nicht Berücksichtigung von Testobjekten beschrieben, welche dem geänderten Testobjekt hierarchisch untergliedert sind oder von diesem separierbar sind. So muss beispielsweise bei einer Änderung eines Softwaremoduls dieses erneut verifiziert werden, SW-Modultests von weiteren Modulen können jedoch ausgelassen werden, da diese unverändert sind. Die Softwareintegrationstests, welche das geänderte Modul tangieren, müssen jedoch durchgeführt werden. Ein gleiches

Bild gibt sich für eine Änderung in einer Komponentenfunktion. Dies erfordert nur die Überprüfung von Komponententests der betroffenen Komponente sowie Systemtests zur Überprüfung der Systemfunktionen (Ausnahme sind hier gegebenenfalls Änderungen an einer Schnittstelle).

Ein wichtiger Aspekt ist, wie viele hierarchische Stufen müssen überhalb des geänderten Testobjektes erneut getestet werden? Im Falle einer Modellmoduländerung sind dies gegebenenfalls alle acht Folgeteststufen (Modelltest, Softwaremodultest, Softwareintegrationstest, HW/SW-Integrationstest, Komponententest, Systemtest, Fahrzeugintegrationstest, Fahrzeugtest).

Im Grunde genommen kann diese Fragestellung anhand von Abbildung 48, der Zuordnung von Testzielen zu Teststufen, beantwortet werden. Im Fall des Testziels 1 „Funktionalität" ist zu erkennen, dass dieses prinzipiell auf jeder verfügbaren Teststufe überprüfbar ist, bzw. dort überprüft werden sollte. Es wird zwar jeweils die gleiche Funktionalität überprüft, jedoch in Bezug auf eine andere Umgebung und somit auf einen unterschiedlichen Aspekt. Daraus resultiert auch der Begriff „Integrationsstufe" für eine Teststufe. Das bedeutet, es ist, wie nach ISO 26262, zwar möglich Testziele auf verschiedene Teststufen zu verlagern, jedoch wird die Überprüfung des jeweiligen Aspekts schwieriger (z.B. SW-Strukturabdeckung auf Komponentenebene). So wird in der ISO 26262 auch die (indirekte) Überprüfung der Softwaresicherheitsanforderung auf den Systemintegrationsstufen gefordert.

Das bedeutet, dass keine definitive Aussage darüber getroffen werden kann, auf welche Teststufen sich die Auswirkung beschränkt. Deswegen sind alle hierarchisch höheren Teststufen mit Bezug zur Änderung (siehe horizontale Auswirkungsanalyse) in die Betrachtung zu integrieren.

7.2 Minimierung der Testfallanzahl für den Regressionstest

In der bisherigen Betrachtung der Auswirkungsanalyse wurden diejenigen Testobjekte identifiziert und deren Testfälle für den Regressionstest selektiert, die mit der Änderung in Bezug stehen. Dadurch werden jedoch bis jetzt sämtliche Testfälle selektiert, die mit diesen Testobjekten in Zusammenhang stehen. Diese Auswahl entspricht, wie in der Validation in Kapitel 8 dargestellt, einem sehr sicheren und bereits sehr effizienten Auswahlmechanismus.

Eine weitere Minimierung der Testfälle ist jedoch auf Basis der zur Verfügung stehenden Informationen möglich und soll deswegen im Folgenden untersucht werden. Die Reduzierung der Testfälle wird prozentual im Gegensatz zu dem Anteil der bereits diskutierten Auswirkungsanalyse geringer ausfallen, was jedoch im Rahmen einer Optimierung in die Grenzbereiche eine logische Konsequenz ist.

Für eine weiter Minimierung der Testfallselektion stehen drei Mechanismen zur Verfügung.

7.2.1 Regressionstestmechanismus I: Testziele

Dieser Mechanismus zu Reduzierung der selektierten Testfälle lässt sich direkt aus der Testkonzeption ableiten. Nach der Methodik wird jeder Testfall mit einem Attribut „Testziel" versehen, welches mindestens eins der in Sektion 5.4 genannten Testziele enthalten muss. Mit Hilfe dieses Attributes ist eine standardisierte Information vorhanden, welchen Aspekt des Testobjektes der Testfall überprüft (siehe Abbildung 62).

Liegt nun die Information vor, welcher Typ Änderung an einem Testobjekt angebracht wurde, d.h. welcher Aspekt des Testobjektes in Bezug auf die Testziele einer Änderung unterliegt, so ist es möglich eine methodische Überprüfung des genannten Aspekts vorzunehmen.

Gezielt und in Form einer 1:1 Abbildung von Änderung auf Testziel lässt sich die Auswahl von Testfällen vor allem für die Sicherheitsmechanismen und Fehlermechanismen (Testziel 2), Diagnosefunktionalität (Testziel 4), Schnittstellen (Testziel 5), Effizienz und Leistungsfähigkeit (Testziel 7) sowie die Benutzbarkeit (Testziel 8) umsetzen. So wird eine Änderung an einer Schnittstelle bereits durch sämtliche Schnittstellentests vollständig abgedeckt. Weitere Betrachtungen sind somit nach Testkonzeption nicht notwendig. Ein weiteres, etwas komplizierteres Beispiel ist im Folgenden durch eine Änderung in der Diagnosefunktionalität gegeben:

Eine Änderung eines Diagnose-Softwaremoduls unterliegt keiner Auswirkung auf die eigentliche Funktionalität (Testziel 1) des Testobjektes bzw. auf deren Auslösung von Sicherheits- und Fehlermechanismen. Die Diagnose ist im Regelfall losgelöst von aktiven Eingriffen in die Funktionalität, was auch die primäre Zuordnung des Testziels zum Komponententest verdeutlicht. Hier wird die Diagnose hauptsächlich unabhängig von den Testfällen aus Testziel 1 und 2 getestet. Eine Auswirkung auf die verschiedenen Varianten (Testziel 3) ist nicht gegeben, Testfälle zur Überprüfung des Auslesens von Diagnoseparameter für verschiedene Varianten tragen nach Methodik auch das Attribut „Diagnose" und werden somit mit ausgewählt. Die Schnittstellen (Testziel 5) können von einer Auswirkung genauso wenig beeinflusst werden wie die Robustheit (Testziel 6) oder die Benutzbarkeit (Testziel 8) der Funktionalität aus Sicht des Endkunden. Im *worst-case* ist eine Auswirkung auf die Leistungsfähigkeit (Testziel 7) des Testobjektes zu befürchten. Dies wäre der Fall, sollte die Softwareroutine durch die Änderung unabsichtlich sehr rechenintensiv werden. Das wäre im Falle einer implementierten Endlosschleife beispielsweise möglich, wenn auch unwahrscheinlich.

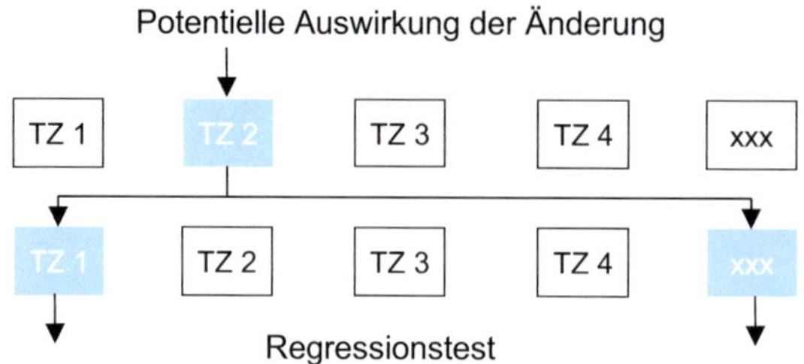

Abbildung 62: Schematische Darstellung des Mechanismus zur Reduzierung von Testfällen von potentiell betroffenen Testobjekten auf Basis der zu überprüfenden Aspekte (Testziele).

Mit dieser Vorgehensweise lässt sich für jede auf ein Testziel bezogene Änderung ein Vorschlag argumentieren, der eine begründete Vorauswahl für den Entwickler darstellt. Dieser kann auf Basis seines Wissens über die implementierte Änderung jederzeit eine vom Umfang her systematisch erweiterte Überprüfung erzielen, indem er weitere Testziele selektiert.

Dieses Vorgehen kann auch in Abhängigkeit des jeweiligen Schrittes gesehen werden. Eine Differenzierung zwischen dem geänderten Testobjekt und den umliegenden Testobjekten macht durchaus Sinn. Das geänderte Testobjekt kann beispielsweise komplett getestet werden, während die umliegenden nur in Bezug auf das Testziel getestet werden. Dies ist eine logische Konsequenz aus der Tatsache, dass eine größere und damit weitreichendere Änderung im Testobjekt vorliegt.

Dieser Mechanismus bietet eine gute Möglichkeit systematisch und auch ISO 26262-konform die Testfälle für ein Testobjekt zu reduzieren. Der große Vorteil liegt hierbei darin, dass die Selektion sehr schnell zu treffen ist und jeweils die richtigen Testfälle zur Überprüfung eines Testziels selektiert werden.

Dieser Mechanismus kann autark verwendet werden sowie in Kombination mit Mechanismus II.

7.2.2 Regressionstestmechanismus II: Wirkkette

Dieser Mechanismus zur Reduzierung von Testfällen lässt sich aus dem in Kapitel 6 Framework der FO ableiten. Die Funktion wird dabei in Form ihrer Wirkkette dargestellt, was ihrem chronologischen Funktionsablauf entspricht (siehe Abbildung 63). Dadurch, dass sämtliche Abhängigkeiten zwischen den Testobjekten auf der Ebene der Wirkketten existieren, kann die Auswirkung einer Änderung auf Systemebene feingranularer abgebildet werden als nur auf Funktionsebene.

Dies basiert auf der Integration der Abhängigkeit der Signale innerhalb eines Wirkkettenelements bzw. in Bezug auf eine Anforderung und der Vernetzung von Systemfunktionen auf Basis der Wirkkettenelemente. Ist beispielsweise eine Komponentenfunktion verantwortlich für den Abbruch einer Systemfunktion, so liegt mit Sicherheit keine Auswirkung auf die Funktionsvoraussetzung bzw. die Funktionsauslösung vor, da die Funktion an sich nicht geändert wurde.

Das heißt, dass lediglich die Wirkkettenelemente inklusive ihrer Anforderungen überprüft werden müssen, auf die sich die verfolgte Abhängigkeit auswirkt, sowie die Wirkkettenelemente, die nachfolgend sind.

Das betrifft nicht nur die Überprüfung der betrachteten Funktion, sondern auch die weiteren Schritte, da wegführende Abhängigkeiten aus den Wirkkettenelementen auch nicht berücksichtigt werden müssen.

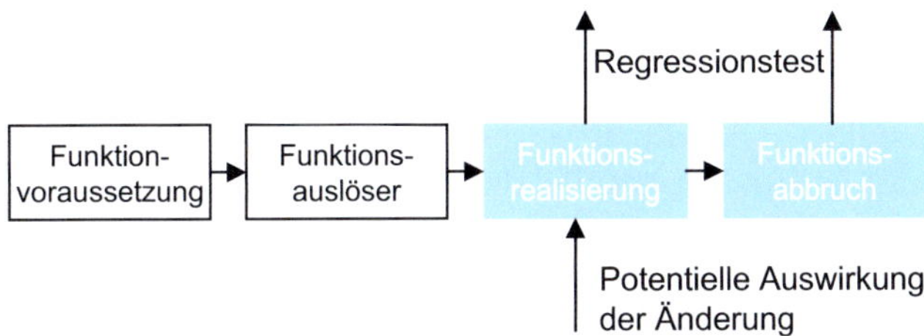

Abbildung 63: Schematische Darstellung des Mechanismus zur Reduzierung von Testfällen von potentiell betroffenen Testobjekten auf Basis der funktionalen Wirkkette/Funktionsstruktur.

Mit diesem recht einfachen und plausiblen Mechanismus können die wirklich zu überprüfenden Teilbereiche einer Funktion sinnvoll eingegrenzt werden, um die Anzahl der selektierten Testfälle weiter zu reduzieren.

7.2.3 Regressionstestmechanismus III: Basistestfälle, Anforderungsabdeckung, Erweiterte Abdeckung (BCE)

Dieser Mechanismus beschäftigt sich wie Mechanismus II mit der Frage, wie die Test-abdeckung eines Testobjektes reduzierbar ist, ohne wichtige Testfälle auszulassen. In diesem Sinne steht bei dieser Betrachtung nicht ausschließlich eine Reduzierung von Testfällen im Vordergrund, sondern eher eine gezielte „Erweiterung" des Testumfangs, um gewisse Abdeckungsgrade zu erreichen. Das Prinzip ist nach [23] abgeleitet.

Die Entscheidung, welcher Testfall für den Regressionstest selektiert werden soll, basiert hierbei auf dessen Relevanz in Bezug auf den zu erreichenden Abdeckungsgrad des Testobjektes. Dies geschieht unter der Annahme, dass sämtliche, im Rahmen der Testkonzeption abgeleiteten Testfälle mit Anforderungen des Testobjektes verlinkt werden. Dies ist auf Systemebene durchaus auch der Fall, mit eventueller Ausnahme von erfahrungsbasierten Tests. Die Systematik, welche in dieser Arbeit nur auf Systemebene Gültigkeit besitzt, ergibt sich dabei aus der folgenden Bewertung von Testfällen, welche in Form eines Attributs vorliegt (siehe Abbildung 64):

- **B**asic: Selektion der Basistestfälle

- **C**overage: Selektion von Testfällen zur Erreichung einer Anforderungsabdeckung

- **E**xtended: Selektion von Testfällen, welche den Abdeckungsgrad in Bezug auf das Testobjekt stark erhöhen (Expertenwissen)

Jedem Testobjekt, das heißt in diesem Fall jeder Funktion, sind eine kleine Anzahl (je nach Komplexität des Testobjektes sind dies in der Praxis ca. 1-5 Testfälle) von Testfällen zugeordnet, welche die Basisfunktionalität (B) dieser Testen. Hierbei handelt es sich um den Teil der Funktionalität, der den grundlegenden Teil der Funktion darstellt und, in Bezug auf einen Zustandsautomaten gesprochen, die Hauptzustände abdeckt. Diese Testfälle sind immer auszuführen.

Eine höherer Abdeckungsgrad ist zu erzielen, wenn jede Anforderung (C) mit einem Testfall verifiziert wird. Diese Vorgehensweise beschreibt einen Absicherungsgrad der einerseits systematisch ist und das gesamte Testobjekt abdeckt, jedoch keinen Aufschluss darüber zulässt, welche Teile des Testobjektes wie gut überprüft wurden. Dieser Abdeckungsgrad ist grundsätzlich gut anwendbar, wenn eine *bug-fixing* Änderung vorliegt und man sichergehen möchte, dass die Funktionalität in einem guten Ausmaß bereitgestellt ist.

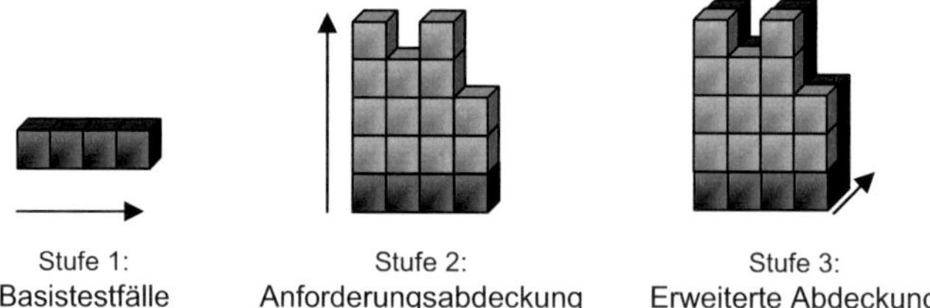

Abbildung 64: Schematische Darstellung des Mechanismus zur Reduzierung von Testfällen von potentiell betroffenen Testobjekten auf Basis der BCE-Methode.

Die Auswahl der Stufe E erhöht den Abdeckungsgrad des Testobjektes auf ein insgesamt hohes Maß. Hierzu werden die Testfälle ausgewählt, die in einem hohen Maße zur Testabdeckung beitragen. Sämtliche Testfälle, die einen Ausnahmefall bilden oder deren ständige Überprüfung nicht notwendig ist (z.B.

Zündschluss 6x AN und AUS) werden weiterhin ausgelassen, da sie nur in einem sehr geringen Maß oder gar nicht zur Testabdeckung beitragen. Dies bildet gleichzeitig den Unterschied zu der vollständigen Überprüfung des Testobjektes (diese Testfälle sind nicht zu markieren).

Die Bewertung der Testfälle anhand dieser Methodik ist manuell vom Entwickler/Tester zu übernehmen und nach bestem Gewissen auszuführen. Lediglich die Anforderungsabdeckung lässt sich anhand eines quantitativen Maßes bewerten, wobei auch hier Testfälle besser oder schlechter geeignet sein können, weshalb die Selektion manuell erfolgen sollte.

Dieser Mechanismus lässt sich generell mit Mechanismus II ergänzen. Für die Stufen C und E wird der Abdeckungsgrad nur für die in Mechanismus II festgelegten Wirkkettenelemente angestrebt. Die Basistestfälle werden meistens automatisch selektiert, da sie Anforderungen aus allen FO-Elementen abdecken,

Ein Zusammenspiel von Mechanismus I und III ist ebenfalls denkbar. Der Ansatz sieht vor, zunächst nur die Testfälle mit den gewünschten Testzielen zu selektieren und daraufhin zu schauen, inwiefern eine Testabdeckung E zu erreichen ist. In Bezug auf die Basistestfälle kann gesagt werden, dass deren Ausführung grundsätzlich empfohlen ist.

7.3 Zusammenführung der Regressionstestanalyse

In dieser Sektion soll nun die Regressionstestanalyse mit den vorgestellten Mechanismen verknüpft werden. Dabei steht die Fragestellung im Fokus, welche Mechanismen in welcher Kombination bei welchem Schritt angewendet werden sollen, um eine sichere Auswahl von Testfällen für den Regressionstest zu selektieren.

Zunächst besteht jedoch die Möglichkeit lediglich die Regressionstestanalyse zur Identifizierung von potentiell betroffenen Testobjekten zu verwenden. Dabei werden die vorgestellten Mechanismen nicht mitberücksichtigt. Das bedeutet, dass sämtliche nach der Analyse identifizierte Testobjekte, entsprechend der durch die Teststrategie abgeleiteten Testfälle vollständig verifiziert werden. Vollständig bedeutet an dieser Stelle, dass die Verifikation ab der Ebene der Änderung (siehe Sektion 7.1.2) vollständig durchgeführt wird. Eine weitaus höhere Reduzierung von Testfällen erfolgt jedoch durch das Weglassen von Testfällen nicht betroffener Testobjekte. Die weitaus größte prozentuale Einsparung gegenüber der Gesamtanzahl der Testfälle für ein System ist alleine durch den Teil der Auswirkungsanalyse zu erzielen. Mit integriert in der Betrachtung ist die Minimierung der Anzahl von Testfällen durch die Teststrategie.

Diese Vorgehensweise ist als *sicher* zu bewerten. Liegt ein System vor, welches aufgrund seiner Eigenschaften und spezifizierten Systemdarstellung eine höhere Anzahl an Schritten der Regressionstestanalyse erfordert, so kann diese jederzeit erhöht werden. Die Vorgehensweise der Regressionstestmethodik bleibt identisch.

Sollte ein System vorliegen indem die Vernetzung weiterführende Schritte der Regressionstestanalyse erfordert, kann dies jederzeit angepasst werden.

7.3.0.1 Integration von Mechanismus I

Die Anwendung von Mechanismen I erfordert neben der Abbildung einer Änderung auf die Systemdarstellung das Expertenwissen des Entwicklers. Dieser muss beurteilen können, welcher Aspekt des Testobjektes geändert wurde und welche Konsequenzen dadurch für benachbarte Testobjekte in Frage kommen. Bei einem Austausch eines Prozessors ist es beispielsweise sinnvoll, neben der Basisfunktionalität sämtliche Leistungstests und Robustheitstests erneut durchzuführen. Ein großer Vorteil ergibt sich auch für die Überprüfung von verschiedenen Varianten (Testziel 3). Die Abwägung ist jedoch nicht durch die Methodik durchführbar, sie bietet lediglich ein strukturiertes Rahmenwerk zur Erkennung benötigter Testfälle.

Die Anwendung in Form einer multiplen Selektion von Testzielen gilt für alle drei Schritte gleichermaßen, es werden immer alle Testfälle diesen Typs gewählt. Eine Selektion von keinem Testziel führt zu einer Gleichstellung aller Testziele und somit zu einer Selektion von allen Testfällen.

7.3.0.2 Integration von Mechanismus II

Die FO-Struktur kann sehr gut zu einer weiteren Reduzierung der Testfälle verwenden werden, da sich die Vorgehensweise mit der Architektur des Systems/der Funktion begründen lässt. Die zwei primären Anwendungsfälle sind durch die Verfolgung von potentiellen Auswirkungen zwischen zwei Schritten der Analyse beschrieben: Von einer Systemfunktion auf eine weitere Systemfunktion oder von einem Komponentenbeitrag auf eine Systemfunktion.

Die Auswirkung einer geänderten Systemfunktion auf eine ungeänderte Systemfunktion kann beispielsweise erfolgen, wenn die Auslösung ersterer den Abbruch letzterer erwirken soll. In diesem Fall muss nicht getestet werden, ob die ungeänderte Systemfunktion korrekt aufgerufen wird, da an dieser Stelle des Funktionsablaufs keine Abhängigkeiten vorhanden sind. Gleiches gilt für die Interaktion der Systemfunktion mit Komponentenbeiträgen (Signale). Im umgekehrten Fall, der Analyse einer Auswirkung von einer Systemfunktion auf einer Komponentenfunktion ist dies nicht möglich. Zum einen werden die Komponentenbeiträge nach dem Dokumentationsframework nicht nach der FO-Struktur beschrieben, des weiteren ist davon auszugehen, dass der gesamte Komponentenbeitrag jeweils einmal komplett durchlaufen wird (EVA-Prinzip).

Die Verwendung dieses Mechanismus wird auf den zweiten und dritten Schritt begrenzt, da die Verifikation immer vollständig auf die Aspekte eines Testobjektes durchgeführt werden soll. Dieses Vorgehen ist als eine präventive Maßnahme anzusehen, um mögliche Fehlwirkungen gezielt aufdecken zu können. Begründet ist dies damit, dass diese am wahrscheinlichsten innerhalb des geänderten Testobjektes auftreten wird. Zudem lassen sich Rückkopplungen zu vorherigen Wirkkettenelementen der FO-Strukur nicht absolut ausschliessen. Alleine das falsche Zuordnen von Anforderungen würde einen Präzedenzfall beschreiben. Auch ist eine Anforderungsänderung meistens mit einer Änderung an der Software verbunden. Auf deren Ebene lassen sich Auswirkungen innerhalb eines Testobjektes nicht detailliert genug bewerten.

7.3.0.3 Integration von Mechanismus III

Nach Anwendung der ersten beiden Mechanismen dient Mechanismus III zur Gewährleistung verschiedener Testabdeckungsgrade. Zum einen soll dieser Mechanismus gewährleisten, dass unabhängig von allen anderen Entscheidungen für alle identifizierten Testobjekte in jedem Schritt die Basistestfälle ausgeführt werden, um die grundlegende Funktionalität zu testen. Die Anwendung des Mechanismus III ist in Abhängigkeit der beiden Mechanismen zu sehen und ist immer positiv ergänzend. Ist also bereits eine höhere Abdeckung durch z.B. Mechanismus I gegeben, so wird diese nicht reduziert.

In Bezug auf den ersten Schritt der Analyse ist der Mechanismus III nur relevant, sofern eine spezifische Auswahl an Testzielen stattgefunden hat. Ist dies die Ausgangssituation, ist an dieser Stelle durch Experten zu entscheiden, ob neben der gezielten Überprüfung von diversen Aspekten des Testobjektes eine Erweiterung der Testumfänge auf eine Abdeckung der höheren Stufen in Erwägung gezogen werden soll.

Für den zweiten Schritt ist in Kombination mit Mechanismus I und II eine Anforderungsabdeckung des potentiell betroffenen Testobjektes vorgesehen, da dieses noch in direktem Zusammenhang mit der Änderung steht. Für Schritt drei gilt gleiches mit der Abdeckungsstufe für Basistestfälle.

7.3.0.4 Ergebnisdarstellung

Führt man die gegebene Vorgehensweise in eine Darstellung zusammen und detailliert diese in Abhängigkeit mit der Art der Änderung, so ergibt sich Abbildung 65. Wichtig ist, dass die Mechanismen für jeden Schritt unabhängig gewählt werden können. Dies sorgt für eine größere Flexibilität der Methodik und kann zu einer gezielteren Einsparung von Testfällen führen. Die Eingabe muss jedoch von einem erfahrenen Entwickler mit Kenntnissen über das gegebene System stammen.

	Mechanismus I	Mechanismus II (nach Iterationsschritten)			Mechanismus III (nach Iterationsschritten)		
Unbekannte Änderung K-Funktion	nein	nein	ja	ja*	nein / -E	-E und +B	+B oder -B*** oder -C**
Bekannte Änderung K-Funktion (K-Beitrag)	ja	nein	ja	ja*	+B / +C	+B / +C**	+B oder -B*** oder -C**
Unbekannte Änderung S-Funktion	nein	nein	ja	ja*	nein / -E	-E und +B	+B oder -B*** oder -C**
Bekannte Änderung S-Funktion	ja	nein	ja	ja*	+B / +C	+B / +C**	+B oder -B*** oder -C**

*: Berücksichtigt nur das identifizierte FO-Element	-E/-C/-B: Reduzierung der Testabdeckung auf Stufe X
**: Berücksichtigt Mechanismus II	+E/+C/+B: Anhebung der Testabdeckung auf Stufe X
***: Setzt Mechanismus II außer Kraft	

Abbildung 65: Darstellung einer empfohlenen Auswahl und Kombination der Mechanismen in Abhängigkeit der Änderung. Die Auslegung kann jederzeit den Gegebenheiten der Änderung und des Systems angepasst werden.

Bei unbekannten Änderungen erfolgt keine Wahl der Testziele, da sämtliche Aspekte betrachtet werden müssen. Mechanismus II und III sind somit für den ersten Schritt außer Kraft gesetzt, da alle Testfälle selektiert werden. Für die Schritte zwei wird Mechanismus II grundsätzlich angewendet werden, um die Auswahl an Testfällen zu reduzieren. Um im dritten Schritt noch gezielter Testfälle auszuschließen, sollen in diesem nur die Anforderung des FO-Elements überprüft werden, auf die eine Auswirkung abgebildet wird. Der Mechanismus III kann die Testabdeckung im ersten Schritt gegebenenfalls auf die Stufe E (-E) reduzieren. Dies kann beispielsweise sinnvoll sein, wenn die Änderung erfahrungsgemäß keine große Tragweite hat. Gleiches gilt für identifizierte FO-Elemente in Schritt zwei. Weitergehend werden für die Schritte zwei und drei grundsätzlich und zuzüglich pro Funktion jeweils die Basistestfälle selektiert. Hierbei besteht die Option für den dritten Schritt, die Testabdeckung auf die Stufe B oder C zu reduzieren. Diese Reduzierung ist sehr sinnvoll einzusetzen, wenn eine identifizierte Funktion sehr viele Testfälle besitzt, jedoch nur getestet werden soll, ob die Funktion aufgerufen und realisiert wird.

Bei einer bekannten Änderung ist eine Wahl von Testfällen möglich und kann somit erfolgen. Die Wahl kann für jeden Schritt separat vorgenommen werden. In Schritt zwei und drei werden die Testfälle ausgeschlossen, die nach Mechanismus II aufgrund der FO nicht in Frage kommen (analog zur unbekannten Änderung). Für Mechanismus III stellt sich die Frage, ob der Testumfang im ersten Schritt zusätzlich auf ein höheres Maß der Testabdeckung angehoben werden soll. Dies gilt für alle FO-Elemente und ist sinnvoll, da durch die Wahl an Testzielen einige relevante Testfälle übergangen werden können. So ist in Schritt zwei durchaus angebracht, die selektierten FO-Elemente mit dem Abdeckungsgrad Stufe „C" zu verifizieren. Auf jeden Fall werden zusätzlich immer die Basistestfälle selektiert, was auch für Schritt drei gilt. Bei diesem verhält sich das Vorgehen analog zu dem einer unbekannten Änderung.

Bei Abbildung 65 handelt es sich um eine Empfehlung, die in der Validierung, insofern nicht anders erwähnt, so umgesetzt wird. Grundsätzlich können alle Mechanismen auch einzeln angewendet werden. Dies macht insbesondere bei den Testzielen Sinn. So kann Beispielsweise bei einer neuen Verblockung eines Systems in eine neue Baureihe, schnell ein Test aller Schnittstellen inklusive der Basisfunktionalität durchgeführt werden.

7.3.0.5 Ausnahmeregelungen (Software)

Eine größere Ausnahmeregelung soll in Bezug auf alle diskutierten Mechanismen gemacht werden. Diese betrifft den Softwaretest und die begrenzte Möglichkeit in der Software Änderungen zu lokalisieren und folglich zu analysieren. Aus diesem Grund werden Softwaremodule immer einer kompletten Verifikation unterzogen.

Auf Softwareintegrationsebene existiert keine Zuordnung von Testfällen zu der FO-Struktur, weshalb hier nur Mechanismus I (Testziele) greift. Sofern Softwareanforderungen einsehbar sind, können auch die Abdeckungskriterien aus Mechanismus III angewandt werden.

Teil V

VALIDIERUNG UND ZUSAMMENFASSUNG

8 | VALIDIERUNG DER REGRESSIONSTESTMETHODIK

In diesem Kapitel erfolgt die Evaluierung der in den vorangegangenen Kapiteln vorgestellten Regressionstestmethodik. Im Rahmen der Betrachtung soll eine grundsätzliche Anwendbarkeit der Methodik in einem Fahrzeugentwicklungsprojekt bestätigt werden und der Nutzen quantifiziert werden. Im Fokus der Untersuchung steht die Auswertung inwiefern die Anzahl der Testfälle für den Regressionstest in Bezug auf die Gesamtanzahl der Testfälle reduziert werden kann. Das Prinzip der Vorgehensweise ist in Abbildung 66 dargestellt.

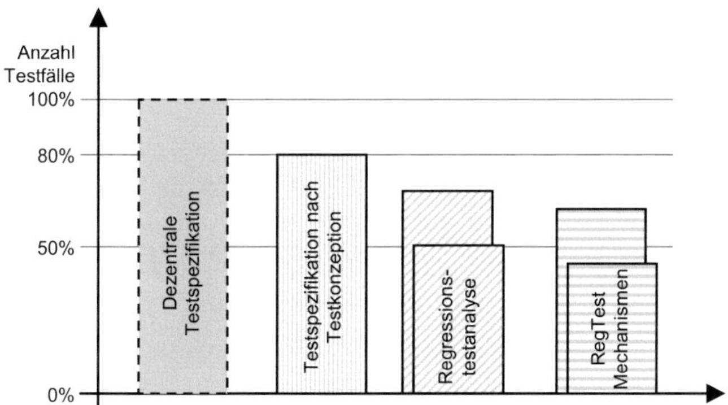

Abbildung 66: Prinzipdarstellung des Vorgehens zur Reduzierung der auszuführenden Testfälle. Der Nutzen der Regressionstestanalyse und der Mechanismen zur Reduzierung von Testfällen soll in diesem Kapitel quantifiziert werden.

Im Fokus der Validierung steht der Effizienzgewinn durch die Regressionstestanalyse sowie der drei Mechanismen in Bezug auf eine anhand der Teststrategie abgeleiteten Testspezifikation. Die Anwendung der standardisierten Teststrategie sowie die Evaluierung der damit erreichten Optimierung der Testspezifikationsumfänge wurde anhand einer von dieser Arbeit unabhängigen Untersuchung durchgeführt. Die Ergebnisse sind sehr vielversprechend. In Bezug auf den Gesamtumfang des Teilprojektes konnten auf der betrachteten Systemebene (nur Systemtestfälle) ca. 20% der Testfälle eingespart werden [75]. Der Effizienzgewinn ergibt sich hauptsächlich aus dem Entfall von redundanten Testfällen (auf einer Teststufe sowie teststufenübergreifend) sowie der Verschiebung von Testfällen auf die Komponentenebene (Ressourceneinsparung). Der Fokus dieser Arbeit ist jedoch hauptsächlich auf die Validierung der Regressionstestmethodik gerichtet. Wie in den analysierten Regressionstestmethodiken (siehe Sektion 4.1.1) wird die Testspezifikation als gegeben angenommen[1].

8.1 Verwendetes System für die Validierung

Um innerhalb der Validierung eine Aussage über die *Generalität* und *Effizienz* der Regressionstestmethodik treffen zu können, muss die Methodik anhand eines Projektes mit industriellem Umfang untersucht werden. Für die Untersuchungen ist deshalb ein bestehendes Projekt ausgewählt worden, das zum einen die nötige Größe besitzt, zum anderen auch einen großen Anteil der Informationen bereits zur Verfügung stellt. Dabei ist vor allem die grundsätzliche Verwendung der FO-Methodik für die Systemspezifikation zu nennen. Aus diesem Grund wurde das System „Außenlicht"' (OLC) und „Intelligentes Lichtsystem"' (ILS) sowie die für beide Systeme beitragende Komponenten „Lichtansteuermodul"' (LAM) gewählt. Die Testspezifikation zu den Systemfunktionen und deren Interaktion mit den Komponentenfunktionen sind systematisch nach der in Kapitel 5 entwickelten Teststrategie abgeleitet.

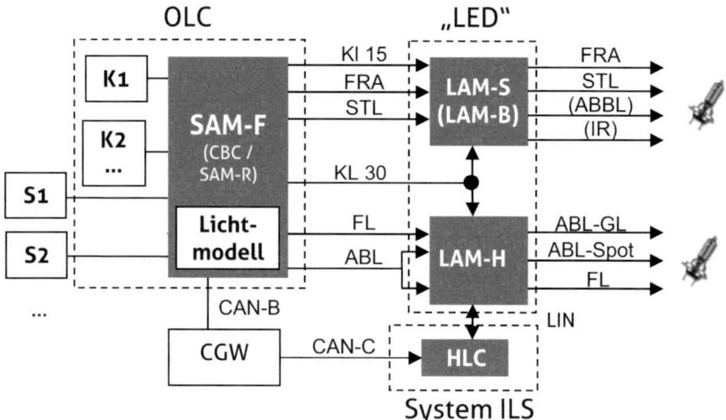

Abbildung 67: Darstellung der wesentlichen Zusammenhänge des Systems „Außenlicht"' (OLC), des Systems „Intelligentes Lichtsystem"' (ILS) und der zu beiden Systemen beitragenden Komponente „Lichtansteuermodul"' (LAM). Weitere beteiligte Komponenten (K) und Systeme (S) sind ausgeblendet.

Das System Außenlicht beschreibt den Hauptteil der an einem Fahrzeug implementierten und von außen zu erlebenden Lichtfunktionen. Dazu gehören beispielsweise das Bremslicht, die Blinker (Blinken, Tipp-Blinken, Warnblinken,

---

1 Die Testspezifikation für die Validierung wurde systematisch abgeleitet.

...) und das Fernlicht. Sämtliche Lichtfunktionen werden durch eine Komponente LAM realisiert die in drei verschiedenen Ausführungen vorliegt: LAM-H (Haupt), LAM-S (Signal) und LAM-B (Basis). Je nach Baureihe und Ausstattungslinie kann die Kombination an Steuergeräten variieren, es sind jedoch nie ein LAM-S und LAM-B Steuergerät gleichzeitig verbaut. Die LAM Steuergeräte besitzen einen ähnlichen Aufbau und stellen für die Systeme OLC und ILS, auch wenn für andere Lichtfunktionen, die gleichen Komponentenfunktionen bereit. Im Wesentlichen ist dies die Komponentenfunktion „Schalten der LED-Leuchten"'. Jedes der LAM Steuergeräte besitzt dabei vier physikalische Kanäle die über eine Parametrierung einer Lichtfunktionalität zugewiesen werden können.

Das System „Intelligentes Lichtsystem"' beschreibt den restlichen Anteil an verfügbaren Lichtfunktionen außerhalb des Fahrzeugs. Hierbei handelt es sich hauptsächlich um erweiterte Lichtfunktionen, die nicht alle in der Serienausstattung ausgeliefert werden. So beschreibt das ILS z.B. die Lichtfunktionen Abbiegelicht, erweitertes Nebellicht, Automatisches Fernlicht (automatisches Anpassen der Straßenausleuchtung) sowie den Touristenmodus (invertieren von Lichtfunktionen für das Fahren auf der linken Straßenseite). Die LAM Steuergeräte tragen in analoger Weise zum System ILS bei, allerdings steht hier die Komponentenfunktion „Dimmung"' im Fokus. Diese regelt auf Anfrage die Leuchtintensität der Lichtfunktion hoch oder herunter.

Der betrachtete Validierungsumfang ergibt sich anhand der in Tabelle 21 dargestellten Kenngrößen.

System /Komponente	AnzahlFunktionen	AnzahlTestfälle
OLC	20	>1000
ILS	10	>600
LAM	2 im Fokus	>1000

Tabelle 21: Betrachteter Systemumfang zur Validierung der Regressionstestmethodik.

Für beide im Folgenden diskutierten Fallstudien wird jeweils eine Änderung auf ein Element eines Testobjektes abgebildet. Im Anschluss wird über die Regressionstestanalyse überprüft wie viele Funktionen von dieser Änderung potentiell betroffen sind. Ziel der Auswertung ist die Identifikation der Anzahl von:

1) erneut zu testenden Testobjekten/Funktionen.

2) erneut durchzuführenden Testfällen.

Die Angabe erfolgt konsequenterweise immer im Vergleich zu einem kompletten Re-Test des Systems, der nach heutigem Stand der Technik notwendig ist. Dieses Vorgehen ergibt sich auch aus der Systeme und Komponenten gegenüberstellenden Matrix (siehe Abbildung 12).

8.2 Fallstudie I

Zu Beginn der Validierung soll ein einfaches Beispiel, welches jedoch ein großes Einsparpotential bietet, diskutiert werden. Beide Systeme ILS und OLC sind neben dem LAM mit weiteren Steuergeräten vernetzt, darunter auch mit dem System „Elektronisches Stabilitätsprogramm"'(ESP), welches im Allgemeinen als das Bremssystem bezeichnet wird.

Das ESP besitzt eigene Systemfunktionen, die hier jedoch, aus Sicht des ILS und des OLC, eine Komponentenfunktion darstellen. Unter diesen befinden sich die für das ILS/OLC relevanten Funktionen „Senden des Bremsstatus"' und „Senden des Notbremsstatus"'. Genau an dieser Stelle wird eine Modifikation implementiert.

Änderung: Das System ESP wird überarbeitet. Anhand der Systemdarstellung ist zu erkennen, dass die beiden genannten Funktionen einer Änderung unterlagen.

Aufgrund des Zuschnitts von Systemen und Komponenten ist nicht zwangsläufig gewährleistet, dass die Entwickler der Systeme OLC und ILS wissen, worin die Änderung genau besteht. Über die definierte Systemdarstellung und das Änderungsmanagement ist nun jedoch zu erfahren, dass eine Modifikation an einer Komponentenfunktion vorliegt. Zunächst wird die Regressionstestanalyse ohne einen weiteren Mechanismus ausgeführt. Das Ergebnis ist in Abbildung 68 dargestellt.

ID	1. Iteration	ID	2. Iteration	ID	3. Iteration
	Auswirkungsanalyse				
R1	Senden des Bremsstatus ESP, K-Funktion	R1G1	Bremslicht OLC, S-Funktion		
		R1G2	Blinkendes Bremslicht OLC, S-Funktion		
		R1G3	ALWR ILS, S-Funktion		
		R1G4	Touristenmodus ILS, S-Funktion	R1G4O1	A. Autobahnlicht ILS, S-Funktion
				R1G4O2	Erweitertes Nebellicht ILS, S-Funktion
				R1G4O3	OLWR (IHC) ILS, S-Funktion
				R1G4O4	Blendungsreduzierung (IHC) ILS, S-Funktion
				R1G4O5	ALWR ILS, S-Funktion
				R1G4O6	Aktives Kurvenlicht ILS, S-Funktion

Abbildung 68: Fallstudie I: Darstellung der durch die Regressionstestanalyse identifizierten Abhängigkeiten.

Wie zu erkennen ist, hat die Komponentenfunktion „Senden des Bremsstatus"' eine Auswirkung auf verschiedene Systemfunktionen beider Systeme. Im Fall des OLC endet die Analyse, da es keine weiteren Abhängigkeiten vom Bremslicht zu weiteren Systemfunktion gibt. Auch wird das Bremslicht ohne das Steuergerät realisiert, wodurch kein weiterer Komponentenbeitrag verwendet wird. Für das System ILS existiert eine Abhängigkeit zu zwei Systemfunktionen. Zum einen zur „Automatischen Leuchtweitenregelung"' (ALWR), welche den Lichtkegel der Frontscheinwerfer dynamisch so an die (negative) Beschleunigung anpasst, dass immer die gleiche Sichtweite für den Fahrer besteht (eine weiterführende Abhängigkeit im dritten Schritt besteht zwar, allerdings nur in Form eines mechanischen Aktors, so dass hierfür keine Systemtests existieren). Zum anderen besteht eine Abhängigkeit zum Touristenmodus (nur bei betätigtem Bremspedal aktivierbar), welcher eine Auswirkung auf weitere Systemfunktionen hat. Diese werden entweder deaktiviert (z.B. Optische Leuchtweitenregelung (OLWR) bzw. bleiben aktiv (Kurvenlicht).

Das Ergebnis der Auswahl an Testfällen ist in Abbildung 69 dargestellt. Die Spezifikation des Systems ESP ist aufgrund des Zuschnitts von Systemen nicht einsehbar, so dass die Testfälle nicht berücksichtigt werden können. Für die Funktionen des zweiten und dritten Analyseschrittes werden auf Grund der Änderung nur System- und Fahrzeugtests berücksichtigt.

| Iteration | System | Funktion | Reduktion von Testfällen durch die Regressiontestanalyse [%] | | | | | | | | | | |
			Abstrakte Testfälle		Vehicle Developer		Vehicle HiL		Vehicle EFP		Vehicle Breadboard		System-tests	
1	ESP	Senden des Bremsstatus	--		--		--		--		--		--	
2	OLC	Bremslicht	1,1	4,6	2,9	12,1	1,1	4,9	3,7	15,7	0,0	0,0	1,4	6,1
2	OLC	Blinkendes Bremslicht	3,5		9,3		3,7		12,0		0,0		4,7	
2	ILS	ALWR	2,6	13,3	6,5	44,6	15,1	78,5	0,0	35,7	0,0	0,0	8,9	55,3
2	ILS	Touristenmodus	2,6		7,5		17,2		0,0		0,0		10,2	
3	ILS	A. Autobahnlicht	1,3		4,8		6,5		14,3		0,0		5,8	
3	ILS	Erweitertes Nebellicht	1,9		5,9		9,7		14,3		0,0		7,8	
3	ILS	Aktives Kurvenlicht	4,9		8,6		24,7		7,1		0,0		13,7	
3	ILS	OLWR	3,0		11,3		5,4		0,0		0,0		8,9	
3		Blendungsreduzierung	nur Softwaretests										-	

Abbildung 69: Fallstudie I: Ergebnis der Reduzierung der Anzahl von Testfällen durch die Regressionstestanalyse (in %).

Das Ergebnis ist in der Tabelle 69 wie folgt zu lesen: Die Anzahl der selektierten Testfälle ist pro Rubrik (Abstrakte Testfälle, Testplattformen, Systemtests) zum einen pro Funktion (jeweils erste Spalte) und zum anderen pro System (jeweils zweite Spalte) in Bezug auf die Gesamtanzahl der Systemtests des Systems gesetzt. Die zweite Spalte ist somit die Addition aller Beträge des jeweiligen Systems/der Komponente. Die Spalte „Systemtests"' spiegelt den Mittelwert der Reduzierung über alle Testplattformen wieder.

Gut zu sehen ist, dass die Regressionstestanalyse bereits einen Großteil der Testfälle aussortiert, weil keine Abhängigkeiten zu der Änderung bestehen. Für das System ILS werden jedoch weiterhin ca. 45% der Testfälle für die Verifikation veranschlagt. Da diese jedoch zu einem Großteil aus dem dritten Schritt der Auswirkungsanalyse stammen, ist hier ein weiteres Optimierungspotential gegeben. Dies soll mit Hilfe der diskutierten Mechanismen erreicht werden.

8.2.1 Regressionstestmechanismus I: Testziele

Nach der im Kapitel 7 definierten Regressionstestanalyse ist eine Betrachtung der Testziele nicht erforderlich, da die Änderung unbekannt und sämtliche Aspekte des Testobjektes getestet werden sollen. Jedoch sollen hier trotzdem einige begründete Einschränkungen diesbezüglich vorgenommen werden.

Da von beiden Systemen OLC/ILS jeweils lediglich Signale des Systems ESP empfangen werden, kann gesagt werden, dass kein Beitrag des ESP in Bezug auf eine Anfrage der Systeme OLC/ILS stattfindet. Die Bremslichtfunktionen reagieren auf ankommende Signale. Diese Information, die auch auswertbar ist, kann wie folgt genutzt werden: Grundsätzlich sind die Testziele „Funktionalität"', „Sicherheitsmechanismen und Fehlererkennungsmechanismen"', „Konfigurationsdaten"' und „Schnittstellen"' zu überprüfen, da die korrekte Interaktion und Reaktion der Funktionen auf eine geänderte Komponentenfunktion verifiziert werden muss. Dagegen lassen sich die Testziele „Leistungsfähigkeit"' und „Diagnose"' generell ausschließen, da diese sich nur auf das jeweilige Hauptsteuergerät von OLC/ILS beziehen. Gleiches gilt mit einer Ausnahme auch für das Testziel „Robustheit"'. Die Robustheit muss nicht überprüft werden, insofern das Testziel nicht mit dem Testziel "'Schnittstellen"' selektiert wurde.

Mit dieser Auswahl soll diese Fallstudie durchgeführt werden. Das Ergebnis der Reduktion ist in Abbildung 70 dargestellt. Wie erwartet, fällt die Einsparung geringer aus, als die der Regressionstestanalyse. Es muss jedoch beachtet werden, dass an dieser Stelle die Art der Änderung nicht bekannt ist und trotzdem eine Reduzierung der selektierten Testfälle vorgenommen werden kann. Bei dem System OLC fällt diese aufgrund der gegebenen zwei Bremsfunktionen nicht sehr hoch aus, da sie selbst nicht sehr komplex sind und mit wenigen Testfällen verifiziert werden. Diese sind hauptsächlich funktionale Tests. Bei dem System ILS ist die Einsparung bereits höher, was auch an den komplexeren Funktionen liegt. Da die Berechnung für jede Funktion einzeln vorgenommen wurde, bildet das Ergebnis von 15% gleichzeitig einen guten Mittelwert für die Anwendung der Methodik[2]. Dieser kann jedoch für jedes System abweichen.

Wie erwartet ist die Reduktion der Anzahl der Testfälle nicht sehr hoch. Eine Ursache dafür ist die mehrfache Auswahl von Testzielen pro Testfall. So lassen sich über die „Robustheit"' bzw. „Leistungsfähigkeit"' kaum Testfälle ausschließen, da diese gleichzeitig die „Funktionalität"' testen. Eine zusätzliche Analyse zeigt jedoch, dass die Einsparungspotentiale sehr unterschiedlich sind,

---

2   Die in Abbildung 70 dargestellten Werte der zusätzlichen Reduzierung von Testfällen sind wie folgt zu lesen (gilt auch nachfolgend): Die in schwarzer Farbe abgebildeten Werte stellen eine zusätzliche bzw. relative Reduzierung der Testfälle in Bezug auf den bereits erreichten Wert (hier: siehe Abbildung 69) einer Funktion dar. Die in grün abgebildeten Werte stellen die zusätzliche bzw. relative Reduzierung der Testfälle in Bezug auf das gesamte System oder die gesamte Komponente dar. In dem gezeigten Fall der Abbildung 70 können 15% aller Systemtests zusätzlich entfallen.

Iteration	System	Funktion	Reduktion von Testfällen durch Mechanismus I [%]												
			Abstrakte Testfälle		Vehicle Developer		Vehicle HiL		Vehicle EFP		Vehicle Breadboard		System-tests	
1	ESP	Senden des Bremsstatus	--		--		--		--		--		--	
2	OLC	Bremslicht	0,0	0,5	0,0	1,4	0,0	0,6	0,0	1,9	0,0	0,0	0,0	0,7
2		Blinkendes Bremslicht	15,4		15,4		15,4		15,4		0,0		15,4	
2	ILS	ALWR	22,2	32,7	16,7	8,6	21,4	30,1	0,0	0,0	0,0	0,0	19,2	15,0
2		Touristenmodus	27,8		21,4		31,3		0,0		0,0		26,7	
3		A. Autobahnlicht	0,0		0,0		0,0		0,0		0,0		0,0	
3		Erweitertes Nebellicht	23,1		27,3		11,1		0,0		0,0		17,4	
3		Aktives Kurvenlicht	73,5		50,0		82,6		0,0		0,0		67,5	
3		OLWR	0,0		0,0		0,0		0,0		0,0		0,0	
3		Blendungsreduzierung	nur Softwaretests										-	

Abbildung 70: Fallstudie I: Zusätzliche Reduzierung der Testfälle durch den Regressionstestmechanismus I (Testziele)[2].

vor allem dann, wenn die Vergabe des Attributs „Testziel Funktionalität"' sehr restriktiv durchgeführt wird.

8.2.2 Regressionstestmechanismus II: Wirkkette

Der Mechanismus der Wirkkette wird, wie beschrieben, erst ab dem zweiten Schritt verwendet. Eine vorab geführte Analyse zeigt, dass die Einsparungspotentiale hier von Funktion zu Funktion sehr unterschiedlich sind. Der Grund dafür wird in Sektion 8.2.2 zusammenfassend dargestellt, da sich die Fallstudie II besser dazu eignet.

Bei den beiden nicht sehr komplexen Bremsfunktionen ist kein Einsparungspotential vorhanden. Die Abhängigkeit vom ESP wird in das FO-Element „Funktionsdurchführung"' abgebildet, d.h. sämtliche Anforderungen aus diesem FO-Element zusätzlich derjenigen des FO-Elements „Abbruch"' müssen nach der Methodik selektiert werden. Alle die Testfälle die nur mit Anforderungen der Art „Funktionsvoraussetzung"' und „Funktionsauslöser"' verlinkt sind, können ausgeschlossen werden. Für diese gibt es jedoch keine exklusiven Testfälle. Als ein unabhängiges Beispiel sei jedoch erwähnt, dass die zusätzlich existierende Abhängigkeit der Funktion „Warnblinken"' auf die Abbruchbedingung der Funktion „Blinkendes Bremslicht"' verweist, wodurch nach der Methodik 81% der Testfälle ausgeschlossen werden können.

Ein ähnliches Bild ergibt sich für die ILS Systemfunktionen „ALWR"' und „Touristenmodus"' im zweiten Schritt. Da die potentielle Auswirkung bereits auf das FO-Element „Auslöser"' abgebildet wird, ergibt sich hier keine Reduktion an Testfälllen. An dieser Stelle kann nur eine Instanziierung von Auslöseereignissen zu einer weiteren Optimierung führen (siehe Sektion 8.4).

Für alle Funktionen im dritten Schritt wird jeweils nur das FO-Element „Abbruch"' untersucht, was zu einer entsprechend hohen Reduktion an Testfällen führt. Einzige Ausnahme ist das „Aktive Kurvenlicht‴, weshalb dort die Einsparung geringer sind.

Die Analyse selbst ist prinzipiell sehr einfach durchzuführen, da nur die Verlinkung der Testfälle mit den untergeordneten Anforderungen der jeweiligen FO-Elemente verglichen werden muss. Das Ergebnis ist in Abbildung 71 dargestellt. Hierbei ist nur die Reduktion der Testfälle aufgeführt, die zusätzlich zu Mechanismus I erreicht werden.

Iteration	System	Funktion	Reduktion von Testfällen durch Mechanismus II [%]					
			Abstrakte Testfälle	Vehicle Developer	Vehicle HiL	Vehicle EFP	Vehicle Breadboard	System-tests
1	ESP	Senden des Bremsstatus	Wird nicht angewendet.					-
2	OLC	Bremslicht	keine Einsparung möglich (siehe Beschreibung)					-
2		Blinkendes Bremslicht						-
2		ALWR	0,0	0,0	0,0	0,0	0,0	0,0
2		Touristenmodus	0,0	0,0	0,0	0,0	0,0	0,0
3		A. Autobahnlicht	66,7 (21,2)	66,7 (8,6)	66,7 (11,8)	0,0 (0,0)	0,0 (0,0)	0,0 (9,2)
3	ILS	Erweitertes Nebellicht	61,5	9,1	44,4	0,0	0,0	0,0
3		Aktives Kurvenlicht	5,9	12,5	4,3	0,0	0,0	0,0
3		OLWR	38,1	33,3	40,0	0,0	0,0	0,0
3		Blendungsreduzierung	nur Softwaretests					-

Abbildung 71: Fallstudie I: Zusätzliche Reduzierung der Testfälle durch den Regressionstestmechanismus II (Wirkkette).

8.2.3 Regressionstestmechanismus III: Basistestfälle, Anforderungsabdeckung, Erweiterte Abdeckung (BCE)

Die im Kapitel 7 beschriebene Vorgehensweise zur Integration von Mechanismus III sieht vor, dass für den zweiten Schritt der Regressionstestanalyse eine Anforderungsabdeckung für die in Mechanismus II identifizierten FO-Elemente erzielt wird. Diese erfordert eine relativ einschlägige Vorgehensweise bei der die Verlinkung der bereits selektierten Testfälle zu ihren korrespondierenden Anforderungen analysiert wird. Es werden dann die Testfälle zusätzlich selektiert, welche die jeweiligen Anforderungen abdecken und als Attribut das „(C)overage‴-Kriterium besitzen. Die Hinzunahme dieser Testfälle wird im Ergebnis direkt verrechnet, d.h. im *worst-case* besitzt die Reduktion der Testfälle an dieser Stelle ein negatives Vorzeichen.

Für dieses Beispiel wird für die ersten beiden Iterationsschritte die Stufe +B und für den dritten Schritt die Stufe +B als Vorgabe definiert. Die Analyse für den ersten Schritt entfällt, da die Komponentenfunktion des ESP nicht einsehbar ist. Für den zweiten Schritt und die Bremsfunktionen des OLC sind die Basistestfälle bereits selektiert, weshalb keine weitere Analyse nötig ist. Da anhand von Mechanismus II kein Ausschluss von Testfällen gemacht werden konnte, bietet es sich jedoch an, eine Reduzierung der Testabdeckung auf Stufe -E vorzunehmen. Für die Funktion „Bremslicht‴ erfolgt dadurch eine Reduktion von 40% der Testfälle, für die Funktion „Blinkendes Bremslicht"' eine Reduktion von 45% der Testfälle.

Auch für den dritten Schritt sollen zusätzlich nur die Basistestfälle selektiert werden, wodurch sich keine Änderung in der Berechnung ergibt. Das Gedankenspiel wie bei den Bremsleuchten jedoch fortgesetzt, könnte z.B. bei einer bekannten Änderung die Testabdeckung auf die Basistestfälle reduziert werden. Dies ist sehr sinnvoll. Während das Bremssignal für die Aktivierung und Ausführung des Touristenmodus noch direkt verwendet wird, so existiert zum Abbruch/zur Deaktivierung der im dritten Schritt selektierten Systemfunktionen nur noch eine indirekte Abhängigkeit. Der Übergang wird durch Testfälle abgedeckt, die mit jeweils der Funktion „Touristenmodus"' und der jeweiligen weiteren Systemfunktion verlinkt sind. Diese sind also zwangsläufig schon selektiert. Zur Sicherheit wird zusätzlich überprüft, ob die in dritter Instanz identifizierten Systemfunktionen sich korrekt verhalten. Eine Erhöhung der Testumfänge ist hier (unter zusätzlicher Kenntnis über die vorhanden Testfälle) nicht sinnvoll, da das Auftreten von Auswirkungen als sehr unwahrscheinlich zu bewerten ist.

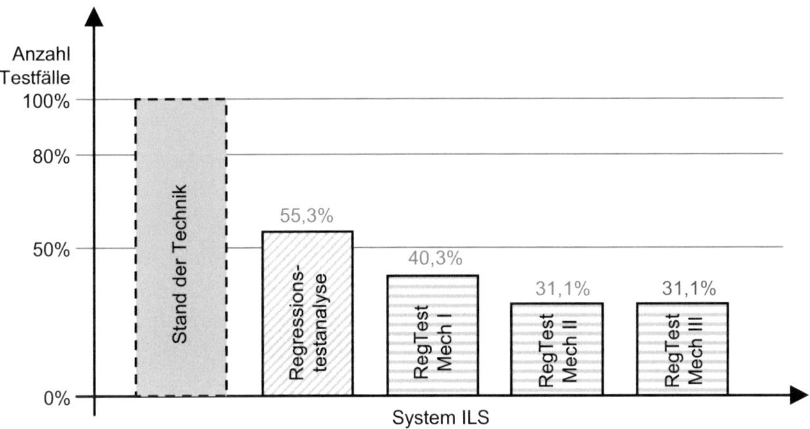

Abbildung 72: Fallstudie I: Anzahl der zur Absicherung des Systems ILS selektierten Testfälle für den Regressionstest (in%).

8.2.4 Ergebnis

Das Ergebnis für die diskutierte Fallstudie setzt sich aus den bereits präsentierten Ergebnistabellen zusammen und ist in den Abbildung 72 und 73 für das System ILS und OLC separat dargestellt. Insgesamt kann in der diskutierten

Fallstudie eine erhebliche Anzahl an Testfällen für den Regressionstest ausgeschlossen werden. Trotz der in Kapitel 4 diskutierten Randbedingungen für eine Regressionstestmethodik auf Systemebene fällt das Ergebnis sehr eindeutig und positiv aus, so dass sich die in der Konzeptphase getätigten Aussagen bestätigen lassen.

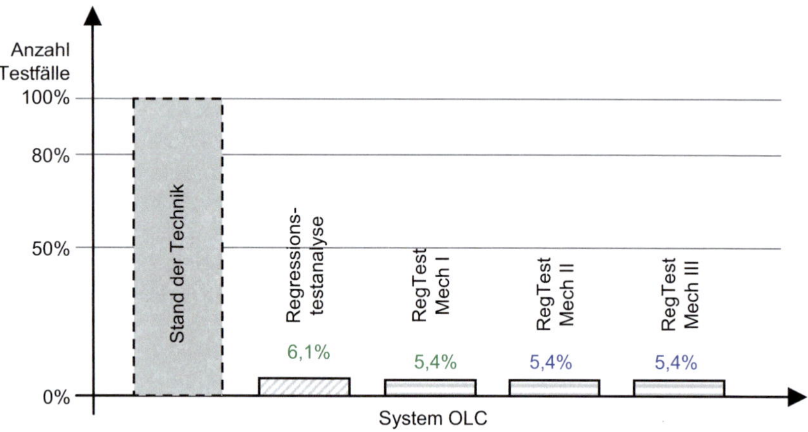

Abbildung 73: Fallstudie I: Anzahl der zur Absicherung des Systems OLC selektierten Testfälle für den Regressionstest (in%).

Für beide Systeme ist jeweils die Anzahl der selektierten Testfälle in Prozent angeben. Als Referenzwert dienen jeweils die 100%, welche den Umfang der gesamten Testspezifikation darstellen (nur Systemtests). Im Rahmen der Komponenten zu Systemen Matrix repräsentiert dieser Wert den Stand der Technik.

8.3 Fallstudie II

Die zweite Fallstudie beschreibt ein Szenario einer real implementierten Änderung am Steuergerät LAM, die eine Auswirkung auf das System OLC zur Folge hatte. Die Integration der Änderung stellt dabei eine Bug-Fixing Maßnahme dar, um eine vorhandene Fehlwirkung abzustellen.

Ausgangssituation: Die OLC Systemfunktion „Blinker"' wird nicht korrekt realisiert. Die grundsätzliche Funktionalität ist gegeben, jedoch ist beim Komponenten- / Systemtest ein „Flimmern"' des Leuchten zu beobachten.

Änderung: Das die Systemfunktion (in Form eines Komponentenbeitrages) realisierende Steuergerät LAM wird geändert. Dabei erfolgt eine Änderung der parametrierten Spannungswerte am Ausgang der Leuchten sowie eine Änderung der (Treiber-) Software.

Auswirkung: Die Änderungen am Steuergerät haben zur Folge, dass die OLC Systemfunktion korrekt funktioniert. Es tritt jedoch eine weitere Fehlwirkung auf. Nachdem die OLC Systemfunktion „Tagfahrlicht"' ausgeschaltet wird, wird die Systemfunktion „Blinker"' 1x ausgelöst. Dass heißt, es kommt zu einer Interaktion zwischen beiden Systemfunktionen, welche sich auf die Änderung am LAM Steuergerät zurückführen lässt.

Ziel in dieser Fallstudie ist es zu validieren, ob die diskutierte Regressionstestmethodik die entsprechenden Testfälle selektiert, welche den Fehler aufdecken. Sehr interessant ist das Beispiel vor allem deswegen, da unter Nicht-Berücksichtigung von Expertenwissen, die gewählten Strukturen nicht optimal für den Test und den Regressionstest ausgerichtet sind. Über das Komponentenmapping sind zwar einzelne Anforderungen und somit auch Funktionen auf die LAM Steuergerät rückführbar, aber es wird keine Unterscheidung der eigentlichen vorhandenen Steuergeräte getroffen. D.h. mit einer implementierten Änderung in einem der LAM Steuergeräte wird eine Abhängigkeit zu sämtlichen Lichtfunktionen hergestellt. Mit dieser Vorgehensweise ergibt sich das in Abbildung 74 dargestellte Szenario für den Regressionstest. Zu sehen ist, dass zwar nur eine geringe Anzahl der Systemfunktionen betroffen ist, jedoch weiterhin eine ziemlich große Anzahl an Testfällen verifiziert wird. Diesen Umstand gilt es mit der Regressionstestmethodik zu verbessern.

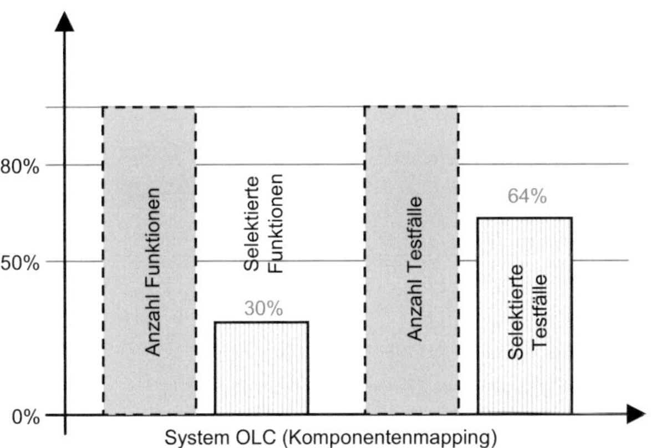

Abbildung 74: Fallstudie II: Ergebnis der Selektion von Testfällen für den Regressionstest auf Basis des Komponentenmappings.

Vor der Anwendung der Regressionstestmethodik wird im Vergleich zu dem Ergebnis in Abbildung 74 die Systemdarstellung auf die in Kapitel 6 vorgegebene Struktur angepasst. Zusätzlich wird die Komponentenspezifikation der

LAM Steuergeräte dahingehend angepasst, dass die jeweiligen Komponentenfunktionen getrennt aufgeführt werden und separierbar sind. Diese Aufteilung erfolgt nicht nur für die Anforderungen in der Spezifikation, sondern auch für die korrespondieren Testfälle. Diese Anpassungen erfolgen im Einklang mit der diskutierten Form der Systemdarstellung, sind im Sinne eines Re-Engineering jedoch notwendig. Im Fall einer Neuentwicklung sind diese Abänderungen nicht zu tätigen, da gleich die vorgestellte Systemrepräsentation verwendet werden kann.

Die Regressionstestanalyse ergibt die in den Abbildungen 75 und 76 dargestellte Abhängigkeiten. Die Änderung wird dabei auf zwei Komponentenfunktionen abgebildet, nämlich „Schalten der LED Leuchten"' (Teil 1) sowie „Allgemeine Anforderungen (Elektrische Daten)"' (Teil 2). Die Funktion „Schalten der LED Leuchten"' beschreibt die Realisierung der Lichtfunktion auf vier parametrierbaren Kanälen. Prinzipiell kann eine Separierung der Funktion über die einzelnen Kanäle vollzogen werden, dies ist aus dokumentationstechnischen Gründen jedoch nicht sehr ratsam, da es in einem erheblichen Mehraufwand beim Variantenmanagement resultiert. Beide Komponentenfunktionen verfügen über keine FO-Struktur, weshalb die Änderung jeweils auf die gesamte Funktion abgebildet werden kann. Ausgegraut bzw. weggelassen sind die Abhängigkeiten zu dem System ILS, da dies nicht um Fokus der Betrachtung liegen.

Im zweiten Schritt werden ausgehend von der Komponentenfunktion „Schalten der LED Leuchten"' die OLC Lichtfunktionen „Blinker"' und „Tagfahrlicht"' als potentiell betroffen selektiert, da diese über die Komponentenfunktion realisiert werden. Im dritten Schritt ergibt sich eine Abhängigkeit zu einer Funktion „Automatisches Fahrlicht"', welches die Interaktion der Lichtfunktionen „Tagfahrlicht"', „Standlicht"' und „Abblendlicht"' beschreibt. Das „Automatische Fahrlicht"' ist nicht nach der FO strukturiert, was jedoch durch die Mechanismen kompensiert werden kann. Hieran wird die Flexibilität der Methodik deutlich.

Fallstudie II: Regressionstestanalyse Teil 1					
ID	1. Iteration	ID	2. Iteration	ID	3. Iteration
R1	Schalten der LED Leuchten LAM-S, LAM-B, K-Funktion	R1G1	Blinker OLC, S-Funktion	R1G1Ox	Blinker Unterfunktionen OLC, S-Funktion
		R1G2	Tagfahrlicht / PO-Licht OLC, S-Funktion	R1G2O1	Automatisches Fahrlicht OLC, S-Funktion
		R1G3	Abbiegelicht ILS, S-Funktion	R1G3O1	Abbiegelicht ILS, S-Funktion

Abbildung 75: Fallstudie II: Darstellung der durch die Regressionstestanalyse identifizierten Abhängigkeiten (Teil 1).

Die Änderung wird zudem auf eine weitere Funktion „Allgemeine Anforderungen (Elektrische Daten)"' abgebildet, die zwar im Wesentlichen keine Funktionalität beschreibt, sondern vielmehr die Konfigurationsmöglichkeiten der einzeln Ansteuerungskanäle. Die Auswirkung ist im zweiten Schritt analog zu der Komponentenfunktion „Schalten der LED Leuchten"', hat jedoch einen zusätzlichen Bezug zu weiteren Komponentenfunktionen des LAM Steuergerätes. Darunter fallen die Funktionen „Thermomanagement"' und „Fehlererkennung"', welche eine Abhängigkeit zur Parametrierung und den verwendeten Spannungen/Strömen besitzen. Die Abhängigkeit zur Funktion „Dimmung"' führt im dritten Schritt zu einer potentiellen Beeinflussung der ILS Systemfunktion „Abbiegelicht"'.

			Fallstudie II: Regressionstestanalyse Teil 2		
ID	**1. Iteration**	**ID**	**2. Iteration**	**ID**	**3. Iteration**
R2	Allgemeine Anforderungen (Elektrische Daten) LAM-S, LAM-B, K-Funktion	R2G1	Blinker OLC, S-Funktion	R1G1Ox	Blinker Unterfunktionen OLC, S-Funktion
		R2G2	Tagfahrlicht / PO-Licht OLC, S-Funktion	R1G2O1	Automatisches Fahrlicht OLC, S-Funktion
		R2G4	Schalten der LED Leuchten LAM, K-Funktion	R2G4O1	Blinker OLC, S-Funktion
				R2G4O2	Tagfahrlicht / PO-Licht OLC, S-Funktion
		R2G5	Thermomanagement LAM, K-Funktion	--	--
		R2G6	Fehlererkennung LAM, K-Funktion	--	--
		R2G7	Dimmen LAM, K-Funktion	R2G5O3	Abbiegelicht ILS, S-Funktion

Abbildung 76: Fallstudie II: Darstellung der durch die Regressionstestanalyse identifizierten Abhängigkeiten (Teil 2).

Wie in den Abbildungen 75 und 76 zu erkennen ist, kann es bei der Regressionstestanalyse mit mehreren Startpunkten zu einer doppelten Nennung von Funktionen kommen. Diese bilden Kreuzungspunkte und werden in der Form berücksichtigt, dass die höchste Einstufung im Sinne der Absicherung gilt. Das Ergebnis der Auswahl an Testfällen ist in Abbildung 77 dargestellt.

			Fallstudie II							
				Reduktion von Testfällen durch die Regressionstestanalyse [%]						
Iteration	System	Funktion	Abstrakte Testfälle*		Comp HiL		SiL		MiL	
1	LAM	Schalten der LED	38,6		33,9		53,1		53,1	
1		Allg. Anforderungen	4,3	68,6	5,1	57,6	9,4	53,1	9,4	53,1
2		Fehlererkennung	15,7		18,6		0,0		0,0	
2		Thermomanagement	10,0		11,9		0,0			

			Abstrakte Testfälle		Vehicle Developer		Vehicle HiL		Vehicle EFP		Vehicle Breadboard		Systemtests	
Iteration	System	Funktion												
2	OLC	Blinker	4,5		0,7		4,5		0,0		6,4		3,9	
2		Tagfahrlicht	10,1	40,5	13,0	44,9	10,7	42,7	14,2	38,7	8,0	42,2	10,9	42,9
3		Automatisches Fahrlicht	15,1		31,2		16,1		22,6		12,4		18,5	
3		Blinker Unterfunktionen	10,8		0,0		11,3		1,9		15,3		9,6	

Abbildung 77: Fallstudie II: Ergebnis der Reduzierung von Testfällen durch die Regressionstestanalyse.

Die Anzahl der durchzuführenden Komponenten- und Softwaretests für die Komponente ist relativ hoch, was daran liegt, dass die Änderung auf die beiden

Hauptfunktionen abgebildet wurde. Der prozentuale Anteil von selektierten Systemtests von ca. 40% für das OLC ist im Gegensatz zu der Fallstudie I sehr hoch, da auch hier die im Vergleich zu den Bremslichtfunktionen viel komplexeren Lichtfunktionen potentiell betroffen sind.

Anmerkung: Die Überprüfung der Funktionen des LAM Steuergerätes umfasst auch die Komponentenfunktionen die ausschließlich für das System ILS relevant sind. Dies wird impliziert, da es für die Überprüfung des Steuergerätes nach einer Änderung notwendig ist. Die Auswirkung auf das System ILS wird nicht weiter verfolgt.

8.3.1 Regressionstestmechanismus I: Testziele

Ausgehend von der Art der Änderung ist für das LAM Steuergerät die Überprüfung der „Funktionalität'" und „Sicherheitsmechanismen / Fehlererkennungsmechanismen'" notwendig. Die Überprüfung der Testziele „Benutzbarkeit'" (nicht vorhanden), „Schnittstellen'" (sind unverändert), „Konfigurationsdaten'" (unverändert in der Variantenbelegung) und „Diagnose'" kann ausgeschlossen werden. Die Testziele „Robustheit'" und „Leistungsfähigkeit'" müssen zusätzlich betrachtet werden. Da keine leistungsveränderten Anpassungen gemacht wurden, ist die Wahl des Testziels nicht notwendig. Ein für den Außenstehenden nicht einfach einzuordnendes Testziel „Robustheit'" wird an dieser Stelle nicht selektiert, da es sich hier hauptsächlich um die Reaktion des Steuergerätes bei z.B. defekten Leuchten handelt.

Für die Schritte zwei und drei werden nur die Testziele „Funktionalität'" und „Sicherheitsmechanismen / Fehlererkennungsmechanismen'" betrachtet, da sich die restlichen Testziele wie z.B. „Leistungsfähigkeit'" nicht auf Eigenschaften und Interaktionen mit dem LAM Steuergerät beziehen können. Das Ergebnis ist in Abbildung 78 dargestellt.

Fallstudie II								
				Reduktion von Testfällen durch Mechanismus I [%]				
Iteration	System	Funktion	Abstrakte Testfälle	Comp HiL	SiL	MiL		
1	LAM	Schalten der LED	14,8	15,0	5,9	5,9		
1	LAM	Allg. Anforderungen	33,3 — 33,3	0,0 — 23,7	33,3 — 6,3	33,3 — 6,3		
2	LAM	Fehlererkennung	54,5	54,5	0,0	0,0		
2	LAM	Thermomanagement	71,4	71,4	0,0	0,0		
Iteration	System	Funktion	Abstrakte Testfälle	Vehicle Developer	Vehicle HiL	Vehicle EFP	Vehicle Breadboard	Systemtests
2	OLC	Blinker	29,4	100,0	25,0	0,0	12,5	0,8
2	OLC	Tagfahrlicht	34,2 — 20,9	33,3 — 14,5	34,2 — 8,5	20,0 — 3,8	35,0 — 8,4	3,4 — 8,9
3	OLC	Automatisches Fahrlicht (ZA)	24,6	30,2	22,8	4,2	38,7	4,6
3	OLC	Blinker Unterfunktionen	0,0	0,0	0,0	0,0	0,0	0,0

Abbildung 78: Fallstudie II: Zusätzliche Reduzierung der Testfälle durch Regressionstestmechanismus I (Testziele).

Zu beobachten ist, dass mit den zahlreichen entfallenen Robustheitstests ein mittelgroßer Anteil der Komponententests nicht berücksichtigt wird. Auf Softwareebene ist die Einsparung als eher gering zu bezeichnen. Der Grund ist, dass die beiden Hauptfunktionen des LAM Steuergerätes selektiert wurden. Auf Systemebene wird weiterhin der Großteil an Testfällen selektiert, da gerade bei den Lichtfunktionen der Hauptteil reine Funktionstests darstellen. In Bezug auf die selektierten Funktionen können ca. 20% der Testfälle eingespart werden, was insgesamt ca. 8% der Systemtestfälle für das System darstellt.

8.3.2 Regressionstestmechanismus II: Wirkkette

Für den Mechanismus II gelten für die Fallstudie II analoge Randbedingungen wie in Fallstudie I, deshalb ist nur das Ergebnis dargestellt (siehe Abbildung 79).

Fallstudie II								
				Reduktion von Testfällen durch Mechanismus II [%]				
Iteration	System	Funktion	Abstrakte Testfälle	Comp HiL	SiL	MiL		
1	LAM	Schalten der LED	keine Funktionsorientierung					
1		Allg. Anforderungen						
2		Fehlererkennung						
2		Thermomanagement						
Iteration	System	Funktion	Abstrakte Testfälle	Vehicle Developer	Vehicle HiL	Vehicle EFP	Vehicle Breadboard	Systemtests
2	OLC	Blinker	11,8	0,0	12,5	0,0	12,5	0,5
2		Tagfahrlicht	2,6 (4,6)	0,0 (0,0)	2,6 (2,0)	0,0 (0,0)	5,0 (2,8)	0,2 (1,7)
3		Automatisches Fahrlicht (ZA)	0,0	0,0	0,0	0,0	0,0	0,0
3		Blinker Unterfunktionen	9,8	0,0	10,0	0,0	10,5	0,9

Abbildung 79: Fallstudie II: Zusätzliche Reduzierung der Testfälle durch Regressionstestmechanismus II (Wirkkette).

Das Ergebnis dieses Mechanismus fällt sehr gering aus. Dies liegt zum einen daran, dass die Funktion „Automatisches Fahrlicht"' nicht funktionsorientiert dokumentiert ist. Zum anderen ist zu beobachten, dass viele Testfälle mit Anforderungen aus allen FO-Elementen verlinkt sind. Dies eröffnet die Grundsatzdiskussion, ob Testfälle idealer weise nur mit Anforderungen verlinkt werden sollten, deren Inhalt sie gezielt überprüfen sollen, oder mit sämtlichen Anforderungen, die sie tatsächlich abdecken. Ersteres führt in der Regressionstestmethodik zu erheblichen Einsparungen bei diesem Mechanismus, letzteres führt zu nur geringeren Erweiterungen des Testumfangs bei Mechanismus III. Diese Frage wird im Rahmen dieser Arbeit nicht beantwortet, da sie mit dem Regressionstest an sich nichts zu tun hat. Anmerkung: Bei den Komponentenfunktionen des LAM Steuergeräts wird keine Unterscheidung der Wirkkette gemacht weshalb der Mechanismus für diese Testobjekte entfällt.

8.3.3 Regressionstestmechanismus III: Basistestfälle, Anforderungsabdeckung, Erweiterte Abdeckung (BCE)

In Bezug zu Mechanismus III, dessen Durchführung analog zu Fallstudie I verläuft, werden die Vorgaben

- Stufe +C (Anforderungsabdeckung) für Schritt eins,

- Stufe +B (zusätzliche Selektion der Basistestfälle) für Schritt zwei und

- Stufe -B (nur Basistestfälle) für Schritt drei

gemacht.

Letzteres ist damit zu Begründen, dass die Fehlwirkung bekannt ist und die Überprüfung sämtlicher Zustandsübergänge bei den „Blinker Unterfunktionen"' sowie des „Fahrlichts"', welches von einem anderen LAM Steuergerät realisiert wird, nur begrenzt sinnvoll sind. Eine Überprüfung der direkt an die Änderungen angrenzenden Funktionen ist in diesem Fall als ausreichend anzusehen.

Da für die Komponentenfunktionen der Mechanismus II entfällt, gewinnen die Abdeckungskriterien an Bedeutung, weil durch die Wahl an Testzielen Testlücken entstehen können. Da jedoch die geänderten Aspekte bekannt sind, sollen in diesem Fall nur die Basistestfälle hinzugenommen werden, was letzten Endes sogar eine Abdeckung der Stufe C (Anforderungsabdeckung) ergibt.

Je nach Bedarf kann ein Experte an dieser Stelle in Abhängigkeit der gewählten Testziele festlegen, inwiefern im zweiten Schritt der Regressionstestanalyse die Anforderung auf die Stufe E (Erweiterte Abdeckung) angehoben werden sollte. Gerade in Bezug auf sicherheitsrelevante Aspekte einer Funktion kann dies sehr sinnvoll sein, wenn z.B. keine Vorgabe bei den Testzielen gemacht worden ist, jedoch eine möglichst hohe Abdeckung der Funktion erreicht werden soll.

Wie in der Ergebnisdarstellung in Abbildung 80 zu erkennen ist, ist gerade bei den Komponentenfunktionen eine geringe Anhebung des bereits optimierten Testumfangs notwendig, um das geforderte Abdeckungskriterium zu erfüllen. Dies liegt zum einen daran, dass selbst im dritten Schritt die Funktion als ganzes analysiert wird und nicht z.B. ein einzelnes FO-Element. Hinzu kommt, dass die Basistestfälle etwas spezifischer und zur Abdeckung von im Durchschnitt nur wenigen Anforderungen ausgelegt sind. Bei dem System OLC ergibt sich eine Reduzierung der Testfallanzahl durch die Reduzierung der Testabdeckung in Schritt drei.

			Fallstudie II				
			Reduktion von Testfällen durch Mechanismus III [%]				
Iteration	System	Funktion	Abstrakte Testfälle	Comp HiL	SiL	MiL	
1		Schalten der LED	Basistestfälle bereits selektiert				
1	LAM	Allg. Anforderungen	-33,3	-33,3	-33,3	-33,3	
2		Fehlererkennung	-9,1 / -4,3	-9,1 / -5,1	0,0 / -3,1	0,0 / -3,1	
2		Thermomanagement	-14,3	-14,3	0,0	0,0	

Iteration	System	Funktion	Abstrakte Testfälle	Vehicle Developer	Vehicle HiL	Vehicle EFP	Vehicle Breadboard	Systemtests
2		Blinker	Abdeckung erfüllt					0,0 / 0,0
2	OLC	Tagfahrlicht						0,0
3		Automatisches Fahrlicht	8,8 / 11,2	11,6 / 3,6	8,8 / 3,1	20,8 / 4,7	0,0 / 2,4	1,8 / 3,2
3		Blinker Unterfunktionen	14,6	0,0	15,0	0,0	15,8	1,4

Abbildung 80: Fallstudie II: Zusätzliche Reduzierung der Testfälle durch Regressionstestmechanismus III ((Basistestfälle, Anforderungsabdeckung, Erweiterte Abdeckung (BCE)).

8.3.4 Ergebnis

Das Gesamtergebnis der Fallstudie II ist für die Komponenten LAM in Abbildung 81 und für das System OLC in Abbildung 82 dargestellt. Die Vorgehensweise aus Sicht der Komponenten zu System Matrix entspricht bei LAM wie OLC jeweils der 100% Marke. Der Mehrwert der Regressionstestmethodik gegenüber des Komponentenmappings (siehe Abbildung 75), welches auch von der Teststrategie profitiert, entspricht ca. 35%. Dieser Wert ist durchaus als repräsentativ anzunehmen, kann jedoch ohne weiteres ansteigen insofern die einzelnen Funktionen komplexere als die Lichtfunktionen sind.

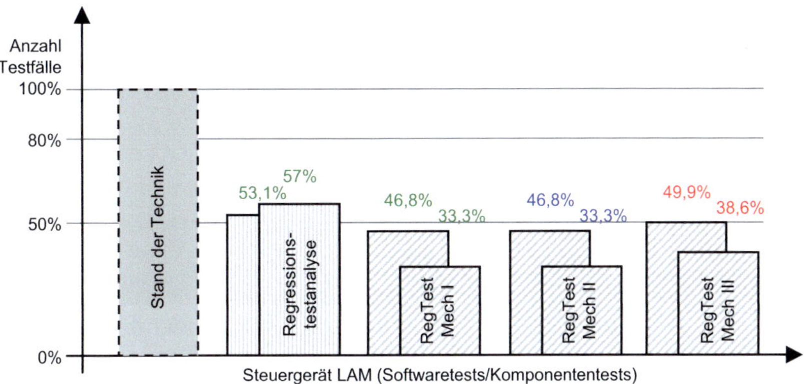

Abbildung 81: Fallstudie II: Anzahl der zur Absicherung der Komponente LAM selektierten Testfälle für den Regressionstest (in%).

Die fehleraufdeckenden Testfälle, das heißt die im Rahmen der Fallstudie vorhandenen Testfälle, welche die Fehlwirkung des Tagfahrlichtes inklusive des

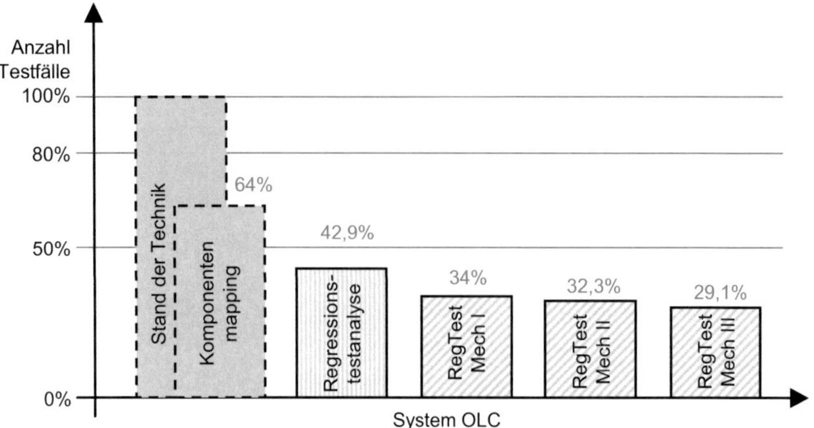

Abbildung 82: Fallstudie II: Anzahl der zur Absicherung des Systems OLC selektierten Testfälle für den Regressionstest (in%).

„Nachblinkens"' auftreten lassen, wurden für den Regressionstest selektiert. Es handelt sich dabei um mehrere Testfälle mit dem Testziel „Funktionalität"', welche dem Tagfahrlicht zugeordnet sind. Die Testfälle für die Funktion Blinker testen den Blinker nur unabhängig vom Tagfahrlicht und Fahrlicht. Eine Überprüfung der Änderung und eine unter Umständen mit Expertenwissen nur ausgewählte Überprüfung der Blinklichtfunktionen hätten somit nicht zum Erfolg geführt.

8.4 Fazit und Bewertung

Die Durchführung der beiden Fallstudien zeigt erstmalig, dass die Anwendung einer Regressionstestmethodik auch auf E/E-Systemebene grundsätzlich möglich ist. Zusätzlich ist damit zeitgleich der Nachweis erbracht, dass als Basis für eine Regressionstestmethodik keine separate Systemdarstellung notwendig ist, um bereits gute Ergebnisse zu erlangen.

Die *Generalität* der entwickelten Methodik ist als sehr hoch einzustufen, da sie auf jedes E/E-System anwendbar ist, welches nach den in Kapitel 6 dargelegten Anforderungen spezifiziert wird. Der große Vorteil an der Methodik ist zudem, dass die natürlich sprachliche Dokumentation der Anforderungen das Vorgehen nicht beeinträchtigt, d.h. der Entwickler an dieser Stelle weiterhin sämtliche Freiheiten besitzt. Diese Rahmenbedingungen stellen für eine Neuentwicklung einen insgesamt nur minimalen Mehraufwand dar. Eine Integration in bestehende, bereits evolutionär gewachsene Spezifikationen und Testspezifikationen ist nicht zu empfehlen, da gerade bei letzterem ein hoher Zusatzaufwand entstehen würde.

Die *Effizienz* der vorgestellten Regressionstestmethodik ist als sehr gut zu bewerten. Dies liegt vor allem an den präsentierten Ergebnissen, welche hohe Einsparungspotentiale bei den durchzuführenden Testfällen für den Regressionstest prognostizieren und somit zu einer erhebliche Reduzierung der Ressourcennutzung bei HiL-Prüfständen sowie auch bei aufwendigen Fahrzeugtests führen. Ein weiterer Punkt, der die Effizienz der Methodik hervorhebt, ist, dass bei einer Änderung der Spezifikation keine neue Analyse dieser notwendig ist die in einer Neuberechnung und -erstellung eines Artefaktes „Systemdarstellung"' resultiert. Auch werden keine Informationen verwendet, die längerfristig verwaltet und abgespeichert werden müssen.

Die Effizienz der Methodik steigt zudem kontinuierlich mit der eigentlichen Reife des Systems. So ist die Anwendung im Anfangsstadium des Testens, wenn beispielsweise 100 Änderungen auf 300 Anforderungen abgebildet werden müssen logischerweise nicht sinnvoll. Andererseits spielt die Regressionstestmethodik ihre volle Stärke aus, wenn gar keine Änderung an der Hauptkomponente vorliegt. Dies kann an dem Beispiel des Systems ESP dargelegt werden, das teilweise voll getestet und unverändert in neue Baureihe verblockt wird. Hier kann es jedoch sein, dass z.B. gleiche Steuergeräte mit neuen, getesteten Softwareständen integriert werden. Anhand der Regressionstestmethodik lässt sich somit (wie in Fallstudie I) relativ gut darstellen, was am System ESP erneut zu testen ist. Anhand der Fallstudie I ist so auch zu erkennen, dass Änderungen am OLC und ILS gar keine gerichtete Abhängigkeit zum ESP besitzen und somit die Freigabe ohne einen vollständigen Test des ESP erfolgen könnte. Dies ist der Komponenten zu System Matrix nicht zu entnehmen.

Die *Präzision* der Methodik erreicht, wie erwartet, aus bereits dargelegten Gründen nicht die *Präzision* der Methodiken aus der Softwaretechnik. Das liegt zum einen an dem wesentlichen komplexeren und höheren Vernetzungsgrad von E/E-Systemen. Für eine Überprüfung von direkt abhängigen Teilen des Systems wird schon dadurch eine prozentual höhere Anzahl von Testfällen pro System selektiert als bei den gegebenen Methodiken. Des Weiteren ist eine eindeutige Bewertung über die Notwendigkeit der Testfälle nur durch die gegebenen Mechanismen möglich, welche eine weitaus abstraktere Vorgehensweise darstellen, als die Analyse von Testfallspuren.

Die *Inklusivität* wurde nur in Fallstudie II bewertet und beträgt dort 100%. Das Kriterium ist generell nicht formal zu belegen, da aufgrund der vorliegenden Informationsbasis in den Spezifikationen kein solcher Nachweis geführt werden kann. An dieser Stelle sind einerseits weitere Fallstudien zu Festigung der These, dass die Regressionstestmethodik generell als **sicher** zu bewerten ist, notwendig.

Es gibt jedoch auch normative Einschränkungen diesbezüglich. Zu bestimmten Zeitpunkten muss auf jeden Fall sichergestellt sein, dass sich das System korrekt über alle Testziele verhält. Dies sind beispielsweise die verschiedenen Reifegrade B, C und D in der Fahrzeugentwicklung, auf dessen Basis Fahrzeuge, die eine Zulassung für den Straßenverkehr benötigen, aufgebaut werden. Die Regressionstestmethodik ist somit als Effizienzsteigerung für die teilweise täglich, wöchentlich oder monatlich durchgeführten Testläufe zwischen den definierten und einzuplanenden Re-Tests gedacht.

Insgesamt ist die Regressionstestmethodik als eine erfolgreich abgeschlossene Entwicklung zu beurteilen, deren gezeigtes Potential eine deutliche Effizienzsteigerung zum jetzigen Stand der Technik darstellt. Als eigentlicher Kern der Arbeit ist jedoch die Entwicklung der Testkonzeption / Teststrategie zu nennen, welche die Regressionstestmethodik erst sinnvoll anwendbar macht. Diese ist erwähnenswerter Weise bereits in der präsentierten Form und anhand des parallel entwickelten Dokumentes „Integriertes Testkonzept Template"' für alle E/E-System Neuentwicklungen im Hause verbindlich vorgeschrieben.

In Bezug auf die erreichten Einsparungspotentiale der Regressionstestanalyse kann, vor allem bei der Überprüfung von späten Änderungen oder Neuverblockungen von E/E-Systemen, bei einem vollen Rollout der Methodik von einer durchschnittlichen Reduzierung der durchzuführenden (System- und Fahrzeug-)Testumfänge für den Regressionstest von mehr als 50% gegenüber dem Stand der Technik ausgegangen werden. Der Wert ist auf Basis von weiteren Optimierungspotentialen und Berücksichtigung von Sonderfällen (z.B. „Klemme 15, 12V an") als konservativ einzuschätzen.

An dieser Stelle ist darauf zu verweisen, dass die vorgestellte Methodik die erste ihrer Art ist und bereits ein erhebliches Einsparpotential bietet.

9 | ZUSAMMENFASSUNG UND AUSBLICK

9.1 Zusammenfassung

Die Hersteller von Großserienprodukten stehen unter dem permanenten Druck die Entwicklungsprozesse in allen Bereichen zu optimieren, um den stetig steigenden Anforderungen der Kunden und des Gesetzgebers gerecht zu werden. Die stetig anwachsende Komplexität von E/E-Systemen, welche aufgrund des immer höheren Vernetzungsgrades von Komponenten gegeben ist, resultiert in einer noch stärker steigenden Testkomplexität. Um die Ressourcen für den Test effizienter zu nutzen, wurden in den vergangenen Jahren viele Methodiken zur Optimierung der Testprozesse auf allen Teststufen umgesetzt. Die Methoden befassen sich dabei hauptsächlich mit der Testautomatisierung. Ein weiteres, enormes Optimierungspotential liegt in der Betrachtung der eigentlichen Größe des Testumfangs zur Absicherung eines Produktes sowie in der Untersuchung, ob die Testfälle bei jedem der iterativ durchgeführten Testzyklen benötigt werden.

An dieser Stelle soll die Arbeit anknüpfen, indem eine Methodik abgeleitet wird, welche eine Selektion von Testfällen für den Regressionstest vornimmt [99]. Der (selektive) Regressionstest hat seinen Ursprung in der Softwaretechnik und beschreibt dort den Prozess der notwendigen Überprüfung der Programmfunktionalität nach einer (Quellcode-)Änderung oder Aktualisierung. Ziel des Vorgehensweise ist eine möglichst effizient erzielte Gewährleistung, dass durch eine Fehlerbeseitigung oder eine Änderung innerhalb des Programms keine zusätzlichen Fehlerzustände mit unbekannten und unbeabsichtigten Auswirkungen eingearbeitet wurden. Eine Regressionstestmethodik ermittelt und selektiert deshalb nur die minimale Anzahl von Testfällen, die zur systematischen Überprüfung der geänderten und potentiell durch die Änderung betroffenen Teile des Testobjektes notwendig sind.

Im Fokus dieser Arbeit steht die Entwicklung einer Regressionstestmethodik für E/E-Systeme. Aufgrund der Tatsache, dass bestehende Verfahren nur auf die Softwaretechnik zugeschnitten sind, wird zunächst eine Analyse und Bewertung von drei Methodiken durchgeführt, die ähnlich dem Entwicklungsvorgehen bei E/E-Systemen eine Spezifikation als Grundlage verwenden. Auf Basis dessen wird ein Konzept erarbeitet, wie eine Regressionstestmethodik für E/E-Systeme entwickelt werden muss. Die Vorgehensweise besteht aus drei Bestandteilen: die Entwicklung einer standardisierten Teststrategie (Testkonzeption), der Auslegung einer geeigneten Systemdarstellung (Spezifikation) sowie einer auf beiden aufsetzenden Regressionstestanalyse zur Selektion von Testfällen.

Mit Hilfe der Testkonzeption wird eine standardisierte Teststrategie für E/E-Systeme entwickelt, welche die Grundvoraussetzung für die Anwendung einer teststufenübergreifenden Regressionstestmethodik bei gegebener Abstraktionsebene darstellt. Neben der zwingend erforderlichen Konformität zur Norm ISO 26262 und deren Anforderungen wird sichergestellt, dass die abzuleitenden Testspezifikationen die Überprüfung sämtlicher Aspekte des Systems abdeckt. Letzteres ist notwendig, da eine Auswahl von Testfällen aus einer nicht vollständigen[1] Testspezifikation zwangsläufig zu Testlücken führt und somit als nicht sinnvoll einzustufen ist.

Im Rahmen der Untersuchungen der Teststrategie wird zunächst ermittelt, welche Testobjekte in einer ISO 26262-konformen Systemdarstellung zu verwenden sind. Eine wesentliche Festlegung zur Trennung von Testobjekten und anderweitig abzusichernden Objekten, ist die Unterteilung der Objekte in Systemfunktionen, Komponentenbeiträge und Komponentenfunktionen. Diese Abgrenzung und Aufteilung, welche von der Systemdarstellung zu übernehmen ist, ermöglicht eine feingranulare Beschreibung des Systems. Dadurch können Änderungen gezielt abgebildet werden, Testfälle auf konkrete Teilbereiche zurückgeführt werden und eine scharfe Trennung zur Systemumgebung gezogen werden.

Mit der Ableitung von standardisierten Testzielen wird der Grundstein für eine einheitliche Vorgehensweise zur Ableitung von Testfällen gelegt. Die Testziele beschreiben dabei einen vollständigen Betrachtungsumfang der für die Absicherung eines jeden Systems zu berücksichtigen ist. Die Testziele werden denjenigen Teststufen aus dem bekannten V-Modell zugeordnet auf deren Ebene sie eine grundsätzliche Eignung besitzen, so dass teststufenübergreifend keine Testlücken auftreten. Die Nachweisführung, dass für ein System oder gegebene Testobjekte die Testziele erfüllt sind, erfolgt über die Bewertung von definierten Testabdeckungskriterien. Die gezielte Ableitung von Testfällen zur systematischen Erreichung der Testabdeckungskriterien wird anhand vorgegebener Kombinationen von Testverfahren und Testfallermittlungsverfahren beschrieben. Sämtliche Elemente (Testziele, Testabdeckungskriterien, Testverfahren und Testfallermittlungsverfahren) zur Beschreibung der Teststrategie erfüllen die Norm ISO 26262, stellen jedoch gleichzeitig eine sehr effiziente und nachvollziehbare Vorgehensweise zur Ableitung eines minimal notwendigen Testumfangs nach dem Stand der Technik dar.

Die Auslegung der Systemdarstellung erfolgt auf Basis der Ergebnisse der Testkonzeption und stellt die Grundlage für die Regressionstestanalyse dar. Erstmals wird in dieser Arbeit ausschließlich Spezifikation als Systemdarstellung verwendet, was eine separate Erstellung eines Systemmodells erspart und keine dazu separate Darstellung verwendet. Der große Vorteil liegt in einer

---

1 Bemerkung: Testen ist ein Stichprobenverfahren. Definition siehe Kapitel 4

hohen Effizienz der Methodik, da der Aufwand für die Erweiterung der Spezifikation gering ist, sowie in einer hohen Anwendbarkeit/Übertragbarkeit der Methodik auf verschieden Systeme. Die Anforderungen an die Systemdarstellung werden basierend auf dem bei der Daimler AG verwendeten Ansatz zur funktionsorientierten Dokumentation von Spezifikationen formuliert. Dabei wird ein Dokumentationsframework entwickelt, welches für die Spezifikationsdokumente eine Reihe von Randbedingungen an die zu verwendende Struktur und die Darstellung von inhaltlichen Zusammenhängen zwischen den definierten Testobjekten stellt.

Mit der Realisierung einer Regressionstestanalyse wird festgelegt, wie eine Änderung auf das Spezifikationsdokument abzubilden ist und wie ausgehend davon potentielle Auswirkungen im System verfolgt werden. Die Regressionstestanalyse besteht aus drei Schritten, die ausgehend von der Änderung auch direkt und indirekt mit der Änderung in Verbindung stehende Teile des Systems überprüft. Die Regressionstestanalyse identifiziert dabei über die Systemdarstellung zu überprüfende Anforderungen deren Testfälle für den Regressionstest selektiert werden. Um eine weitere Reduzierung von Testfällen pro Funktion zu erzielen, werden drei Mechanismen vorgestellt. Mit diesen kann die Anzahl der selektierten Testfälle auf Basis von Testziele (1), den durch die Funktionsorientierung gegebenen Funktionsablauf einer Funktion (2) und definierten Testabdeckungsgraden (3) minimiert werden. Letzteres dient jedoch auch dazu, durch eine gezielte Erweiterung des für den Regressionstest gewählten Testumfangs, eine sichere Testfallauswahl zu gewährleisten.

In der Validierung wird anhand von zwei komplexen Systemen und einer zu beiden Systemen beitragenden Komponente verifiziert, dass das gewählte Vorgehen sowie die entwickelte Regressionstestmethodik einen großen Vorteil gegenüber dem jetzigen Stand der Technik birgt. Das hohe Potential der Regressionstestmethodik wird anschließend anhand von zwei Fallstudien nachgewiesen.

9.2 Ausblick

Die Situation einer grenzwertigen Ressourcenauslastung beim Testen hat sich bereits heute eingestellt. Deshalb sind weitere Untersuchungen von Methodiken und Vorgehen zur systematischen Reduzierung der Testumfänge unerlässlich. Gerade die Regressionstestmethodik kann dabei eine große Rolle einnehmen, da sie von allen bereits identifizierten und implementierten Vorgehen profitiert oder deren Wirkung verstärkt (z.B. Testautomatisierung).

Die Entwicklung der Regressionstestmethodiken befindet sich somit erst am Anfang. Es gibt weitere Aspekte zu betrachten, die für eine harmonische Integration der Methodik in den gesamten Prozessablauf notwendig sind. Darunter ist z.B. das Zusammenwirken der Methodik mit dem Änderungsmanagement und dem Testmanagement zu sehen. Die selektierten Regressionstestfälle sollten den Testern auch gezielt bereitgestellt werden und auf entsprechende Ausführungslisten gesetzt werden. Die Aktivität des Testens rückt somit ein weiteres Stück näher an die Entwicklungsaktivitäten heran.

Dazu gibt es zusätzliche Möglichkeiten das Potential der Regressionstestmethodik zu erhöhen. Gerade bei der *Präzision* lassen sich weitere Vorgehen, wie die Instanziierung von FO-Elementen (z.B. Separierung von Auslöseereignissen) untersuchen, welche vielversprechend sind. Eine weitere sinnvolle Untersuchung ist die Analyse über die optimale Verlinkung von Testfällen mit Anforderungen. Wie viele Anforderungen sollte ein Testfall durchschnittlich abdecken?

Der aktuelle Trend hin zu einer modellbasierten Entwicklung von E/E-Systemen sowie einem dadurch notwendigen Informationsaustausch zwischen den bis dato oft getrennten, organisatorischen Entwicklungsvorgehen der Spezifikationserstellung und der Architekturentwicklung in der E/E ergeben weitere Möglichkeiten für eine formalere Darstellung einer Regressionstestmethodik. Z.B. erlaubt das Tool PREEvision [12] (siehe Abbildung 14) auf Basis der Architekturmodellierungssprache EEA-ADL (engl.: *Electric Electronic Architecture - Analysis Design Language*) die Abbildung der für eine Regressionstestmethodik notwendigen Entwicklungsebenen Anforderungsebene (REQ), Funktionsnetz (FN) und Vernetzungsebene (NET) inklusive deren Vernetzung.
Insbesondere die neu eingeführte Ebene „Funktionalitätsnetzwerke" (FFN), welche sich zwischen der FN und NET Ebene befindet, erweitert die funktionale Betrachtung eines Systems durch die Integration und Abbildung von funktionalen Wirkketten in das (Architektur-)Modell [91]. Erweitert man nun die REQ-Ebene um eine korrespondierende „Testebene" zur Integration von der nach Anforderungen und Teststrategie abgeleiteten Testfällen, sind sämtliche Voraussetzungen erfüllt (bzw. Informationen vorhanden), um die vorgestellte Regressionstestmethodik zu übertragen und weiterzuentwickeln.
Der wesentliche Vorteil dieser Portierung ist die Unterstützung einer durchgängigen, konsistenten und vollständige Abbildung von ebenenspezifischen und ebenenübergreifenden Entwicklungsartefakten innerhalb eines Tools. Eine umfangreiche Umsetzung und Validierung ist nach heutigem Stand nicht möglich, da zumindest bei der Daimler AG die Ebenen REQ, und FFN bei der (Architektur-)Entwicklung durch andere Werkzeug zurzeit abgedeckt werden und somit in PREEvision nicht produktiv genutzt werden. Es fehlen somit dort die grundlegende Daten (z.B. die Anforderungen) und Inputs für die Methodik. Die grundsätzlich Konformität zur ISO 26262 in PREEvision ist bereits durch [91] und [61] nachgewiesen.

Eine zukünftige und interdisziplinäre Herausforderung stellt die Interaktion der Regressionstestmethodik mit Lösungen zu Beherrschung der Variantenvielfalt im Test dar. Beide Vorgehensweisen verfolgen prinzipiell einen ähnlichen Ansatz [98], müssen jedoch aufeinander abgestimmt werden, um korrekt miteinander zu interagieren.

Teil VI

ANHANG

ABBILDUNGSVERZEICHNIS

TABELLENVERZEICHNIS

ABKÜRZUNGSVERZEICHNIS

AAG Anhängeranschlussgerät

ABS Anti-Blockier-System®

ASIL Automotive Safety Integrity Level

ASR Antriebsschkupfregelung®

AUTOSAR Automotive Open System Architecture

BR Baureihe

CAN Controller Area Network

CDC Continous Damping Control

CFG Control-flow-graph

COMAND Communications- und Navigationssystem

CPC Common Power Controller®

CRC Cyclic redundancy check

DBE Dachbedieneinheit

E/E Elektrik/Elektronik

ECU Electronic Control Unit

EIS Electronic Ignition Switch

EMV Elektromagnetische Verträglichkeit

ESP Elektronisches Stabilitätsprogramm®

EZS Elektronischer Zündstartschalter

FHZ Fahrzeug

FMEA Failure Mode and Effects Analysis

GSG Geschwindigkeits-Sollwertgeber

HIL Hardware-in-the-Loop

HV Hochvolt

HVAC Heating, Ventilation, Air-Conditioning

HW Hardware

KLA Klimatisierungsautomatik

KOMBI Kombination

LAM Lichtansteuermodul

LIN Local Interconnect Network

MIL Model-in-the-Loop

MOST Media Oriented Systems Transport®

MPU Memory Protection Unit

MRM Mantelrohrmodul

MSG Motorsteuerungsgerät

MSS Multifunktionssteuergerät Sonderfahrzeuge

OBD On-Board-Diagnose

OBF Oberes Bedienfeld

OEM Original Equipment Manufacturer

PRECON Precondition

PTS Parktronic System

RAM/ROM Random-Access/Read-only Memory

SAM Signalerfassungs- und Ansteuermodul

SIL Software-in-the-Loop

SNA Systems Network Architecture

SRB Sicherungs- und Relaisbox

SSG Sitzsteuergerät

SUT System-under-Test

SW Software

TA Testabdeckungskriterien

TFEV Testfallermittlungsverfahren

TSG Türsteuergerät

TV Testverfahren

TZ Testziele

UBF Unteres Bedienfeld

UC Mikro-Controller

LITERATURVERZEICHNIS

[1] (1983). *Standard Glossary of Software Engineering Terminologie IEEE.* (Zitiert auf Seite 24.)

[2] (1987). *EN ISO 9000: Grundlagen und Begriffe.* (Zitiert auf den Seiten 22 und 23.)

[3] (1990). *Norm V VDE 080101.90: Grundsätze für Rechner in Systemen mit Sicherheitsaufgaben.* (Zitiert auf Seite 25.)

[4] (1997). *Nennspannungen zur Speisung elektronischer Betriebsmittel der Informations- und Energietechnik.* (Zitiert auf Seite 25.)

[5] (1998). *IEC 61508 - Functional safety of electrical/electronic/programmable electronic safety-related systems.* (Zitiert auf Seite 51.)

[6] (2002). *DIN EN 61508, Funktionale Sicherheit sicherheitsbezogener Elektrischer/Elektronischer/Programmierbarer elektronischer Systeme Teil 4: Begriffe und Abkürzungen.* (Zitiert auf Seite 15.)

[7] (2005). *Begriffe zum Qualitätsmanagement - Teil 11: Ergänzung zu DIN EN ISO 9000:2005.* (Zitiert auf Seite 22.)

[8] (2010). *DOORS.* URL `http://www-01.ibm.com/software/awdtools/doors/`. (Zitiert auf Seite 39.)

[9] (2010). *What is Systems Engineering?* URL `http://www.incose.org/practice/whatissystemseng.aspx`. (Zitiert auf Seite 15.)

[10] (2011). *V-Modell 97 Spezifikation: Entwicklungsstandard für IT-Systeme des Bundes Vorgehensmodell.* URL `www.v-modell-iabg.de`. (Zitiert auf Seite 33.)

[11] (2013). *ISO 26262: Road vehicles - Functional safety.* (Zitiert auf den Seiten 51, 52, 59, 60, 61, 214 und 217.)

[12] aquintos GmbH (2012). *Homepage aquintos GmbH.* URL `http://www.aquintos.com`. (Zitiert auf Seite 210.)

[13] S. Asböck (2001). *Load testing for eConfidence.* Segue Software Inc. (Zitiert auf den Seiten 31 und 213.)

[14] M. Becker, F. W. Daenzer und F. Huber (1997). *Systems Engineering: Methodik und Praxis.* Verlag Industrielle Organisation. (Zitiert auf Seite 15.)

[15] A. Behlmer (2003). *Discordant notes in the ensemble*. Automobil Industrie, **48**, 16. (Zitiert auf Seite 5.)

[16] B. Beizer (1995). *Black-Box Testing: Techniques for Functional Testing of Software and Systems*. John Wiley and Sons Inc. (Zitiert auf Seite 24.)

[17] S. Benz (2004). *Eine Entwicklungsmethodik für sicherheitsrelevante Elektroniksysteme im Automobil*. Dissertation, Universität Karlsruhe (TH). (Zitiert auf Seite 34.)

[18] J. Bergmann (1998). *Funktionsprüfung der Steuerungssoftware intelligenter technischer Produkte*. Dissertation, Technische Universität München. (Zitiert auf den Seiten 18 und 22.)

[19] T. Bertram (2002). *Software Entwicklung für vernetzte Steuergeräte - von der Cartronic Domänenstruktur zum Steuergerätecode*. Automobiltechnische Zeitschrift ATZ, **Sonderausgabe Automotive Electronics**, 32. (Zitiert auf den Seiten 3, 34 und 213.)

[20] B. Boehm (1981). *Software engineering economics*. In Eglewood Cliffs. (Zitiert auf Seite 33.)

[21] B. Boehm (1984). *Verifying and Validating Software Requirements Specifications*. In IEEE Software. (Zitiert auf den Seiten 23 und 33.)

[22] H. Bossel (1989). *Simulation dynamischer Systeme*. Vieweg&Sohn Verlagsgesellschaft mbH. (Zitiert auf Seite 17.)

[23] T. Bäro (2011). *Teststatus Bericht E/EE*. Powerpoint. (Zitiert auf den Seiten 169 und 177.)

[24] T. Bäro, E. Sax und S. Schmerler (2005). *Erhöhung der Testtiefe durch HiL Testing*. In Jahrestagung der ASIM/GIFachgruppe: Simulation technischer Systeme. (Zitiert auf Seite 5.)

[25] M. Broy, M. von d. Beeck und I. Krüger (1998). *SOFTBED: Problemanalyse für das Großverbundprojekt: Systemtechnik Automobil - Software für eingebettete Systeme*. In Ausarbeitung für das BMBF. (Zitiert auf den Seiten 15 und 16.)

[26] H.-G. Burghoff, M. Daiss, T. Kühner, R. Nieuwenhuizen und M. Schröder (1998). *Ein Schritt ins nächste Jahrtausend: Elektrische und elektronische Innovationen. Die neue S Klasse*. In Sonderausgabe der ATZ und MTZ. (Zitiert auf den Seiten 18, 19 und 213.)

[27] Y. Chen (2002). *Specification based Regression Testing Measurement with Risk Analysis*. Diplomarbeit, University of Ottawa. (Zitiert auf den Seiten 79 und 80.)

[28] Y. Chen und R. Probert (2003). *A Risk-based Regression Test Selection Strategy.* In IEEE International Symposium on Software Reliability Engineering. (Zitiert auf den Seiten 78 und 149.)

[29] Y. Chen, R. Probert und P. Sims (2002). *Specification based Regression Test Selection with Risk Analysis.* In Conference of the Centre for Advanced Studies on Collaborative Research. (Zitiert auf den Seiten 78, 79, 149 und 214.)

[30] P. K. Chittimalli und M. J. Harrold (2008). *Regression Test Selection on System Requirements.* In India Software Engineering Conference. (Zitiert auf den Seiten 76, 77, 149 und 214.)

[31] M. M. Consulting (2006). *Autoelektronik - Elektronik setzt Impulse im Auto.* In Press Release. (Zitiert auf den Seiten 4 und 213.)

[32] Daimler, BMW und Bosch (2010). *Automotive open system architecture.* URL http://www.autosar.org/. (Zitiert auf Seite 35.)

[33] S. Dais (2002). *Elektronik und Sensorik: Basis der Sicherheit.* In Technischer Kongress Sicherheit durch Elektronik. VDA - Verband der Automobilindustrie. (Zitiert auf Seite 3.)

[34] W. des Kraftfahrzeuggewerbes (1984). Elektronik im kraftfahrzeug. Technischer Bericht, im Auftrag des Zentralverband des Kraftfahrzeuggewerbes (ZDK). (Zitiert auf Seite 17.)

[35] E. W. Dijkstra (1972). *Notes on Structured Programming.* In Structured Programming. (Zitiert auf Seite 26.)

[36] E. Dustin, J.Rashka und J.Paul (2000). *Software automatisch testen: Verfahren, Handhabung und Leistung.* Springer Verlag. (Zitiert auf Seite 9.)

[37] T. Emmanuel (2010). *Planguage: Spezifikation nicht -funktionaler Anforderungen.* In 2010 Informatik Spektrum. (Zitiert auf den Seiten 30 und 31.)

[38] E. Engström, M.Skoglund und P.Runeson (2008). *Empirical Evaluations of Regression Test Selection Techniques A Systematic Review.* In Proceedings of the Second ACM-IEEE international symposium on Empirical software engineering and measurement. (Zitiert auf Seite 82.)

[39] E. Engström, P. Runeson und M. Skoglund (2010). *A Systematic review on regression test selection techniques.* In Information and Software Technology. (Zitiert auf den Seiten 69 und 82.)

[40] K. Etschberger, A. Lorinser, C. Schlegel und T. Suters (2000). *CAN Controller-Area-Network Grundlagen, Protokolle, Bausteine, Anwendungen.* Carl Hanser Verlag München Wien. (Zitiert auf Seite 18.)

[41] K. Frühauf, J. Ludewig und H. Sandmayr (1995). *Eine Anleitung zum Test und zur Inspektion*. Teubner Verlag. (Zitiert auf Seite 44.)

[42] K. Frühauf, J. Ludewig und H. Sandmayr (2002). *Software-Projektmanagement und -Qualitätssicherung*. Zürich, Vdf Hochschulverlag an der ETH. (Zitiert auf Seite 5.)

[43] K. Gallagher, T. Hall und S. Black (2007). *Reducing Regression Test Size by Exclusion*. In IEEE International Conference on Software Maintenance. (Zitiert auf den Seiten 66 und 150.)

[44] S. Geis (2006). *Integrated methodology for production related risk management vehicle electronics (IMPROVE)*. Dissertation, Universität Karlsruhe (TH). (Zitiert auf den Seiten 21 und 213.)

[45] T. Gilb (2005). *Competitive Engineering: A Handbook for Systems Engineering, Requirements Engineering, and Software Engineering Using Planguage*. Elsevier Butterworth Heinemann. (Zitiert auf Seite 30.)

[46] J. Glasbrenner (2006). *Entwicklung und Anwendung eines Konzepts zur ganzheitlichen Bewertung von Hardware-in-the-Loop Testsystemen*. Diplomarbeit, Hochschule Karlsruhe Technik und Wirtschaft. (Zitiert auf Seite 63.)

[47] R. P. Gorthi, A. PAsala, K. Chanduka und B. Leong (2008). *Specification-Based Approach to Select Regression Test Suite to Validate Changed Software*. In 15th Asia-Pacific Software Engineering Conference. (Zitiert auf Seite 66.)

[48] K. Grimm (1995). *Systematisches Testen von Software: Eine neue Methode und eine effektive Teststrategie*. R. Oldenbourg Verlag, München/Wien. (Zitiert auf Seite 26.)

[49] K. Görkem (2010). *Erstellung eines Werkzeugkonzepts zur interaktiven Verbesserung der Qualität natürlich sprachlicher Anforderungen*. Diplomarbeit, TU Berlin. (Zitiert auf Seite 36.)

[50] V. Grosch (2010). *Computation Sequence Chart - Ein graphische Notation zur anforderungsbezogenen Testfallgenerierung*. Dissertation, Universität Ulm. (Zitiert auf Seite 29.)

[51] G.Rothermel, S. Elbaum, A. Malishevsky, P. Kallakuri und B. Davia (2002). *The Impact of Test Suite Granularity on the Cost- Effectiveness of Regression Testing*. In Proceedings of the 24rd International Conference on Software Engineering. (Zitiert auf Seite 66.)

[52] U. Guddat (2003). *Automatisierte Tests von Telematiksystemen im Automobil*. Dissertation, Eberhard-Karls-Universität Tübingen. (Zitiert auf den Seiten 18 und 25.)

[53] M. Gunzert (2002). *Komponentenbasierte Softwareentwicklung für sicherheitskritische eingebettete Systeme.* Dissertation, Universität Stuttgart. (Zitiert auf Seite 15.)

[54] U. B. H. Wörn (2005). *Echtzeitsysteme.* Springer-Verlag Berlin Heidelberg. (Zitiert auf Seite 18.)

[55] M. Harrold und M. L. Soffa (1991). *Selecting and Using Data for Integration Testing.* In IEEE Computer Society. (Zitiert auf Seite 76.)

[56] M. J. Harrold und A. Orso (2008). *Retesting Software During Development and Maintenance.* In Frontiers of Software Maintenance. Bejing. (Zitiert auf den Seiten 9, 63, 64, 84, 86 und 214.)

[57] N. Hartmann (1964). *Der Aufbau der realen Welt.* de Gruyter. (Zitiert auf Seite 17.)

[58] N. Hartmann (2001). *Automation des Tests eingebetteter Systeme am Beispiel der Kraftfahrzeugelektronik.* Dissertation, Universität Fredericiana Karlsruhe. (Zitiert auf Seite 18.)

[59] P. Haumer (2000). *Requirements Engineering with Interrelated Conceptual Models and Real World Scenes.* Dissertation, RWTH Aachen. (Zitiert auf Seite 36.)

[60] B. Hense (2009). *Entwurf zukünftiger E/E-Architekturen im Kraftfahrzeug.* Vorlesung TU Dresden. (Zitiert auf den Seiten 4, 22 und 213.)

[61] M. Hillenbrand (2011). *Funktionale Sicherheit nach ISO 26262 in der Konzeptphase der Entwicklung von Elektrik/Elektronik-Architekturen von Fahrzeugen.* Dissertation, Karlsruher Institut für Technologie. (Zitiert auf Seite 210.)

[62] S. Hillera, S. Nowak, H. Paulus und B.-H. Schmitfranz (2008). *Durchgängige Testmethode in der Entwicklung von Motorkomponenten zum Nachweis der Funktionsanforderungen im Lastenheft.* In Autotest 2008. (Zitiert auf Seite 29.)

[63] D. Hoffman (1998). *A Taxanom for Test Oracles.* Quality, **98**, 1–8. (Zitiert auf Seite 27.)

[64] B. Hohler (1997). *Qualitätssicherung für Softwareentwicklung in der Praxis.* TüV Informatik GmbH, Unternehmensgruppe TüV Süddeutschland. (Zitiert auf Seite 22.)

[65] J. Horstkötter, P. Metz, A. Nitma und W. Seim (2010). *Funktionale Sicherheit und ISO 26262 - Entmystifiziert.* (Zitiert auf den Seiten 52, 53 und 214.)

[66] M. Horstmann (2005). *Verflechtung von test und Entwurf für eine verlässliche Entwicklung eingebetteter Systeme im Automobilbereich.* Dissertation, Technische Universität Braunschweig. (Zitiert auf den Seiten 48 und 213.)

[67] W. E. Howden (1980). *Functional Program Testing*. In IEEE Transactions on Software Engineering. (Zitiert auf Seite 28.)

[68] A. Hutter (2006). *Eine Systematik zur Erstellung virtueller Steuergeräte für Hardware-in-the-Loop-Integrationstests*. Dissertation, Technische Universität München. (Zitiert auf den Seiten 3, 4 und 81.)

[69] M. A. Jackson (1995). *Software Requirements and Specifications: a lexicon of practice, principles and prejudices*. Addison Wesley Press. (Zitiert auf Seite 36.)

[70] M. Jaensch (2010). *Produktlinien Engineering in der E/E Architekturentwicklung (Licentiate Thesis)*. Dissertation, Karlsruher Institut für Technologie (KIT). (Zitiert auf den Seiten 3 und 4.)

[71] M. Jaensch, M. Conrath, B. Hedenetz und K. D. Müller-Glaser (2011). *Integration of Electrical/Electronic-Relevant Modules in the Model-Based Design of Electrical/Electronic-Architectures*. In 1. Energy Efficient Vehicles Conference (EEVC). (Zitiert auf Seite 22.)

[72] M. Jaensch, P. Prehl, G. Schwefer, K. D. Müller-Glaser und M. Conrath (2011). *Modellbasierter E/E-Architekturentwurf 2.0 - Produktlinien Engineering und Architekturoptimierung*. In ATZelektronik. (Zitiert auf Seite 20.)

[73] C. K. Jaya (2004). *Verifikation, Validation und Testen von Sicherheitskritischen Systeme*. Seminararbeit, Universität Siegen, Fachgruppe Für Praktische Informatik. (Zitiert auf den Seiten 24 und 213.)

[74] K. Jung-Min, A. Porter und G. Rothermel (2000). *An Empirical Study of Regression Test Application Frequency*. In International Conference on Software Engineering. (Zitiert auf Seite 70.)

[75] J. Kamga (2010). *Methodische Erstellung von Testpezifikation*. Internes Entwicklungsdokument. (Zitiert auf Seite 187.)

[76] C. Kane (1997). *Improving the maintainability of automated test suites*. In Proc. of Qual. Week. (Zitiert auf Seite 9.)

[77] M. Kirchmayr (2009). *Zur Parallelisierung von Systemintegrationstests im E/E Umfeld*. Dissertation, Universität Ulm. (Zitiert auf den Seiten 8, 9, 10, 19 und 213.)

[78] B. Konsortium (2010). *Informationsseiten*. URL http://www.byteflight.de. (Zitiert auf Seite 18.)

[79] F. Konsortium (2010). *Informationsseiten*. URL http://www.flexray-group. de. (Zitiert auf Seite 18.)

[80] M. Krüger (1990). *Testen von Software als analytische Maßnahme der Software-Qualitätssicherung*. Dissertation, Universität Ulm. (Zitiert auf den Seiten 7 und 213.)

[81] K. L. Krieger, S. Keppeler und K. Weber (2008). Mehrstufiger Software Testprozess in der Serienentwicklung von softwarebasierten mechatronischen Systemfunktionen. Technischer Bericht, Daimler AG, Powertrain Electronics Transmission. (Zitiert auf Seite 33.)

[82] F. Kusche (2006). *Eine Systematik zur E/E-Architekturunabhängigen Beschreibung von HIL-Echtzeit-Integrationstests*. Dissertation, Universität Ulm. (Zitiert auf den Seiten 15 und 17.)

[83] C. J. Laprie (1992). *Dependability: Basic Concepts and Terminology in English, French, German, Italian and Japanese*. Springer-Verlag , Wien. (Zitiert auf Seite 25.)

[84] H. Leung (1990). *A Study of Integration Testing and Software at the Integration Level*. Software Maintenance, Seiten 290–301. (Zitiert auf den Seiten 81 und 84.)

[85] J. Liebhart (1998). *DB Kommunikation Software Modul Benutzerhandbuch*. Daimler AG. (Zitiert auf Seite 18.)

[86] P. Liggesmeyer (1990). *Modultest und Modulverifikation*. BI Wissenschaftsverlag, Mannheim. (Zitiert auf den Seiten 25 und 48.)

[87] P. Liggesmeyer (2002). *Software-Qualität: Testen, Analysieren und Verifizieren von Software*. Spektrum Akademischer Verlag, Heidelberg, Berlin. (Zitiert auf den Seiten 30 und 62.)

[88] P. Liggesmeyer (2005). *Software Engineering eingebetteter Systeme*. Elsevier Spektrum Akademischer Verlag, Heidelberg, Berlin. (Zitiert auf Seite 29.)

[89] S. Mahlke (2003). *Control Flow Analysis, EECS 483, Lecture 16*. URL `http://www.eecs.umich.edu/~mahlke/483f03/lectures/483L16.pdf`. (Zitiert auf Seite 74.)

[90] P. Marwedel (2007). *Eingebettete Systeme*. Springer-Verlag Berlin Heidelberg. (Zitiert auf Seite 15.)

[91] S. Matheis (2009). *Abstraktionsebenenübergreifende Darstellung von Elektrik/Elektronik-Architekturen in Kraftfahrzeugen zur Ableitung von Sicherheitszielen nach ISO 26262*. Dissertation, Universität Karlsruhe (TH). (Zitiert auf den Seiten 55 und 210.)

[92] R. Melchisedech (2000). *Verwaltung und Prüfung natürlichsprachlicher Spezifikationen*. Dissertation, Universität Stuttgart. (Zitiert auf den Seiten 37 und 213.)

[93] A. Müller (1999). *Entwurfsmethodik und automatisierte Verteilung für Steuerungssoftware in einem verteilten Rechnersystem in der Automobilelektronik.* Der Andere Verlag. (Zitiert auf den Seiten 18 und 213.)

[94] K. D. Müller-Glaser, E. Sax, W. Stork, A. Wagner, J. Drescher und M. Kuehl (2000). *Design and Simulation of Heterogeneous Embedded Systems.* In Proceedings of the 13th symposium on Integrated circuits and systems design. (Zitiert auf Seite 15.)

[95] I. Molyneaux (2009). *The Art of Application Performance Testing - Help for Programmers and Quality Assurance.* O'Reilly. (Zitiert auf Seite 30.)

[96] G. J. Myers (1979). *The art of software testing.* John Wiley & Sons, Inc. (Zitiert auf Seite 26.)

[97] R. Nörenberg, R. Reißing, J. Weber und K. D. Müller-Glaser (2010). *ISO 26262 Conformant Verification Plan.* In Proceedings of 8th Workshop of Automotive Software Engineering. (Zitiert auf den Seiten 8, 106 und 107.)

[98] R. Nörenberg, A. Cmyrev, R. Reißing und K. D. Müller-Glaser (2011). *Efficient verification planning for ISO-conformant functional testing of automotive applications.* In Technische Akademie Esslingen, 4. Symposium Testen im System- und Software-Life-Cycle. (Zitiert auf den Seiten 106 und 210.)

[99] R. Nörenberg, A. Cmyrev, R. Reißing und K. D. Müller-Glaser (2011). *An Efficient Specification-Based Regression Test Selection Technique for E/E-Systems.* In 41. GI Jahrestagung, 9. Workshop Automotive Software Engineering. (Zitiert auf den Seiten 167 und 207.)

[100] A. K. Onoma, W.-T. Tsai, M. Poonawala und H. Suganuma (1998). *Regression Testing in an industrial environment.* In Communications of the ACM. (Zitiert auf Seite 84.)

[101] N. Parrington und M. Roper (1990). *Softwaretest.* Mc Graw Hill, Hamburg. (Zitiert auf Seite 29.)

[102] R. Paul (2001). *End-to-End Integration Testing.* In 25th Annual International Computer Software and Applications Conference. (Zitiert auf den Seiten 81 und 150.)

[103] K. Pohl (2009). *Requirements Engineering.* dpunkt Verlag. (Zitiert auf Seite 36.)

[104] M. Pol, T. Koomen und A. Spillner (2000). *Management und Optimierung des Testprozesses.* dpunkt-Verlag Heidelberg. (Zitiert auf den Seiten 25, 45 und 50.)

[105] A. M. Pérez und S. Kaiser (2010). *Top-Down Reuse for Multi-Level Testing.* In 17th IEEE International Conference on Engineering of Computer Based Systems. (Zitiert auf Seite 9.)

[106] J. W. R. Pitschinetz, M. Grochtmann (2002). *Test eingebetteter Systeme.* URL `http://www.systematic-testing.com/documents/overview_tes.pdf`. Stand September 2010. (Zitiert auf Seite 5.)

[107] G. Reichert (2006). *Systemintegration: Im Wechselspiel von Architektur, Technologie und Prozess.* In 10. Jahrestagung Euroforum. (Zitiert auf Seite 20.)

[108] E. H. Riedemann (1997). *Testmethoden für sequentielle und nebenläufige Software Systeme.* B. G. Teubner Stuttgart. (Zitiert auf den Seiten 29 und 44.)

[109] G. Rothermel (1996). *Efficient, Effective Regression Testing Using Safe Test Selection Techniques.* Dissertation, Clemson University. (Zitiert auf den Seiten 70 und 71.)

[110] G. Rothermel und M. Harrold (1997). *A safe, efficient regression test selection technique.* In ACM Transactionson Software Enginering and Methodology. (Zitiert auf den Seiten 70, 75 und 214.)

[111] G. Rothermel und M. Harrold (1998). *Empirical Studies of a Safe Regression Test Selection Technique.* In IEEE Transactions of software engineering. (Zitiert auf Seite 74.)

[112] G. Rothermel und M. J. Harrold (1996). *Analyzing Regression Test Selection Techniques.* In IEEE Transactions on Software Engineering. (Zitiert auf den Seiten 70, 71, 72, 73 und 214.)

[113] W. Royce (1970). *Managing the development of large systems.* In IEEE Wescon. (Zitiert auf Seite 33.)

[114] C. Rupp, M. Recknagel und SOPHISTEN (2007). *Requirements Engineering und Management.* Rupp/SOPHIST GROUP. (Zitiert auf den Seiten 29 und 37.)

[115] A. Sangiovanni-Vincentelli und M. D. Natale (2007). *Embedded System Design for Automotive Applications.* IEEE Computer Society, Seite 42. (Zitiert auf Seite 4.)

[116] W. Schleuter und J. Schön (1999). Technischer Bericht: Elektronik im Automobil. Technischer Bericht, Audi AG, Ingolstadt. (Zitiert auf Seite 16.)

[117] H. Schmid (2003). *Konzeption einer pragmatischen Testmethodik für den Test von eingebetteten Systemen.* Dissertation, Universität Ulm. (Zitiert auf den Seiten 3, 16, 17, 20, 26, 45 und 213.)

[118] D. Simmes (1997). *Entwicklungsbegleitender Systemtest für elektronische Fahrzeugsteuergeräte.* Dissertation, Universität München. (Zitiert auf Seite 27.)

[119] A. Spillner und T. Linz (2005). *Basiswissen Softwaretest.* dpunkt Verlag. (Zitiert auf Seite 46.)

[120] H. Srikanth, L. Williams und J. Osbourne (2005). *System Test Case Prioritization of New and Regression Test Cases*. In International Symposium on Empirical Software Engineering. (Zitiert auf Seite 66.)

[121] J. Stroop, S. Köhl, K. Lamberg und R. Otterbach (2010). *Simulation, Implementierung und Test vernetzter, zeitgesteuerter Fahrzeugsysteme*. In dSPACE GmbH. (Zitiert auf Seite 18.)

[122] X.-B.-W. TEAM (1998). Safety related fault tolerant systems in vehicles - final report. Technischer Bericht, European Union, http://www.vmars.tuwien.ac.at/projects/xbywire/. (Zitiert auf den Seiten 9 und 213.)

[123] M. Trapp und A. Dold (2007). *Herausforderungen und Erfahrungen eines OEM bei der Gestaltung sicherheitsgerechter Prozesse*. In Lecture Notes in Informatics. (Zitiert auf Seite 3.)

[124] C. Trowitsch (1995). *Elektronik im Kraftfahrzeug*. In ATZ, Automobiltechnische Zeitschrift 97 2. (Zitiert auf Seite 16.)

[125] S. Ueberhorst (2006). *Wer zu spät testet, verschleudert Geld*. tecchannel.de. URL www.tecchannel.net. (Zitiert auf Seite 5.)

[126] VDI Gemeinschaftsausschuß Industrielle Systemtechnik (1993). *Software Zuverlässigkeit: Grundlagen, konstruktive Maßnahmen, Nachweisverfahren*. VDI Verlag. (Zitiert auf Seite 24.)

[127] J. Weber (2010). *An Aspect Driven Approach for the Analysis, Evaluation and Optimization of Safety within the Automotive Industry*. In SAE 2010 World Congress and Exhibition. (Zitiert auf Seite 5.)

[128] T. Wei-Tek, R.Paul, Y.Lian und B.Xiaoying (2001). *Scenario-based Functional Regression Testing*. 25th Annual International Computer Software and Applications Conference (COMPSAC), **open**, 496 – 501. (Zitiert auf Seite 81.)

[129] J. Zhao, H.Yang, L.Xiang und B.Xu (2002). *Change impact analysis to support architectural evolution*. In Journal of Software Maintenance: Research and Practice - Special issue: Separation of concerns for software evolution. (Zitiert auf Seite 81.)

[130] J. Zheng, B. Robinson, L. Williams und K. Smiley (2005). *An Initial Study of a Lightweight Process for Change Identification and Regression Test Selection When Source Code is Not Available*. In 16th IEEE International Symposium on Software Reliability Engineering. (Zitiert auf Seite 66.)

[131] J. Zheng, B. Robinson, L. Williams und K. Smiley (2006). *A lightweight process for change identification and regression test selection in using COTS components*. In Proceedings of the Fifth International Conference on

Commercial-off-the-Shelf (COTS)-Based Software Systems. (Zitiert auf Seite 84.)

VERÖFFENTLICHUNGSVERZEICHNIS

Die in dieser Dissertation vorgestellte Arbeit entstand zwischen **November 2008** und **Oktober 2011** an dem Karlruher Institut für Technologie (KIT), Institut für Technik der Informationsverarbeitung (ITIV). Einige Ideen und Darstellungen sind bereits in den im Folgenden aufgelisteten vorherigen Veröffentlichungen erschienen:

Vorherige Veröffentlichungen:

- **R. Nörenberg**, U. Ratzinger, J. Sun und K. Volk: *Development of a high efficiency proton source for the Frankfurter-Neutronen-Quelle am Stern-Gerlach-Zentrum*, 12th International Conference on Ion Sources (ICIS), Januar 2007, Jeju-Do, Korea

- J. Pfister, **R. Nörenberg** und U. Ratzinger: *Commissioning of the Hitrap Decelerator Using a Single-Shot Pepper Pot Emittance Meter*, 24th bi-yearly International Linear Accelerator Conference (LINAC08), September 2008, Viktoria, Kanada

Veröffentlichungen im Rahmen der Dissertation:

- **R. Nörenberg**, R. Reißing und J. Weber: *ISO 26262 conformant Verification Plan*, 40. GI Jahrestagung, 8. Workshop Automotive Software Engineering, September 2010, Leipzig

- **R. Nörenberg**, A. Cmyrev, R. Reißing und K. D. Müller-Glaser: *An Efficient Specification-Based Regression Test Selection Technique for E/E-Systems*, 41. GI Jahrestagung, 9. Workshop Automotive Software Engineering, Oktober 2011, Berlin

- **R. Nörenberg**, A. Cmyrev, R. Reißing und K. D. Müller-Glaser: *Efficient verification planning for ISO-conformant functional testing of automotive applications*, Technische Akademie Esslingen, 4. Symposium Testen im System- und Software-Life-Cycle, November 2011, Esslingen